大学文科数学

（下册）

（第二版）

徐　岩　李为东　编著

科 学 出 版 社

北　京

内 容 简 介

本书为高等学校文科类各专业的高等数学教材，是根据多年教学经验，参照“文科类本科数学基础课程教学基本要求”，按照新形势下教材改革的精神编写而成. 本套教材分为上、下两册，上册内容包括一元微积分、二元微积分、简单一阶常微分方程等内容. 下册内容为线性代数和概率论与数理统计. 各章配有小结及练习题，并介绍一些与本书所述内容相关的数学家简介. 此外书中还有丰富的数字教学资源，读者扫描二维码即可学习.

本书可作为高等学校文科类、艺术类等少学时高等数学课程的教材.

图书在版编目(CIP)数据

大学文科数学：全 2 册/徐岩，李为东编著. —2 版. —北京：科学出版社，2022.1

ISBN 978-7-03-068817-0

Ⅰ. ①大…　Ⅱ. ①徐…　②李…　Ⅲ. ①高等数学-高等学校-教材　Ⅳ. ①O13

中国版本图书馆 CIP 数据核字 (2021) 第 094076 号

责任编辑：张中兴　梁　清　孙翠勤／责任校对：杨聪敏

责任印制：张　伟／封面设计：蓝正设计

科学出版社 出版

北京东黄城根北街 16 号

邮政编码：100717

http://www.sciencep.com

北京虎彩文化传播有限公司 印刷

科学出版社发行　各地新华书店经销

*

2014 年 8 月第　一　版　开本: 720×1000 1/16

2022 年 1 月第　二　版　印张: 28 1/4

2022 年 1 月第七次印刷　字数: 564 000

定价:98.00 元（上下册）

(如有印装质量问题，我社负责调换)

目录 Contents

第 8 章 Chapter 8 行 列 式

第8章课件

行列式来源于解线性方程组的问题，并最终成为一种重要的数学工具. 在许多实际问题中都有重要应用. 本章介绍 n 阶行列式的概念、基本性质、计算方法及行列式的一个重要应用：求解 n 元线性方程组的克拉默 (Cramer) 法则.

8.1 行列式的定义

8.1.1 二、三阶行列式

在中学数学中我们学习过二元一次方程组的解法，在线性方程组的求解过程中可以自然地引入行列式的概念.

考虑如下二元一次方程组

$$\begin{cases} a_{11}x + a_{12}y = b_1, \\ a_{21}x + a_{22}y = b_2, \end{cases} \tag{8.1}$$

利用代入消元法与加减消元法可以得到，当 $a_{11}a_{22} - a_{12}a_{21} \neq 0$ 时，方程组的解为

$$x = \frac{b_1a_{22} - a_{12}b_2}{a_{11}a_{22} - a_{12}a_{21}}, \quad y = \frac{a_{11}b_2 - b_1a_{21}}{a_{11}a_{22} - a_{12}a_{21}}.$$

仔细观察这两个解的分子与分母可以发现，它们都具有某种特殊的计算方式. 为便于记忆，引入记号

$$D = \begin{vmatrix} a_{11} & a_{12} \\ a_{21} & a_{22} \end{vmatrix} = a_{11}a_{22} - a_{12}a_{21}. \tag{8.2}$$

则当 $D \neq 0$ 时，二元一次方程组 (8.1) 的解可以表示为

$$x = \frac{\begin{vmatrix} b_1 & a_{12} \\ b_2 & a_{22} \end{vmatrix}}{\begin{vmatrix} a_{11} & a_{12} \\ a_{21} & a_{22} \end{vmatrix}}, \quad y = \frac{\begin{vmatrix} a_{11} & b_1 \\ a_{21} & b_2 \end{vmatrix}}{\begin{vmatrix} a_{11} & a_{12} \\ a_{21} & a_{22} \end{vmatrix}}.$$

这种表示不仅简单，而且便于记忆.

由四个数 $a_{11}, a_{12}, a_{21}, a_{22}$ 按照 (8.2) 式中显示的形式排成两行两列的数表并在两侧加上竖线形成的数学符号叫做**二阶行列式**，其中每个数 a_{ij} 称为行列式的元素，i 为行下标，j 为列下标. 二阶行列式表示一个确定的数，即 (8.2) 式中的 $a_{11}a_{22} - a_{12}a_{21}$.

定义二阶行列式的意义的方法通常称为**对角线法则**，即

$$D = \begin{vmatrix} a_{11} & a_{12} \\ a_{21} & a_{22} \end{vmatrix}$$
$$\qquad - \quad +$$

在这个行列式中，从左上角到右下角的直线称为这个行列式的**主对角线** (实联线)，从右上角到左下角的直线称为这个行列式的**负对角线** (虚联线). 这样，对角线法则可以叙述为二阶行列式中主对角线上元素的乘积减去负对角线上元素的乘积.

类似地，对于九个数可以定义**三阶行列式**为

$$\begin{vmatrix} a_{11} & a_{12} & a_{13} \\ a_{21} & a_{22} & a_{23} \\ a_{31} & a_{32} & a_{33} \end{vmatrix} = a_{11}a_{22}a_{33} + a_{12}a_{23}a_{31} + a_{13}a_{21}a_{32}$$
$$- a_{13}a_{22}a_{31} - a_{11}a_{23}a_{32} - a_{12}a_{21}a_{33}.$$

三阶行列式由三行三列共九个元素组成，其意义仍然是一个按照所谓对角线法则计算得到的数

$$\begin{array}{|ccc|cc} & & - & - & - \\ a_{11} & a_{12} & a_{13} & a_{11} & a_{12} \\ a_{21} & a_{22} & a_{23} & a_{21} & a_{22} \\ a_{31} & a_{32} & a_{33} & a_{31} & a_{32} \\ & & + & + & + \end{array}$$

在这个三阶行列式中除主对角线外还有两条与主对角线平行的直线 (实联线)，也有两条与负对角线平行的直线 (虚联线)，每条直线上都是三个数. 三阶行列式的对角线法则是每条对角线或其平行线上的三个数相乘，主对角线方向的乘积带有正号，负对角线方向的乘积带有负号，最后六个数求代数和. 例如

$$\begin{vmatrix} 1 & 2 & 1 \\ 0 & 4 & 2 \\ 3 & -1 & 5 \end{vmatrix} = 1\cdot4\cdot5+2\cdot2\cdot3+1\cdot0\cdot(-1)-1\cdot4\cdot3-2\cdot(-1)\cdot1-0\cdot2\cdot5=22.$$

从二、三阶行列式的定义可以看出，行列式的值是一些带有符号的乘积项的代数和. 可以将行列式的概念推广到更一般的情况.

8.1.2 排列与逆序

由自然数 $1,2,\cdots,n$ 所构成的一个有序数组, 称为这 n 个数的一个 n **级排列**. 例如, 4321, 1234, 3214 均是 1, 2, 3, 4 这四个数字的 4 级排列. n 个自然数 1, 2, $\cdots$, n 按由小到大的自然顺序排列 $12\cdots n$ 称为 n 级自然排列. 1234 就是 4 级自然排列. 显然, n 级排列的种数共有 $n!$ 个. 用 $i_1,i_2,\cdots,i_n$ 表示这 $n!$ 个排列中的一个.

在排列 $i_1\cdots i_s\cdots i_t\cdots i_n$ 中, 如果 $i_s>i_t$, 则称这两个数构成一个**逆序**. 在排列 $i_1,i_2,\cdots,i_n$ 中, 逆序的总个数称为该排列的**逆序数**, 记为 $\tau(i_1,i_2,\cdots,i_n)$. 逆序数为奇数的排列称为**奇排列**, 逆序数为偶数的排列称为**偶排列**.

例 8.1.1 分别求下列排列：4321, 1234, 3214 的逆序数, 并判别排列的奇偶性.

解 在排列 4321 中, 所有的逆序有 $43,42,41,32,31,21$, 总共 6 个, 因此 $\tau(4321)=6$. 类似可得, $\tau(1234)=0$ 以及 $\tau(3214)=3$. 排列 4321, 1234 是偶排列; 排列 3214 是奇排列.

在一个排列中, 某两个数互换位置, 其余的数不动, 就得到一个新排列. 这样的变换称为一个**对换**; 若对换的两个数相邻, 则称为相邻对换.

关于排列的奇偶性有如下结论.

定理 8.1 (1) 对换改变排列的奇偶性.

(2) $1,2,\cdots,n$ 的全部 n 级排列共有 $n!$ 个, 其中奇排列与偶排列各占一半.

8.1.3 n 阶行列式

定义 8.1 由 $n\times n$ 个数 a_{ij}, $1\leqslant i,j\leqslant n$ 排成一个 n 横行、n 纵列形式的数表并以两条竖线相夹构成的数学符号称为 n **阶行列式**, 其形状如下：

$$D=\begin{vmatrix} a_{11} & a_{12} & \cdots & a_{1n} \\ a_{21} & a_{22} & \cdots & a_{2n} \\ \vdots & \vdots & & \vdots \\ a_{n1} & a_{n2} & \cdots & a_{nn} \end{vmatrix},$$

其中每个 a_{ij} 称为这个行列式的元素, 元素第一下标表示该元素所在行数, 第二下标表示该元素所在列数. 有时, 为了记号上的方便我们把行列式记为 D. n 阶行列式 D 是一个确定的数, 其值按 (8.3) 式定义

$$D=\begin{vmatrix} a_{11} & a_{12} & \cdots & a_{1n} \\ a_{21} & a_{22} & \cdots & a_{2n} \\ \vdots & \vdots & & \vdots \\ a_{n1} & a_{n2} & \cdots & a_{nn} \end{vmatrix}=\sum_{(j_1j_2\cdots j_n)}(-1)^{\tau(j_1j_2\cdots j_n)}a_{1j_1}a_{2j_2}\cdots a_{nj_n}, \tag{8.3}$$

其中求和号 $\sum$ 是对所有的 n 级排列求和 (共 $n!$ 项). 每一项当行标为自然排列时, 如果对应的列下标构成的排列是偶排列则该项取正号, 否则该项取负号. 当然, 行列式 D 也可以定义为

$$D=\begin{vmatrix} a_{11} & a_{12} & \cdots & a_{1n} \\ a_{21} & a_{22} & \cdots & a_{2n} \\ \vdots & \vdots & & \vdots \\ a_{n1} & a_{n2} & \cdots & a_{nn} \end{vmatrix}=\sum_{(i_1i_2\cdots i_n)}(-1)^{\tau(i_1i_2\cdots i_n)}a_{i_11}a_{i_22}\cdots a_{i_nn}. \tag{8.4}$$

简单验证可以知道, 当 $n=1$ 时, 行列式的定义就是 $|a_{11}|=a_{11}$; 当 $n=2,3$ 时, 行列式的定义就是前面定义的对角线法; 但是当 $n\geqslant 4$ 时, 对角线法则不再适用了.

例 8.1.2 设 D 为五阶行列式, 问乘积 $a_{12}a_{23}a_{31}a_{45}a_{54}$ 与 $a_{14}a_{25}a_{33}a_{42}a_{55}$ 是否为 D 中的项, 若是应取什么符号?

解 乘积 $a_{12}a_{23}a_{31}a_{45}a_{54}$ 的行下标排列为 12345, 列下标排列为 23154, 表明这些数取自不同行不同列, 所以它是 D 中的一项, 且行标为自然排列, $\tau(23154)=3$ 为奇数, 故该项取负号.

乘积 $a_{14}a_{25}a_{33}a_{42}a_{55}$ 的行下标排列为 12345, 列下标排列为 45325, 因此取自第五列的元素有两个 (a_{25} 和 a_{55}), 由行列式定义知它不是行列式的一项.

例 8.1.3 计算 n 阶行列式 $D=\begin{vmatrix} a_{11} & a_{12} & \cdots & a_{1n} \\ 0 & a_{22} & \cdots & a_{2n} \\ \vdots & \vdots & & \vdots \\ 0 & 0 & \cdots & a_{nn} \end{vmatrix}$.

解 由行列式的定义 (8.3) 式, 行列式 D 是 $n!$ 个带有确定符号的乘积项的代数和. 但是, 我们只需要计算其中的非零项就可以了.

行列式定义 (8.3) 式中的每一个乘积项中的因子必须来自不同行不同列. 由于第一列除了 a_{11} 外其余数都为零, 故非零项且选自第一列的数必为 a_{11}, 这样的话第二列只能选 a_{22}. 类似地, 第三列只能选 $a_{33},\cdots$, 第 n 列只能选 a_{nn}. 因此, 行列式定义式中的乘积项只有一个可能的非零项, 即 $a_{11}a_{22}\cdots a_{nn}$. 因此, 这个行列式的值是

$$D=\begin{vmatrix} a_{11} & a_{12} & \cdots & a_{1n} \\ 0 & a_{22} & \cdots & a_{2n} \\ \vdots & \vdots & & \vdots \\ 0 & 0 & \cdots & a_{nn} \end{vmatrix}=a_{11}a_{22}\cdots a_{nn}.$$

例 8.1.3 中出现的行列式称为**上三角形行列式**. 有时为了书写简单, 上三角形行列式经常写成

$$\begin{vmatrix} a_{11} & a_{12} & \cdots & a_{1n} \\ & a_{22} & \cdots & a_{2n} \\ & & \ddots & \vdots \\ & & & a_{nn} \end{vmatrix}$$

的形式. 类似可以定义**下三角形行列式**

$$\begin{vmatrix} a_{11} & & & \\ a_{21} & a_{22} & & \\ \vdots & \vdots & \ddots & \\ a_{n1} & a_{n2} & \cdots & a_{nn} \end{vmatrix},$$

同样地, 有结论

$$\begin{vmatrix} a_{11} & & & \\ a_{21} & a_{22} & & \\ \vdots & \vdots & \ddots & \\ a_{n1} & a_{n2} & \cdots & a_{nn} \end{vmatrix} = a_{11}a_{22}\cdots a_{nn}.$$

既是上三角形, 又是下三角形的行列式称为**对角形行列式**, 显然

$$\begin{vmatrix} a_{11} & & & \\ & a_{22} & & \\ & & \ddots & \\ & & & a_{nn} \end{vmatrix} = a_{11}a_{22}\cdots a_{nn}.$$

习 题 8.1

1. 利用对角线法则计算下列行列式的值.

(1) $\begin{vmatrix} 4 & -3 \\ -7 & 6 \end{vmatrix}$;　　(2) $\begin{vmatrix} \cos\alpha & -\sin\alpha \\ \sin\alpha & \cos\alpha \end{vmatrix}$;

(3) $\begin{vmatrix} 1 & -2 & 3 \\ 4 & 5 & -6 \\ 7 & 0 & 9 \end{vmatrix}$;　　(4) $\begin{vmatrix} x & 1 & -1 \\ -1 & x & 1 \\ 1 & -1 & x \end{vmatrix}$.

2. 计算下列排列的逆序数, 并判断其奇偶性.

(1) 4357261;

(2) 217986354;

(3) $135\cdots(2n-1)246\cdots(2n)$.

3. 选择 i 与 j 使

(1) $1i25j4897$ 为奇排列;

(2) $3972i15j4$ 为偶排列.

4. 求排列 $n\,(n-1)\cdots 21$ 的逆序数, 并讨论其奇偶性.

5. 写出四阶行列式中包含 $a_{21}a_{42}$ 的项, 并指出对应项的符号.

6. 利用行列式的定义计算下列行列式的值.

(1) $\begin{vmatrix} 1 & 1 & 0 & 0 \\ 2 & -1 & 0 & 0 \\ 0 & 0 & 3 & 0 \\ 0 & 0 & 4 & 4 \end{vmatrix}$;

(2) $\begin{vmatrix} 0 & a_1 & 0 & \cdots & \cdots & 0 \\ 0 & 0 & a_2 & \cdots & \cdots & 0 \\ 0 & 0 & 0 & a_3 & \cdots & 0 \\ \vdots & \vdots & \vdots & \ddots & \ddots & \vdots \\ 0 & 0 & 0 & \cdots & \ddots & a_{n-1} \\ a_n & 0 & 0 & \cdots & \cdots & 0 \end{vmatrix}$.

8.2 行列式的性质

8.1 节定义了一般的 n 阶行列式, 但是同时也可以看出利用行列式的定义计算行列式的值是一项相当繁琐的工作. 为了能方便地计算出行列式的值, 需要研究行列式的特点和性质. 通过这些性质, 可使行列式的计算在很多情况下得以大大简化.

将行列式 D 的行和列互换后得到的新行列式称为原行列式 D 的转置行列式, 记为 D^{T} 或 D'. 可以看到一个行列式与其转置行列式互为转置行列式, 即

$$D = \begin{vmatrix} a_{11} & a_{12} & \cdots & a_{1n} \\ a_{21} & a_{22} & \cdots & a_{2n} \\ \vdots & \vdots & & \vdots \\ a_{n1} & a_{n2} & \cdots & a_{nn} \end{vmatrix}, \quad D^{\mathrm{T}} = \begin{vmatrix} a_{11} & a_{21} & \cdots & a_{n1} \\ a_{12} & a_{22} & \cdots & a_{n2} \\ \vdots & \vdots & & \vdots \\ a_{1n} & a_{2n} & \cdots & a_{nn} \end{vmatrix}.$$

性质 1 行列式 D 与其转置行列式有相等的值, 或者说转置不改变行列式的值, 或者说

$$D = D^{\mathrm{T}}.$$

证 利用行列式的定义式 (8.3) 与 (8.4), 元素 a_{ij} 的行下标 i 也就是其转置行列式的列下标, 因此 $D = D^{\mathrm{T}}$. 证毕.

由性质 1 可以看到, 在行列式中行与列具有相同的地位, 关于行成立的性质, 关于列也同样成立, 反之亦然. 因此, 我们只研究行列式的行之间具有的性质就可以了.

性质 2 交换行列式的两行 (列), 行列式的值变号.

这条性质是对换改变排列的奇偶性的直接推论.

推论 如果行列式中有两行 (列) 相同, 则此行列式的值为零.

证 将行列式中相同的两行对换行列式不变, 但由性质 2 知道行列式应该变号, 此即是说 $D=-D$, 从而行列式 $D=0$. 证毕.

性质 3 用数 k 乘行列式的某一行 (列), 等于以数 k 乘此行列式. 即如果设 $D=|a_{ij}|$, 则

$$D_1=\begin{vmatrix} a_{11} & a_{12} & \cdots & a_{1n} \\ \vdots & \vdots & & \vdots \\ ka_{i1} & ka_{i2} & \cdots & ka_{in} \\ \vdots & \vdots & & \vdots \\ a_{n1} & a_{n2} & \cdots & a_{nn} \end{vmatrix}=k\begin{vmatrix} a_{11} & a_{12} & \cdots & a_{1n} \\ \vdots & \vdots & & \vdots \\ a_{i1} & a_{i2} & \cdots & a_{in} \\ \vdots & \vdots & & \vdots \\ a_{n1} & a_{n2} & \cdots & a_{nn} \end{vmatrix}=kD.$$

证 由行列式定义, 行列式 D_1 的一般项与行列式 D 的一般项相差一个因子 k, 即

$$(-1)^{\tau(j_1\cdots j_i\cdots j_n)}a_{1j_1}\cdots(ka_{ij_i})\cdots a_{nj_n}=k\cdot(-1)^{\tau(j_1\cdots j_i\cdots j_n)}a_{1j_1}\cdots a_{ij_i}\cdots a_{nj_n}.$$

因此, $D_1=kD$. 证毕.

性质 3 说明, 用一个数乘以行列式, 等于用这个数乘行列式的某一行 (列) 的每一个元素. 换句话说, 行列式中某一行 (列) 的公因子可以提到行列式符号之外.

推论 1 若行列式 D 中有一个零行 (列), 则 $D=0$.

推论 2 若行列式 D 中有两行 (列) 的对应元素成比例, 则 $D=0$.

例 8.2.1 性质 3 及其推论表明

$$\begin{vmatrix} 1 & 3 & -3 \\ 5 & -11 & 8 \\ -3 & -9 & 9 \end{vmatrix}=0,$$

$$\begin{vmatrix} ka_{11} & ka_{12} & \cdots & ka_{1n} \\ \vdots & \vdots & & \vdots \\ ka_{i1} & ka_{i2} & \cdots & ka_{in} \\ \vdots & \vdots & & \vdots \\ ka_{n1} & ka_{n2} & \cdots & ka_{nn} \end{vmatrix}=k^n\begin{vmatrix} a_{11} & a_{12} & \cdots & a_{1n} \\ \vdots & \vdots & & \vdots \\ a_{i1} & a_{i2} & \cdots & a_{in} \\ \vdots & \vdots & & \vdots \\ a_{n1} & a_{n2} & \cdots & a_{nn} \end{vmatrix}.$$

性质 4 若行列式 D 的某行 (列) 的元素都是两数之和, 则行列式 D 可以拆分为两个行列式之和的形式, 即

$$D=\begin{vmatrix} a_{11} & a_{12} & \cdots & a_{1n} \\ \vdots & \vdots & & \vdots \\ a_{i1}+b_{i1} & a_{i2}+b_{i2} & \cdots & a_{in}+b_{in} \\ \vdots & \vdots & & \vdots \\ a_{n1} & a_{n2} & \cdots & a_{nn} \end{vmatrix}$$

$$=\begin{vmatrix} a_{11} & a_{12} & \cdots & a_{1n} \\ \vdots & \vdots & & \vdots \\ a_{i1} & a_{i2} & \cdots & a_{in} \\ \vdots & \vdots & & \vdots \\ a_{n1} & a_{n2} & \cdots & a_{nn} \end{vmatrix}+\begin{vmatrix} a_{11} & a_{12} & \cdots & a_{1n} \\ \vdots & \vdots & & \vdots \\ b_{i1} & b_{i2} & \cdots & b_{in} \\ \vdots & \vdots & & \vdots \\ a_{n1} & a_{n2} & \cdots & a_{nn} \end{vmatrix}.$$

证 等式右端的两个行列式分别记为 D_1 与 D_2, 则由行列式定义, 我们考察行列式 D, D_1, D_2 的一般项之间的关系得到

$$\begin{aligned}&(-1)^{\tau(j_1\cdots j_i\cdots j_n)}a_{1j_1}\cdots(a_{ij_i}+b_{ij_i})\cdots a_{nj_n}\\ =&(-1)^{\tau(j_1\cdots j_i\cdots j_n)}a_{1j_1}\cdots a_{ij_i}\cdots a_{nj_n}+(-1)^{\tau(j_1\cdots j_i\cdots j_n)}a_{1j_1}\cdots b_{ij_i}\cdots a_{nj_n},\end{aligned}$$

由此可以看出 $D=D_1+D_2$. 证毕.

性质 5 将行列式某一行 (列) 的所有元素同乘以数 k 后加于另一行 (列) 对应的元素上, 行列式的值不变.

利用性质 3 与性质 4 即得结论, 请读者自己完成证明.

利用行列式的性质计算行列式, 可以使计算简化, 下面举例说明.

例 8.2.2 设 $\begin{vmatrix} a_{11} & a_{12} & a_{13} \\ a_{21} & a_{22} & a_{23} \\ a_{31} & a_{32} & a_{33} \end{vmatrix}=1$, 求行列式 $\begin{vmatrix} 6a_{11} & -2a_{12} & -10a_{13} \\ -3a_{21} & a_{22} & 5a_{23} \\ -3a_{31} & a_{32} & 5a_{33} \end{vmatrix}$ 的值.

解 对行列式的行与列反复使用性质 3, 得到

$$\begin{vmatrix} 6a_{11} & -2a_{12} & -10a_{13} \\ -3a_{21} & a_{22} & 5a_{23} \\ -3a_{31} & a_{32} & 5a_{33} \end{vmatrix}=-2\begin{vmatrix} -3a_{11} & a_{12} & 5a_{13} \\ -3a_{21} & a_{22} & 5a_{23} \\ -3a_{31} & a_{32} & 5a_{33} \end{vmatrix}$$

$$= -2 \times (-3) \times 5 \begin{vmatrix} a_{11} & a_{12} & a_{13} \\ a_{21} & a_{22} & a_{23} \\ a_{31} & a_{32} & a_{33} \end{vmatrix}$$

$$= -2 \times (-3) \times 5 \times 1 = 30.$$

例 8.2.3 证明: 奇数阶反对称行列式的值为零, 即

$$D = \begin{vmatrix} 0 & a_{12} & a_{13} & \cdots & a_{1n} \\ -a_{12} & 0 & a_{23} & \cdots & a_{2n} \\ -a_{13} & -a_{23} & 0 & \cdots & a_{3n} \\ \vdots & \vdots & \vdots & & \vdots \\ -a_{1n} & -a_{2n} & -a_{3n} & \cdots & 0 \end{vmatrix} = 0.$$

证 利用行列式的性质 1 得到 $D = D^{\mathrm{T}}$. 再利用性质 3 计算 D^{T}, 注意到如果把 D^{T} 的每一行都提出因子 -1, 那么行列式将变成 D, 即 $D^{\mathrm{T}} = (-1)^n D = -D$. 因此 $D = 0$. 证毕.

计算行列式时, 常利用行列式的性质, 把它化为三角形行列式来计算. 例如化为上三角形行列式的步骤是: 如果 $a_{11} \neq 0$(若 $a_{11} = 0$, 则与其他行互换), 将第一行分别乘以适当的数加到其他各行, 使第一列除 a_{11} 外其余元素全为 0, 再利用同样的方法处理除去第一行和第一列后余下的低阶行列式; 依次下去, 直到使它成为上三角形行列式, 这时主对角线上元素的乘积就是行列式的值.

为了使计算过程清晰明了, 约定如下记号:

(1) 交换行列式的第 i 行 (列) 与第 j 行 (列), 简记为 $r_i \leftrightarrow r_j(c_i \leftrightarrow c_j)$;

(2) 给行列式的第 i 行 (列) 同乘非零数 k, 简记为 $kr_i(kc_i)$;

(3) 把行列式第 j 行 (列) 的 $k(k \neq 0)$ 倍加到第 i 行 (列) 相应的元素上, 简记为 $r_i + kr_j(c_i + kc_j)$.

例 8.2.4 计算四阶行列式 $D = \begin{vmatrix} 5 & -2 & 3 & -5 \\ -2 & 5 & -1 & 2 \\ -1 & 0 & 3 & 5 \\ 2 & -3 & 5 & 4 \end{vmatrix}$.

解 利用行列式的性质, 将 D 化为上三角形行列式.

$$D = \begin{vmatrix} 5 & -2 & 3 & -5 \\ -2 & 5 & -1 & 2 \\ -1 & 0 & 3 & 5 \\ 2 & -3 & 5 & 4 \end{vmatrix} \xlongequal{r_1+2r_2} \begin{vmatrix} 1 & 8 & 1 & -1 \\ -2 & 5 & -1 & 2 \\ -1 & 0 & 3 & 5 \\ 2 & -3 & 5 & 4 \end{vmatrix}$$

$$\xlongequal[r_4+(-2)r_1]{\substack{r_2+2r_1\\ r_3+r_1}}\begin{vmatrix}1&8&1&-1\\0&21&1&0\\0&8&4&4\\0&-19&3&6\end{vmatrix}\xlongequal{r_2+r_4}\begin{vmatrix}1&8&1&-1\\0&2&4&6\\0&8&4&4\\0&-19&3&6\end{vmatrix}$$

$$=2\times 4\begin{vmatrix}1&8&1&-1\\0&1&2&3\\0&2&1&1\\0&-19&3&6\end{vmatrix}\xlongequal[r_4+19r_2]{r_3+(-2)r_2}8\begin{vmatrix}1&8&1&-1\\0&1&2&3\\0&0&-3&-5\\0&0&41&63\end{vmatrix}$$

$$\xlongequal{r_4+14r_3}8\begin{vmatrix}1&8&1&-1\\0&1&2&3\\0&0&-3&-5\\0&0&-1&-7\end{vmatrix}=-8\begin{vmatrix}1&8&1&-1\\0&1&2&3\\0&0&1&7\\0&0&3&5\end{vmatrix}$$

$$\xlongequal{r_4+(-3)r_3}-8\begin{vmatrix}1&8&1&-1\\0&1&2&3\\0&0&1&7\\0&0&0&-16\end{vmatrix}=-8\times(-16)=128.$$

等号上面标注的运算 r_i+kr_j 表示将行列式的第 j 行的 k 倍加到第 i 行, r_i 与 r_j 的位置不能颠倒; 此外, 在计算过程中相邻行列式是等号连接.

例 8.2.5 计算 n 阶行列式 $D_n=\begin{vmatrix}x&a&a&\cdots&a\\a&x&a&\cdots&a\\a&a&x&\cdots&a\\\vdots&\vdots&\vdots&&\vdots\\a&a&a&\cdots&x\end{vmatrix}$.

解 方法 1 这个行列式的特点是各列 (行) 的元素之和相等, 故可将各行加到第一行, 提出公因子, 再化为上三角形行列式. 具体操作过程是把第 2 行到第 n 行都加到第 1 行上, 行列式值不变. 从第 1 行提出公因子 $x+(n-1)a$, 之后把第 1 行乘 $-a$ 加到以后各行上得到一个上三角形行列式.

$$D_n=\begin{vmatrix}x&a&a&\cdots&a\\a&x&a&\cdots&a\\a&a&x&\cdots&a\\\vdots&\vdots&\vdots&&\vdots\\a&a&a&\cdots&x\end{vmatrix}$$

$$
=\begin{vmatrix} x+(n-1)a & x+(n-1)a & x+(n-1)a & \cdots & x+(n-1)a \\ a & x & a & \cdots & a \\ a & a & x & \cdots & a \\ \vdots & \vdots & \vdots & & \vdots \\ a & a & a & \cdots & x \end{vmatrix}
$$

$$
=[x+(n-1)a]\begin{vmatrix} 1 & 1 & 1 & \cdots & 1 \\ a & x & a & \cdots & a \\ a & a & x & \cdots & a \\ \vdots & \vdots & \vdots & & \vdots \\ a & a & a & \cdots & x \end{vmatrix}
$$

$$
=[x+(n-1)a]\begin{vmatrix} 1 & 1 & 1 & \cdots & 1 \\ 0 & x-a & 0 & \cdots & 0 \\ 0 & 0 & x-a & \cdots & 0 \\ \vdots & \vdots & \vdots & & \vdots \\ 0 & 0 & 0 & \cdots & x-a \end{vmatrix}
$$

$$
=[x+(n-1)a](x-a)^{n-1}.
$$

方法 2 行列式的每行每列都只有一个元素 x, 其余都是 a, 利用这个特点化行列式为上三角形行列式. 具体操作过程是把行列式的第 1 行乘以 -1 加到以后诸行上. 再把第 2 列以后各列都加到第 1 列上, 即得到上三角形行列式.

$$
D_n=\begin{vmatrix} x & a & a & \cdots & a \\ a & x & a & \cdots & a \\ a & a & x & \cdots & a \\ \vdots & \vdots & \vdots & & \vdots \\ a & a & a & \cdots & x \end{vmatrix}=\begin{vmatrix} x & a & a & \cdots & a \\ a-x & x-a & 0 & \cdots & 0 \\ a-x & 0 & x-a & \cdots & 0 \\ \vdots & \vdots & \vdots & & \vdots \\ a-x & 0 & 0 & \cdots & x-a \end{vmatrix}
$$

$$
=\begin{vmatrix} x+(n-1)a & a & a & \cdots & a \\ 0 & x-a & 0 & \cdots & 0 \\ 0 & 0 & x-a & \cdots & 0 \\ \vdots & \vdots & \vdots & & \vdots \\ 0 & 0 & 0 & \cdots & x-a \end{vmatrix}=[x+(n-1)a](x-a)^{n-1}.
$$

例 8.2.6 解方程

$$\begin{vmatrix} a_1 & a_2 & a_3 & \cdots & a_{n-1} & a_n \\ a_1 & a_1+a_2-x & a_3 & \cdots & a_{n-1} & a_n \\ a_1 & a_2 & a_2+a_3-x & \cdots & a_{n-1} & a_n \\ \vdots & \vdots & \vdots & & \vdots & \vdots \\ a_1 & a_2 & a_3 & \cdots & a_{n-2}+a_{n-1}-x & a_n \\ a_1 & a_2 & a_3 & \cdots & a_{n-1} & a_{n-1}+a_n-x \end{vmatrix} = 0,$$

其中 $a_1 \neq 0$.

解 首先计算出行列式的值, 然后再解方程. 把第 1 行乘以 -1 分别加到以后各行上即得到三角形行列式. 具体计算过程为

$$\begin{vmatrix} a_1 & a_2 & a_3 & \cdots & a_{n-1} & a_n \\ a_1 & a_1+a_2-x & a_3 & \cdots & a_{n-1} & a_n \\ a_1 & a_2 & a_2+a_3-x & \cdots & a_{n-1} & a_n \\ \vdots & \vdots & \vdots & & \vdots & \vdots \\ a_1 & a_2 & a_3 & \cdots & a_{n-2}+a_{n-1}-x & a_n \\ a_1 & a_2 & a_3 & \cdots & a_{n-1} & a_{n-1}+a_n-x \end{vmatrix}$$

$$= \begin{vmatrix} a_1 & a_2 & a_3 & \cdots & a_{n-1} & a_n \\ 0 & a_1-x & 0 & \cdots & 0 & 0 \\ 0 & 0 & a_2-x & \cdots & 0 & 0 \\ \vdots & \vdots & \vdots & & \vdots & \vdots \\ 0 & 0 & 0 & \cdots & a_{n-2}-x & 0 \\ 0 & 0 & 0 & \cdots & 0 & a_{n-1}-x \end{vmatrix}$$

$$= a_1(a_1-x)(a_2-x)\cdots(a_{n-1}-x).$$

因此, 问题要求解的方程就是

$$a_1(a_1-x)(a_2-x)\cdots(a_{n-1}-x) = 0, \quad a_1 \neq 0,$$

解方程得到方程有 $n-1$ 个根

$$x_1 = a_1, \quad x_2 = a_2, \quad \cdots, \quad x_{n-1} = a_{n-1}.$$

习 题 8.2

1. 利用行列式的性质, 计算下列行列式的值.

(1) $\begin{vmatrix} 0 & -1 & -1 \\ 1 & 0 & -1 \\ 1 & 1 & 0 \end{vmatrix}$; (2) $\begin{vmatrix} -ab & ac & ae \\ bd & -cd & de \\ bf & cf & ef \end{vmatrix}$;

(3) $\begin{vmatrix} 4 & 1 & 2 & 4 \\ 1 & 2 & 0 & 2 \\ 10 & 5 & 2 & 0 \\ 0 & 1 & 1 & 7 \end{vmatrix}$; (4) $\begin{vmatrix} 1 & a & 0 & 0 \\ -1 & 1-a & b & 0 \\ 0 & -1 & 1-b & c \\ 0 & 0 & -1 & 1-c \end{vmatrix}$;

(5) $\begin{vmatrix} x & a_1 & a_2 & a_3 \\ b_1 & 1 & 0 & 0 \\ b_2 & 0 & 2 & 0 \\ b_3 & 0 & 0 & 3 \end{vmatrix}$; (6) $\begin{vmatrix} a & b & c & 1 \\ b & c & a & 1 \\ c & a & b & 1 \\ \dfrac{b+c}{2} & \dfrac{c+a}{2} & \dfrac{a+b}{2} & 1 \end{vmatrix}$.

2. 计算 n 阶行列式 $D_n = \begin{vmatrix} a_1+b_1 & a_1+b_2 & \cdots & a_1+b_n \\ a_2+b_1 & a_2+b_2 & \cdots & a_2+b_n \\ \vdots & \vdots & & \vdots \\ a_n+b_1 & a_n+b_2 & \cdots & a_n+b_n \end{vmatrix}$.

3. 利用行列式的性质证明: $\begin{vmatrix} a+b & b+c & c+a \\ a_1+b_1 & b_1+c_1 & c_1+a_1 \\ a_2+b_2 & b_2+c_2 & c_2+a_2 \end{vmatrix} = \begin{vmatrix} a & b & c \\ a_1 & b_1 & c_1 \\ a_2 & b_2 & c_2 \end{vmatrix}$.

4. 解下列方程:

(1) $\begin{vmatrix} -2 & -2 & 2 & 1 \\ -1 & x^2-2 & 0 & 4 \\ 3 & 3 & -1 & 2 \\ 6 & 6 & -2 & 8-x^2 \end{vmatrix} = 0$; (2) $\begin{vmatrix} x & 3 & 3 & 3 \\ 3 & x & 3 & 3 \\ 3 & 3 & x & 3 \\ 3 & 3 & 3 & x \end{vmatrix} = 0$.

8.3 按行列展开行列式

计算行列式的基本方法是利用性质把行列式转化成有利于计算的特殊形式, 比如三角形行列式等. 另外一种计算行列式的办法是把高阶行列式降阶为低阶行列式, 而为了实现这个目的, 需要引入展开行列式的方法. 本节首先引入余子式和代数余子式的概念, 介绍行列式降阶的基本方法, 然后利用降阶来计算行列式.

在 n 阶行列式

$$D = \begin{vmatrix} a_{11} & \cdots & a_{1j} & \cdots & a_{1n} \\ \vdots & & \vdots & & \vdots \\ a_{i1} & \cdots & a_{ij} & \cdots & a_{in} \\ \vdots & & \vdots & & \vdots \\ a_{n1} & \cdots & a_{nj} & \cdots & a_{nn} \end{vmatrix}$$

中, 划掉元素 a_{ij} 所在的第 i 行与第 j 列的全部元素, 剩下的元素按原来的相对位置排列形成的 $n-1$ 阶行列式称为元素 a_{ij} 的**余子式**, 记作 M_{ij}, 并且称 $A_{ij}=(-1)^{i+j}M_{ij}$ 为元素 a_{ij} 的**代数余子式**.

例如, 在三阶行列式 $\begin{vmatrix} a_{11} & a_{12} & a_{13} \\ a_{21} & a_{22} & a_{23} \\ a_{31} & a_{32} & a_{33} \end{vmatrix}$ 中, 元素 a_{12} 的余子式 M_{12} 和代数余子式 A_{12} 分别为

$$M_{12}=\begin{vmatrix} a_{21} & a_{23} \\ a_{31} & a_{33} \end{vmatrix}=a_{21}a_{33}-a_{23}a_{31},$$

$$A_{12}=(-1)^{1+2}M_{12}=(-1)^{1+2}\begin{vmatrix} a_{21} & a_{23} \\ a_{31} & a_{33} \end{vmatrix}=a_{23}a_{31}-a_{21}a_{33}.$$

定理 8.2 设 n 阶行列式 $D=|a_{ij}|_n$, 元素 a_{ij} 的代数余子式记为 A_{ij}. 那么行列式 D 的值等于行列式 D 的任一行 (列) 的各元素 a_{ij} 与其各自代数余子式 A_{ij} 的乘积之和, 即

$$D=\sum_{j=1}^{n}a_{ij}=a_{i1}A_{i1}+a_{i2}A_{i2}+\cdots+a_{in}A_{in}\quad(1\leqslant i\leqslant n),\tag{8.5}$$

$$D=\sum_{i=1}^{n}a_{ij}=a_{1j}A_{1j}+a_{2j}A_{2j}+\cdots+a_{nj}A_{nj}\quad(1\leqslant j\leqslant n).\tag{8.6}$$

证 利用行列式的性质 1 可以知道只需要证明 (8.5) 式即可. 下面分三步完成证明.

第一步. 证明一个特殊情况, 即 $j>1$ 时, $a_{1j}=0$ 的情况. 按行列式的定义 (8.3) 式, 有

$$D=\begin{vmatrix} a_{11} & 0 & \cdots & 0 \\ a_{21} & a_{22} & \cdots & a_{2n} \\ \vdots & \vdots & \ddots & \vdots \\ a_{n1} & a_{n2} & \cdots & a_{nn} \end{vmatrix}=\sum_{(j_1j_2\cdots j_n)}(-1)^{\tau(j_1j_2\cdots j_n)}a_{1j_1}a_{2j_2}\cdots a_{nj_n}$$

$$\xlongequal{j_1=1}\sum_{(1j_2\cdots j_n)}(-1)^{\tau(1j_2\cdots j_n)}a_{11}a_{2j_2}\cdots a_{nj_n}$$

$$=a_{11}\sum_{(1j_2\cdots j_n)}(-1)^{\tau(1j_2\cdots j_n)}a_{2j_2}\cdots a_{nj_n}$$

$$=a_{11}M_{11}$$

$$=a_{11}A_{11}.$$

第二步. 证明如果第 i 行的所有元素中只有 a_{ij} 可能不是零, 其余元素全是零的情况. 这时

$$D=\begin{vmatrix} a_{11} & \cdots & a_{1j} & \cdots & a_{1n} \\ \vdots & & \vdots & & \vdots \\ 0 & \cdots & a_{ij} & \cdots & 0 \\ \vdots & & \vdots & & \vdots \\ a_{n1} & \cdots & a_{nj} & \cdots & a_{nn} \end{vmatrix}.$$

为了保持除第 i 行元素外其他元素的相对位置不变, 在行列式 D 中把第 i 行依次与第 $i-1$ 行交换, 再与第 $i-2$ 行交换, 依次下去直到与第 1 行交换. 然后再把第 j 列做同样的工作, 目的是把元素 a_{ij} 移到行列式的第 1 行第 1 列位置. 由于在一系列操作过程中保持了第 i 行第 j 列元素以外其他元素的相对位置不变, 因此, 对最后得到的行列式引用第一步的结果有

$$a_{ij}M_{ij}=(-1)^{i-1+j-1}D,$$

而这个结果就是 $D=a_{ij}A_{ij}$.

第三步. 证明一般情况. 利用行列式的性质 4 得到

$$\begin{aligned} D&=\begin{vmatrix} a_{11} & \cdots & a_{1j} & \cdots & a_{1n} \\ \vdots & & \vdots & & \vdots \\ a_{i1} & \cdots & a_{ij} & \cdots & a_{in} \\ \vdots & & \vdots & & \vdots \\ a_{n1} & \cdots & a_{nj} & \cdots & a_{nn} \end{vmatrix} \\ &=\begin{vmatrix} a_{11} & \cdots & a_{1j} & \cdots & a_{1n} \\ \vdots & & \vdots & & \vdots \\ a_{i1} & \cdots & 0 & \cdots & 0 \\ \vdots & & \vdots & & \vdots \\ a_{n1} & \cdots & a_{nj} & \cdots & a_{nn} \end{vmatrix}+\cdots+\begin{vmatrix} a_{11} & \cdots & a_{1j} & \cdots & a_{1n} \\ \vdots & & \vdots & & \vdots \\ 0 & \cdots & a_{ij} & \cdots & 0 \\ \vdots & & \vdots & & \vdots \\ a_{n1} & \cdots & a_{nj} & \cdots & a_{nn} \end{vmatrix}+\cdots \\ &\quad+\begin{vmatrix} a_{11} & \cdots & a_{1j} & \cdots & a_{1n} \\ \vdots & & \vdots & & \vdots \\ 0 & \cdots & 0 & \cdots & a_{in} \\ \vdots & & \vdots & & \vdots \\ a_{n1} & \cdots & a_{nj} & \cdots & a_{nn} \end{vmatrix} \end{aligned}$$

$$= a_{i1}A_{i1} + a_{i2}A_{i2} + \cdots + a_{in}A_{in}.$$

证毕.

定理 8.2 提供了一个计算行列式的基本方法: 应用行列式性质, 将行列式化简, 使行列式的某一行或某一列中尽可能多的元素为零, 然后按该行或列展开. 这样就可以把高阶行列式的计算问题转化为低阶行列式的计算问题.

例 8.3.1 计算三阶行列式 $\begin{vmatrix} -1 & 0 & 1 \\ 1 & -2 & 1 \\ 2 & 1 & -1 \end{vmatrix}$.

解 把这个行列式按照第一行展开, 得到

$$\begin{vmatrix} -1 & 0 & 1 \\ 1 & -2 & 1 \\ 2 & 1 & -1 \end{vmatrix} = (-1) \times (-1)^{1+1} \begin{vmatrix} -2 & 1 \\ 1 & -1 \end{vmatrix} + 0 + 1 \times (-1)^{1+3} \begin{vmatrix} 1 & -2 \\ 2 & 1 \end{vmatrix}$$
$$= -1 + 5 = 4.$$

直接使用展开定理计算行列式的值会出现很多求和项, 给计算带来麻烦, 可以先利用性质对行列式进行化简, 之后再使用展开定理, 计算过程有时会大大简化.

例 8.3.2 计算四阶行列式 $D = \begin{vmatrix} 2 & 3 & 10 & 0 \\ 1 & 2 & 0 & 1 \\ 0 & 3 & 5 & 18 \\ 5 & 10 & 15 & 4 \end{vmatrix}$.

解 先利用第 2 行第 4 列的元素 1 把第 2 行中的其他非零元素都化成零, 再按照第 2 行展开. 具体计算如下:

$$D = \begin{vmatrix} 2 & 3 & 10 & 0 \\ 1 & 2 & 0 & 1 \\ 0 & 3 & 5 & 18 \\ 5 & 10 & 15 & 4 \end{vmatrix} = \begin{vmatrix} 2 & 3 & 10 & 0 \\ 0 & 0 & 0 & 1 \\ -18 & -33 & 5 & 18 \\ 1 & 2 & 15 & 4 \end{vmatrix} = (-1)^{2+4} \begin{vmatrix} 2 & 3 & 10 \\ -18 & -33 & 5 \\ 1 & 2 & 15 \end{vmatrix}.$$

现在把行列式的第 1 行乘以 9 加到第 2 行, 之后再把第 3 行乘以 -2 加到第 1 行得到

$$D = \begin{vmatrix} 2 & 3 & 10 \\ -18 & -33 & 5 \\ 1 & 2 & 15 \end{vmatrix} = \begin{vmatrix} 0 & -1 & -20 \\ 0 & -6 & 95 \\ 1 & 2 & 15 \end{vmatrix} = \begin{vmatrix} -1 & -20 \\ -6 & 95 \end{vmatrix} = -215.$$

例 8.3.3 讨论当 k 为何值时行列式 $D=\begin{vmatrix}1&1&0&0\\1&k&1&0\\0&0&k&2\\0&0&2&k\end{vmatrix}\neq 0.$

解 首先计算出行列式 D 的值如下:

$$D=\begin{vmatrix}1&1&0&0\\1&k&1&0\\0&0&k&2\\0&0&2&k\end{vmatrix}\xlongequal{r_2-r_1}\begin{vmatrix}1&1&0&0\\0&k-1&1&0\\0&0&k&2\\0&0&2&k\end{vmatrix}$$

$$=\begin{vmatrix}k-1&1&0\\0&k&2\\0&2&k\end{vmatrix}=(k-1)\left(k^2-4\right),$$

所以, 当 $k\neq 1,k\neq 2,k\neq -2$ 时, $D\neq 0$.

定理 8.2 有一个非常有用的推论.

推论 n 阶行列式 D 某一行 (列) 的元素与另一行 (列) 对应元素的代数余子式乘积之和等于零.

利用克罗内克符号 δ_{kl} 可以把定理 8.2 及其推论合写为如下两个等式:

$$\sum_{j=1}^{n}a_{kj}A_{lj}=a_{k1}A_{l1}+a_{k2}A_{l2}+\cdots+a_{kn}A_{ln}=D\delta_{kl},$$

$$\sum_{i=1}^{n}a_{ik}A_{il}=a_{1k}A_{1l}+a_{2k}A_{2l}+\cdots+a_{nk}A_{nl}=D\delta_{kl},$$

其中克罗内克符号 δ_{kl} 的定义为 $\delta_{kl}=\begin{cases}1, & k=l,\\0, & k\neq l.\end{cases}$

例 8.3.4 设行列式 $D=\begin{vmatrix}2&1&4&2\\1&1&2&5\\-3&1&3&3\\5&1&1&1\end{vmatrix}$, 求 $A_{14}+A_{24}+A_{34}+A_{44}$ 与 $M_{11}+M_{12}+M_{13}+M_{14}$.

解 利用上面推论的第二个关系式知道行列式 D 的第 2 列各元 1 与第 4 列对应元的代数余子式 A_{i4} 乘积之和为零, 所以有 $A_{14}+A_{24}+A_{34}+A_{44}=0$.

而对第二个表达式有

$$M_{11}+M_{12}+M_{13}+M_{14}=A_{11}-A_{12}+A_{13}-A_{14}$$

$$=\begin{vmatrix} 1 & -1 & 1 & -1 \\ 1 & 1 & 2 & 5 \\ -3 & 1 & 3 & 3 \\ 5 & 1 & 1 & 1 \end{vmatrix} \xlongequal[r_4+r_1]{\substack{r_2+r_1\\r_3+r_1}} \begin{vmatrix} 1 & -1 & 1 & -1 \\ 2 & 0 & 3 & 4 \\ -2 & 0 & 4 & 2 \\ 6 & 0 & 2 & 0 \end{vmatrix}$$

$$=\begin{vmatrix} 2 & 3 & 4 \\ -2 & 4 & 2 \\ 6 & 2 & 0 \end{vmatrix} = -84.$$

例 8.3.5 计算 $2n$ 阶行列式 $D_{2n}=\begin{vmatrix} a & & & & & & & b \\ & a & & & & & b & \\ & & \ddots & & & \iddots & & \\ & & & a & b & & & \\ & & & c & d & & & \\ & & \iddots & & & \ddots & & \\ & c & & & & & d & \\ c & & & & & & & d \end{vmatrix}$.

解 把行列式 D_{2n} 按第一行展开后得到两个行列式, 再把它们分别按照最后一列与第一列展开得到一个递推关系式

$$D_{2n} = adD_{2(n-1)} - bc\,(-1)^{2n-1+1}\,D_{2(n-1)} = (ad-bc)\,D_{2(n-1)},$$

注意到 $D_2=\begin{vmatrix} a & b \\ c & d \end{vmatrix}=ad-bc$, 因此解上述递推关系式可以得到 $D_{2n}=(ad-bc)^n$.

例 8.3.6 计算例 8.2.5 中的 n 阶行列式 $D_n=\begin{vmatrix} x & a & a & \cdots & a \\ a & x & a & \cdots & a \\ a & a & x & \cdots & a \\ \vdots & \vdots & \vdots & \ddots & \vdots \\ a & a & a & \cdots & x \end{vmatrix}$.

解 可以利用展开定理建立递推关系式, 从而计算出这个行列式.

$$D_n=\begin{vmatrix} x & a & a & \cdots & a \\ a & x & a & \cdots & a \\ a & a & x & \cdots & a \\ \vdots & \vdots & \vdots & \ddots & \vdots \\ a & a & a & \cdots & x \end{vmatrix} = \begin{vmatrix} x-a & 0 & 0 & \cdots & 0 \\ a & x & a & \cdots & a \\ a & a & x & \cdots & a \\ \vdots & \vdots & \vdots & \ddots & \vdots \\ a & a & a & \cdots & x \end{vmatrix} + \begin{vmatrix} a & a & a & \cdots & a \\ a & x & a & \cdots & a \\ a & a & x & \cdots & a \\ \vdots & \vdots & \vdots & \ddots & \vdots \\ a & a & a & \cdots & x \end{vmatrix}$$

$$= (x-a)\,D_{n-1} + a\,(x-a)^{n-1}\,.$$

容易看到 $D_1 = x$, 解这个递推关系式也可以算出 $D_n = [x+(n-1)\,a]\,(x-a)^{n-1}$.

习 题 8.3

1. 求下列行列式的第二行元素的代数余子式.

(1) $\begin{vmatrix} 2 & 0 & 0 \\ -3 & 1 & 0 \\ 1 & 2 & 5 \end{vmatrix}$; (2) $\begin{vmatrix} 2 & 2 & 2 \\ 1 & 1 & 1 \\ 4 & 4 & 3 \end{vmatrix}$.

2. 计算下列各行列式.

(1) $\begin{vmatrix} 1 & a & b & c \\ a & 1 & 0 & 0 \\ b & 0 & 2 & 0 \\ c & 0 & 0 & 3 \end{vmatrix}$; (2) $\begin{vmatrix} 1+x & 1 & 1 & 1 \\ 1 & 1-x & 1 & 1 \\ 1 & 1 & 1+y & 1 \\ 1 & 1 & 1 & 1-y \end{vmatrix}$;

(3) $\begin{vmatrix} a+x & a & a & a \\ a & a+x & a & a \\ a & a & a+x & a \\ a & a & a & a+x \end{vmatrix}$; (4) $\begin{vmatrix} 3 & 5 & -1 & 2 \\ -4 & 5 & 3 & -3 \\ 1 & 2 & 0 & 1 \\ 2 & 0 & -3 & 4 \end{vmatrix}$;

(5) $\begin{vmatrix} 1 & 2 & 3 & 4 & 5 \\ 2 & 3 & 4 & 5 & 6 \\ 3 & 4 & 5 & 6 & 7 \\ 4 & 5 & 6 & 7 & 8 \\ 5 & 6 & 7 & 8 & 9 \end{vmatrix}$; (6) $\begin{vmatrix} 2 & -1 & 3 & 1 & 0 \\ 1 & 2 & -1 & 4 & 3 \\ 0 & -1 & -3 & 2 & 3 \\ 4 & 5 & 0 & 3 & 1 \\ 1 & -1 & 2 & -2 & 3 \end{vmatrix}$;

(7) $\begin{vmatrix} \cos\alpha & 1 & 0 & 0 \\ 1 & 2\cos\alpha & 1 & 0 \\ 0 & 1 & 2\cos\alpha & 1 \\ 0 & 0 & 1 & 2\cos\alpha \end{vmatrix}$; (8) $\begin{vmatrix} x & a & b & 0 & c \\ 0 & y & 0 & 0 & d \\ 0 & e & z & 0 & f \\ g & h & k & u & l \\ 0 & 0 & 0 & 0 & v \end{vmatrix}$.

3. 计算下列各 n 阶行列式.

(1) $\begin{vmatrix} 1 & 2 & 2 & \cdots & 2 \\ 2 & 2 & 2 & \cdots & 2 \\ 2 & 2 & 3 & \cdots & 2 \\ \vdots & \vdots & \vdots & & \vdots \\ 2 & 2 & 2 & \cdots & n \end{vmatrix}$; (2) $\begin{vmatrix} x & y & 0 & \cdots & 0 & 0 \\ 0 & x & y & \cdots & 0 & 0 \\ \vdots & \vdots & \vdots & & \vdots & \vdots \\ 0 & 0 & 0 & \cdots & x & y \\ y & 0 & 0 & \cdots & 0 & x \end{vmatrix}$;

(3) $\begin{vmatrix} 1 & 2 & 3 & \cdots & n \\ -1 & 0 & 3 & \cdots & n \\ -1 & -2 & 0 & \cdots & n \\ \vdots & \vdots & \vdots & & \vdots \\ -1 & -2 & -3 & \cdots & 0 \end{vmatrix}$; (4) $\begin{vmatrix} 1-n & 1 & 1 & \cdots & 1 \\ 1 & 1-n & 1 & \cdots & 1 \\ 1 & 1 & 1-n & \cdots & 1 \\ \vdots & \vdots & \vdots & & \vdots \\ 1 & 1 & 1 & \cdots & 1-n \end{vmatrix}$.

8.4 克拉默法则

对于二元、三元线性方程组, 当它们的系数行列式 $D \neq 0$ 时, 其解可用二阶、三阶行列式来表示, 其形式既简单又便于记忆. 对于 n 元线性方程组, 也有类似的结论, 即克拉默法则.

设有由 n 个方程组成的 n 元一次线性方程组

$$\begin{cases} a_{11}x_1 + a_{12}x_2 + \cdots + a_{1n}x_n = b_1, \\ a_{21}x_1 + a_{22}x_2 + \cdots + a_{2n}x_n = b_2, \\ \qquad \cdots\cdots \\ a_{n1}x_1 + a_{n2}x_2 + \cdots + a_{nn}x_n = b_n. \end{cases} \tag{8.7}$$

通常把这个方程组的系数按照上面位置组成的行列式记作 D, 称为这个线性方程组的系数行列式, 即

$$D = \begin{vmatrix} a_{11} & a_{12} & \cdots & a_{1n} \\ a_{21} & a_{22} & \cdots & a_{2n} \\ \vdots & \vdots & & \vdots \\ a_{n1} & a_{n2} & \cdots & a_{nn} \end{vmatrix}.$$

以这个方程组的常数项 $b_1, b_2, \cdots, b_n$ 按自然顺序依次替换行列式 D 的第 j 列的全部元素得到的行列式记作 D_j,

$$D_j = \begin{vmatrix} \cdots & a_{1,j-1} & b_1 & a_{1,j+1} & \cdots \\ \cdots & a_{2,j-1} & b_2 & a_{2,j+1} & \cdots \\ \cdots & a_{3,j-1} & b_3 & a_{3,j+1} & \cdots \\ & \vdots & \vdots & \vdots & \\ \cdots & a_{n,j-1} & b_n & a_{n,j+1} & \cdots \end{vmatrix}, \quad 1 \leqslant j \leqslant n.$$

定理 8.3 若线性方程组 (8.7) 的系数行列式 $D \neq 0$, 则方程组有唯一解

$$x_j = \frac{D_j}{D}, \quad 1 \leqslant j \leqslant n. \tag{8.8}$$

证 先证明 (8.8) 式确实是 (8.7) 式给出的线性方程组的解. 将 D_j 按第 j 列展开得到

$$D_j = b_1 A_{1j} + b_2 A_{2j} + \cdots + b_n A_{nj}, \quad j = 1, 2, \cdots, n,$$

其中 A_{ij} 是系数行列式 D 中元素 a_{ij} 的代数余子式, 将

$$x_j = \frac{D_j}{D} = \frac{1}{D}\sum_{i=1}^{n} b_i A_{ij}, \quad j = 1, 2, \cdots, n$$

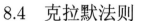

代入方程组 (8.7) 的第 $i\,(i=1,2,\cdots,n)$ 个方程的左端, 得到

$$\begin{aligned}
&a_{i1}x_1+a_{i2}x_2+\cdots+a_{in}x_n\\
=&\,a_{i1}\left(b_1A_{11}+b_2A_{21}+\cdots+b_nA_{n1}\right)\frac{1}{D}\\
&+a_{i2}\left(b_1A_{12}+b_2A_{22}+\cdots+b_nA_{n2}\right)\frac{1}{D}\\
&+\cdots+a_{in}\left(b_1A_{1n}+b_2A_{2n}+\cdots+b_nA_{nn}\right)\frac{1}{D}\\
=&\,b_1\left(a_{i1}A_{11}+a_{i2}A_{12}+\cdots+a_{in}A_{1n}\right)\frac{1}{D}\\
&+\cdots+b_i\left(a_{i1}A_{i1}+a_{i2}A_{i2}+\cdots+a_{in}A_{in}\right)\frac{1}{D}\\
&+\cdots+b_n\left(a_{i1}A_{n1}+a_{i2}A_{n2}+\cdots+a_{in}A_{nn}\right)\frac{1}{D}\\
=&\,b_i.
\end{aligned}$$

因此 $x_j=\dfrac{D_j}{D}$ 是方程组 (8.7) 的解. 注意这个计算过程的一个简单写法如下:

$$\begin{aligned}
\sum_{j=1}^{n}a_{ij}x_j&=\sum_{j=1}^{n}\sum_{k=1}^{n}a_{ij}\cdot b_kA_{kj}\cdot\frac{1}{D}=\frac{1}{D}\sum_{k=1}^{n}\sum_{j=1}^{n}a_{ij}\cdot b_kA_{kj}\\
&=\frac{1}{D}\sum_{k=1}^{n}b_k\sum_{j=1}^{n}a_{ij}A_{kj}=\frac{1}{D}\sum_{k=1}^{n}b_kD\delta_{ik}=b_i.
\end{aligned}$$

再证唯一性. 若方程组有解 $x_1=c_1,x_2=c_2,\cdots,x_n=c_n$, 则

$$\begin{cases}
a_{11}c_1+a_{12}c_2+\cdots+a_{1n}c_n=b_1,\\
a_{21}c_1+a_{22}c_2+\cdots+a_{2n}c_n=b_2,\\
\qquad\cdots\cdots\\
a_{n1}c_1+a_{n2}c_2+\cdots+a_{nn}c_n=b_n.
\end{cases}$$

在上面 n 个恒等式两端, 分别依次乘以系数行列式 D 的第 j 列元的代数余子式 $A_{1j},A_{2j},\cdots,A_{nj}$, 然后再把这 n 个等式的两端相加, 得

$$\left(\sum_{i=1}^{n}a_{i1}A_{ij}\right)c_1+\cdots+\left(\sum_{i=1}^{n}a_{ij}A_{ij}\right)c_j+\cdots+\left(\sum_{i=1}^{n}a_{in}A_{ij}\right)c_n=\sum_{i=1}^{n}b_iA_{ij}.$$

因此有 $Dc_j=D_j$, 所以 $c_j=\dfrac{D_j}{D}$, $j=1,2,\cdots,n$.

例 8.4.1 解线性方程组 $\begin{cases} 2x_1+\ \ x_2-3x_3+x_4=1, \\ x_1+2x_2-3x_3+x_4=0, \\ x_2-2x_3+x_4=1, \\ -x_1+3x_2-4x_3 \qquad =0. \end{cases}$

解 方程组的系数行列式为

$$D=\begin{vmatrix} 2 & 1 & -3 & 1 \\ 1 & 2 & -3 & 1 \\ 0 & 1 & -2 & 1 \\ -1 & 3 & -4 & 0 \end{vmatrix}=6\neq 0.$$

由**克拉默法则**知方程组有唯一解. 计算诸 D_i 得到

$$D_1=\begin{vmatrix} 1 & 1 & -3 & 1 \\ 0 & 2 & -3 & 1 \\ 1 & 1 & -2 & 1 \\ 0 & 3 & -4 & 0 \end{vmatrix}=-3, \quad D_2=\begin{vmatrix} 2 & 1 & -3 & 1 \\ 1 & 0 & -3 & 1 \\ 0 & 1 & -2 & 1 \\ -1 & 0 & -4 & 0 \end{vmatrix}=-9,$$

$$D_3=\begin{vmatrix} 2 & 1 & 1 & 1 \\ 1 & 2 & 0 & 1 \\ 0 & 1 & 1 & 1 \\ -1 & 3 & 0 & 0 \end{vmatrix}=-6, \quad D_4=\begin{vmatrix} 2 & 1 & -3 & 1 \\ 1 & 2 & -3 & 0 \\ 0 & 1 & -2 & 1 \\ -1 & 3 & -4 & 0 \end{vmatrix}=3.$$

利用克拉默法则得到原方程组的解是

$$x_1=\frac{D_1}{D}=-\frac{1}{2}, \quad x_2=\frac{D_2}{D}=-\frac{3}{2}, \quad x_3=\frac{D_3}{D}=-1, \quad x_4=\frac{D_4}{D}=\frac{1}{2}.$$

对于线性方程组 (8.7), 当其右端常数项 $b_1,b_2,\cdots,b_n$ 不全为零时, 称线性方程组 (8.7) 为 n 元非齐次线性方程组; 当其右端常项 $b_1,b_2,\cdots,b_n$ 全为零时, 称线性方程组 (8.7) 为 n 元齐次线性方程组. 齐次线性方程组一定有零解, 但是不一定有非零解. 将克拉默法则应用于齐次线性方程组, 即得到下面的定理.

定理 8.4 若 n 元齐次线性方程组 $\begin{cases} a_{11}x_1+a_{12}x_2+\cdots+a_{1n}x_n=0, \\ a_{21}x_1+a_{22}x_2+\cdots+a_{2n}x_n=0, \\ \cdots\cdots \\ a_{n1}x_1+a_{n2}x_2+\cdots+a_{nn}x_n=0 \end{cases}$ 的系数行列式 $D\neq 0$, 则这个方程组只有零解 $x_j=0, j=1,2,\cdots,n$.

例 8.4.2 给定齐次线性方程组

$$\begin{cases} (a+1)\,x_1+ \quad x_2+ \quad x_3=0, \\ x_1+(a+1)\,x_2+ \quad x_3=0, \\ x_1+ \quad x_2+(a+1)\,x_3=0. \end{cases}$$

问：当 a 取何值时, 方程组有非零解？

解 从定理 8.4 可以推知, 一个齐次线性方程组有非零解, 则它的系数行列式必为零. 而方程组的系数行列式为

$$\begin{vmatrix} a+1 & 1 & 1 \\ 1 & a+1 & 1 \\ 1 & 1 & a+1 \end{vmatrix} = a^2\,(a+3)\,.$$

当 $a=-3$ 或 $a=0$ 时, 系数行列式 $D=0$, 此时线性方程组有非零解.

例 8.4.3 试找出一条抛物线 $y=ax^2+bx+c$ 使其通过点 $(1,2)$, $(2,2)$ 和 $(3,5)$.

解 所求抛物线的方程是 $y=ax^2+bx+c$, 由于通过三个点 $(1,2)$, $(2,2)$ 和 $(3,5)$, 因此有方程组

$$\begin{cases} a+\ \ b+c=2, \\ 4a+2b+c=2, \\ 9a+3b+c=5. \end{cases}$$

下面解这个方程组. 计算系数行列式得到

$$D=\begin{vmatrix} 1 & 1 & 1 \\ 4 & 2 & 1 \\ 9 & 3 & 1 \end{vmatrix} = -2 \neq 0,$$

计算 D_a, D_b, D_c 得到

$$D_a=\begin{vmatrix} 2 & 1 & 1 \\ 2 & 2 & 1 \\ 5 & 3 & 1 \end{vmatrix} = -2, \quad D_b=\begin{vmatrix} 1 & 2 & 1 \\ 4 & 2 & 1 \\ 9 & 5 & 1 \end{vmatrix} = 4, \quad D_c=\begin{vmatrix} 1 & 1 & 2 \\ 4 & 2 & 2 \\ 9 & 3 & 5 \end{vmatrix} = -4,$$

根据克拉默法则有

$$a=\frac{D_a}{D}=1, \quad b=\frac{D_b}{D}=-2, \quad c=\frac{D_c}{D}=2.$$

所求抛物线方程是 $y=x^2-2x+2$.

习 题 8.4

1. 用克拉默法则解下列方程组.

(1) $\begin{cases} x_1+2x_2-x_3+4x_4=1, \\ 3x_1+x_2+x_3+11x_4=0, \\ 2x_1-3x_2-x_3+4x_4=1, \\ x_1+x_2+x_3+x_4=0; \end{cases}$

(2) $\begin{cases} x_1+2x_2+3x_3-2x_4=6, \\ 2x_1-x_2-2x_3-3x_4=8, \\ 3x_1+2x_2-x_3+2x_4=4, \\ 2x_1-3x_2+2x_3+x_4=-8. \end{cases}$

2. 设有齐次线性方程组 $\begin{cases} ax_1+x_2+x_3=0, \\ x_1+ax_2+x_3=0, \\ x_1+2ax_2+x_3=0, \end{cases}$ 问：当 a 取何值时, 方程组有非零解?

3. 若齐次线性方程组 $\begin{cases} kx+y+z=0, \\ x+ky-z=0, \\ 2x-y+z=0 \end{cases}$ 有非零解, 求 k 值.

4. 齐次线性方程组 $\begin{cases} x_1+x_2+x_3+ax_4=0, \\ x_1+2x_2+x_3+x_4=0, \\ x_1+x_2-3x_3+x_4=0, \\ x_1+x_2+ax_3+bx_4=0 \end{cases}$ 有非零解, a,b 应满足什么关系式?

5. 求一条抛物线 $y=ax^2+bx+c$ 使之通过三个指定点.

(1) $(-1,10),(1,4),(2,7)$;

(2) $(0,7),(2,11),(3,10)$.

小结 · 知识点

小结

本章介绍了行列式的定义、性质与计算, 并给出了克拉默法则.

知识点

1. 二阶行列式 $\begin{vmatrix} a_{11} & a_{12} \\ a_{21} & a_{22} \end{vmatrix}=a_{11}a_{22}-a_{12}a_{21}$.

2. 三阶行列式

$$\begin{vmatrix} a_{11} & a_{12} & a_{13} \\ a_{21} & a_{22} & a_{23} \\ a_{31} & a_{32} & a_{33} \end{vmatrix}=a_{11}a_{22}a_{33}+a_{12}a_{23}a_{31}+a_{13}a_{21}a_{32}-a_{13}a_{22}a_{31}-a_{11}a_{23}a_{32}-a_{12}a_{21}a_{33}.$$

3. n 阶行列式

$$\begin{vmatrix} a_{11} & a_{12} & \cdots & a_{1n} \\ a_{21} & a_{22} & \cdots & a_{2n} \\ \vdots & \vdots & & \vdots \\ a_{n1} & a_{n2} & \cdots & a_{nn} \end{vmatrix} = \sum_{(j_1j_2\cdots j_n)} (-1)^{\tau(j_1j_2\cdots j_n)} a_{1j_1}a_{2j_2}\cdots a_{nj_n}$$

$$= \sum_{(i_1i_2\cdots i_n)} (-1)^{\tau(i_1i_2\cdots i_n)} a_{i_11}a_{i_22}\cdots a_{i_nn}.$$

4. 三角形行列式 $\begin{vmatrix} a_{11} & a_{12} & \cdots & a_{1n} \\ 0 & a_{22} & \cdots & a_{2n} \\ \vdots & \vdots & & \vdots \\ 0 & 0 & \cdots & a_{nn} \end{vmatrix} = a_{11}a_{22}\cdots a_{nn}.$

5. 将行列式 D 的行和列互换后得到的新行列式称为原行列式 D 的转置行列式, 记为 D^{T} 或 D'.

6. 行列式的性质.

性质 1 行列式 D 与其转置行列式有相等的值 $D = D^{\mathrm{T}}$.

性质 2 交换行列式的两行 (列), 行列式的值变号.

推论 如果行列式中有两行 (列) 相同, 则此行列式的值为零.

性质 3 用数 k 乘行列式的某一行 (列), 等于用数 k 乘此行列式. 即

$$\begin{vmatrix} a_{11} & a_{12} & \cdots & a_{1n} \\ \vdots & \vdots & & \vdots \\ ka_{i1} & ka_{i2} & \cdots & ka_{in} \\ \vdots & \vdots & & \vdots \\ a_{n1} & a_{n2} & \cdots & a_{nn} \end{vmatrix} = k \begin{vmatrix} a_{11} & a_{12} & \cdots & a_{1n} \\ \vdots & \vdots & & \vdots \\ a_{i1} & a_{i2} & \cdots & a_{in} \\ \vdots & \vdots & & \vdots \\ a_{n1} & a_{n2} & \cdots & a_{nn} \end{vmatrix}.$$

推论 1 若行列式 D 中有一个零行 (列), 则 $D = 0$.

推论 2 若行列式 D 中有两行 (列) 的对应元素成比例, 则 $D = 0$.

性质 4 若行列式 D 的某行 (列) 的元素都是两数之和, 则行列式 D 可以拆分为两个行列式之和的形式, 即

$$\begin{vmatrix} a_{11} & a_{12} & \cdots & a_{1n} \\ \vdots & \vdots & & \vdots \\ a_{i1}+b_{i1} & a_{i2}+b_{i2} & \cdots & a_{in}+b_{in} \\ \vdots & \vdots & & \vdots \\ a_{n1} & a_{n2} & \cdots & a_{nn} \end{vmatrix}$$

$$
=\begin{vmatrix} a_{11} & a_{12} & \cdots & a_{1n} \\ \vdots & \vdots & & \vdots \\ a_{i1} & a_{i2} & \cdots & a_{in} \\ \vdots & \vdots & & \vdots \\ a_{n1} & a_{n2} & \cdots & a_{nn} \end{vmatrix} + \begin{vmatrix} a_{11} & a_{12} & \cdots & a_{1n} \\ \vdots & \vdots & & \vdots \\ b_{i1} & b_{i2} & \cdots & b_{in} \\ \vdots & \vdots & & \vdots \\ a_{n1} & a_{n2} & \cdots & a_{nn} \end{vmatrix}.
$$

性质 5 将行列式某一行 (列) 的所有元素同乘以数 k 后加于另一行 (列) 对应的元素上, 行列式的值不变.

7. 在 n 阶行列式中, 划掉元素 a_{ij} 所在的第 i 行与第 j 列的全部元素, 剩下的元素按原来的相对位置排列形成的 $n-1$ 阶行列式称为元素 a_{ij} 的余子式, 记作 M_{ij}, 并且称 $A_{ij}=(-1)^{i+j}M_{ij}$ 为元素 a_{ij} 的代数余子式.

8. 设 n 阶行列式 $D=|a_{ij}|_n$, 元素 a_{ij} 的代数余子式记为 A_{ij}. 那么行列式 D 的值等于行列式 D 的任一行 (列) 的各元素 a_{ij} 与其各自代数余子式 A_{ij} 的乘积之和, 即

$$
D=\sum_{j=1}^{n} a_{ij}=a_{i1}A_{i1}+a_{i2}A_{i2}+\cdots+a_{in}A_{in} \quad (1\leqslant i\leqslant n),
$$

$$
D=\sum_{i=1}^{n} a_{ij}=a_{1j}A_{1j}+a_{2j}A_{2j}+\cdots+a_{nj}A_{nj} \quad (1\leqslant j\leqslant n).
$$

9. n 阶行列式 D 某一行 (列) 的元素与另一行 (列) 对应元素的代数余子式乘积之和等于零.

10. 代数余子式的性质.

$$
\sum_{j=1}^{n} a_{kj}A_{lj}=a_{k1}A_{l1}+a_{k2}A_{l2}+\cdots+a_{kn}A_{\mathrm{ln}}=D\delta_{kl},
$$

$$
\sum_{i=1}^{n} a_{ik}A_{il}=a_{1k}A_{1l}+a_{2k}A_{2l}+\cdots+a_{nk}A_{nl}=D\delta_{kl},
$$

其中克罗内克符号 δ_{kl} 的定义为 $\delta_{kl}=\begin{cases}1, & k=l,\\ 0, & k\neq l.\end{cases}$

11. 若线性方程组 $\begin{cases} a_{11}x_1+a_{12}x_2+\cdots+a_{1n}x_n=b_1, \\ a_{21}x_1+a_{22}x_2+\cdots+a_{2n}x_n=b_2, \\ \quad\cdots\cdots \\ a_{n1}x_1+a_{n2}x_2+\cdots+a_{nn}x_n=b_n \end{cases}$ 的系数行列式 $D\neq 0$, 则方程组有唯一解 $x_j=\dfrac{D_j}{D}$, $1\leqslant j\leqslant n$.

12. 若 n 元齐次线性方程组 $\begin{cases} a_{11}x_1 + a_{12}x_2 + \cdots + a_{1n}x_n = 0, \\ a_{21}x_1 + a_{22}x_2 + \cdots + a_{2n}x_n = 0, \\ \cdots\cdots \\ a_{n1}x_1 + a_{n2}x_2 + \cdots + a_{nn}x_n = 0 \end{cases}$ 的系数行列式 $D \neq 0$, 则这个方程组只有零解 $x_j = 0, j = 1, 2, \cdots, n$.

柯 西

人总是要死的, 但是, 他们的业绩永存.

——柯西

柯西, Augustin-Lewis Cauchy, 1989 年 8 月 21 日生于法国巴黎, 1857 年 5 月 23 日卒于巴黎附近的索镇, 是法国著名的数学家、物理学家. 柯西是一位高质高产的数学家, 他拥有 700 余篇高质量的数学论文, 其中很多还都是专著.

柯西从积分的角度出发建立了单变量复分析理论, 为古典分析学的严密化作了奠基性的工作, 比如, 今天我们使用的极限的概念就是柯西首先给出的. 柯西对置换群理论也做出了开创性研究. 柯西最早提出行列式的概念, 并且证明了行列式的乘积定理. 今日数学中以柯西命名的结果比比皆是, 比如, 柯西不等式、柯西积分公式、柯西准则等等.

柯西年轻时健康状况很糟糕, 在拉格朗日和拉普拉斯劝导下他决定献身数学. 柯西是位热心的保皇党员, 1830 年因拒绝向新君主政体宣誓效忠而辞去教职, 出走都灵. 1852 年拿破仑三世恢复公职人员的宣誓, 但是特许柯西可以除外.

柯西在 68 岁时意外去世, 他临终前的最后一句话是“人总是要死的, 但是, 他们的业绩永存”.

第9章 Chapter 9 矩阵

第9章课件

矩阵是数学中的一个重要概念, 是线性代数的重要研究对象. 线性代数的许多内容都可借助于矩阵进行讨论. 矩阵作为一种重要的数学工具不仅广泛应用于数学的其他分支, 而且在其他学科也有着广泛的应用.

本章从实际问题入手, 引入矩阵的概念, 然后介绍矩阵运算、分块矩阵、可逆矩阵、矩阵的初等变换与秩等内容.

9.1 矩阵的概念

在很多实际问题中, 人们经常要处理一批数, 不仅要描述它们自身, 而且也要描述它们之间的相互关系.

例 9.1.1 某城市有四个县城, 市政府决定修建公路网. 图 9.1 所示为公路网中各段公路的里程数 (单位：km), 其中, 五个圆分别表示城市 O 与四个县城 E_1, E_2, E_3, E_4, 图中两圆连线的数字表示两地公路的总里程.

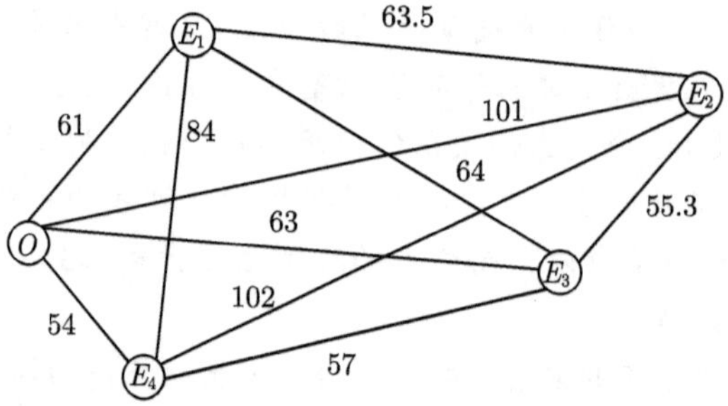

图 9.1

图 9.1 可用下面的矩形数表表示:

	O	E_1	E_2	E_3	E_4
O	0	61	101	63	54
E_1	61	0	63.5	64	84
E_2	101	63.5	0	55.3	102
E_3	63	64	55.3	0	57
E_4	54	84	102	57	0

例 9.1.2 求解三元一次线性方程组

$$\begin{cases} x-\ y+2z=1, & ① \\ -x+2y-3z=0, & ② \\ x-\ y+3z=2. & ③ \end{cases} \tag{9.1}$$

解 采用加减消元法求解方程组 (9.1). 计算②+①及③−①得到一个新的线性方程组

$$\begin{cases} x-\ y+2z=1, & ④ \\ y-z=1, & ⑤ \\ z=1. & ⑥ \end{cases} \tag{9.2}$$

通常我们把形如式 (9.2) 的线性方程组称为阶梯形线性方程组.

采用**代入法**求解阶梯形方程组. 由式 (9.2) 中的⑥式知 $z=1$, 将其代入⑤式可以解得 $y=2$. 再把 $y=2, z=1$ 代入④式可以解得 $x=1$. 于是得原线性方程组 (9.1) 的解为 $\begin{cases} x=1, \\ y=2, \\ z=1. \end{cases}$

由例 9.1.2 的求解过程可以看出：线性方程组的解由未知变量的系数和常数项唯一确定, 与未知变量的记号无关. 因此, 要研究方程组的求解问题, 只需研究未知变量的系数和常数项构成的数表即可. 我们将原方程组 (9.1) 中未知变量的系数和常数项构成的数表记为

$$\begin{pmatrix} 1 & -1 & 2 & 1 \\ -1 & 2 & -3 & 0 \\ 1 & -1 & 3 & 2 \end{pmatrix},$$

这样的矩形数表称为矩阵. 因该矩阵有 3 行 (横排为行) 4 列 (竖排为列), 故称之为 3 行 4 列矩阵, 简称 3×4 矩阵.

类似地, 例 9.1.1 中的数表可用一个 5×5 矩阵表示为

$$\begin{pmatrix} 0 & 61 & 101 & 63 & 54 \\ 61 & 0 & 63.5 & 64 & 84 \\ 101 & 63.5 & 0 & 55.3 & 102 \\ 63 & 64 & 55.3 & 0 & 57 \\ 54 & 84 & 102 & 57 & 0 \end{pmatrix}.$$

定义 9.1 由 $m \times n$ 个数 $a_{ij}(1 \leqslant i \leqslant m, 1 \leqslant j \leqslant n)$ 组成的矩形数表

$$\boldsymbol{A} = \begin{pmatrix} a_{11} & a_{12} & \cdots & a_{1n} \\ a_{21} & a_{22} & \cdots & a_{2n} \\ \vdots & \vdots & & \vdots \\ a_{m1} & a_{m2} & \cdots & a_{mn} \end{pmatrix}$$

称为 m **行** n **列矩阵**, 或 $m \times n$ 矩阵, 记作 $\boldsymbol{A} = (a_{ij})_{m \times n}$. 数 a_{ij} 位于矩阵 $\boldsymbol{A}$ 的第 i 行第 j 列, 叫做矩阵 $\boldsymbol{A}$ 的第 i 行第 j 列元素.

通常, 使用大写拉丁字母 $\boldsymbol{A}, \boldsymbol{B}, \boldsymbol{C}$ 等表示矩阵. 对矩阵 $\boldsymbol{A} = (a_{ij})_{m \times n}$, 若 $m = n$, 称 $\boldsymbol{A}$ 为 n 阶矩阵 (或 n 阶**方阵**), 元素 $a_{ii}\,(1 \leqslant i \leqslant n)$ 所在的直线称为该方阵的主对角线. 元素 $a_{ii}\,(1 \leqslant i \leqslant n)$ 称为方阵 $\boldsymbol{A}$ 的主对角线元素.

只有一行的矩阵 $\boldsymbol{A} = (a_1, a_2, \cdots, a_n)$ 称为**行向量**, 只有一列的矩阵 $\boldsymbol{A} = \begin{pmatrix} a_1 \\ a_2 \\ \vdots \\ a_n \end{pmatrix}$ 称为**列向量**.

$m \times n$ 个元素全为零的矩阵称为**零矩阵**, 记作 $\boldsymbol{O}_{m \times n}$ 或 $\boldsymbol{O}$.

例如, $\boldsymbol{A} = \begin{pmatrix} 1 & 0 & -4 \\ -2.5 & 3 & 6.2 \end{pmatrix}, \boldsymbol{C} = \begin{pmatrix} 0 & 0 \\ 0 & 0 \\ 0 & 0 \end{pmatrix}$, 则 $\boldsymbol{A}$ 是 2×3 矩阵, $\boldsymbol{C} = \boldsymbol{O}$ 是 3×2 零矩阵.

主对角元素全为 1, 而其他元素全为零的 n 阶矩阵称为 n 阶**单位矩阵**, 简称**单位阵**, 记为 $\boldsymbol{E}_n$ 或 $\boldsymbol{E}$, 即 $\boldsymbol{E} = \begin{pmatrix} 1 & 0 & \cdots & 0 \\ 0 & 1 & \cdots & 0 \\ \vdots & \vdots & & \vdots \\ 0 & 0 & \cdots & 1 \end{pmatrix}$.

除对角线上元素外其他元素全为零的 n 阶矩阵称为 n 阶**对角矩阵**, 简称**对角**

阵, 记为 $\boldsymbol{\Lambda}$, 即 $\boldsymbol{\Lambda}=\begin{pmatrix} a_1 & 0 & \cdots & 0 \\ 0 & a_2 & \cdots & 0 \\ \vdots & \vdots & & \vdots \\ 0 & 0 & \cdots & a_n \end{pmatrix}$, 或记作 $\boldsymbol{\Lambda}=\operatorname{diag}(a_1,a_2,\cdots,a_n)$.

形如 $\begin{pmatrix} a_{11} & a_{12} & \cdots & a_{1n} \\ 0 & a_{22} & \cdots & a_{2n} \\ \vdots & \vdots & \ddots & \vdots \\ 0 & 0 & \cdots & a_{nn} \end{pmatrix}$ 与 $\begin{pmatrix} a_{11} & 0 & \cdots & 0 \\ a_{21} & a_{22} & \cdots & 0 \\ \vdots & \vdots & \ddots & \vdots \\ a_{n1} & a_{n2} & \cdots & a_{nn} \end{pmatrix}$ 的 n 阶方阵分别称为 n 阶**上三角形矩阵**与 n 阶**下三角形矩阵**. 上三角形矩阵与下三角形矩阵统称为**三角形矩阵**.

显然, 矩阵 $\boldsymbol{A}=(a_{ij})_n$ 是上三角形矩阵, 当且仅当 $a_{ij}=0(i>j,j=1,2,\cdots,n-1)$; 矩阵 $\boldsymbol{A}=(a_{ij})_n$ 是下三角形矩阵, 当且仅当 $a_{ij}=0(i<j,j=1,2,\cdots,n-1)$.

例 9.1.3 给定 n 个变量 m 个方程的线性方程组

$$\begin{cases} a_{11}x_1+a_{12}x_2+\cdots+a_{1n}x_n=b_1, \\ a_{21}x_1+a_{22}x_2+\cdots+a_{2n}x_n=b_2, \\ \qquad\cdots\cdots \\ a_{m1}x_1+a_{m2}x_2+\cdots+a_{mn}x_n=b_m, \end{cases} \tag{9.3}$$

其中, $x_1,x_2,\cdots,x_n$ 是未知数, $a_{ij}\,(1\leqslant i\leqslant m,1\leqslant j\leqslant n)$ 是变量的系数, $b_1,b_2,\cdots,b_n$ 是方程的常数项.

将线性方程组 (9.3) 的系数按照现在的相对位置排成矩形数表

$$\boldsymbol{A}=\begin{pmatrix} a_{11} & a_{12} & \cdots & a_{1n} \\ a_{21} & a_{22} & \cdots & a_{2n} \\ \vdots & \vdots & & \vdots \\ a_{m1} & a_{m2} & \cdots & a_{mn} \end{pmatrix},$$

$\boldsymbol{A}$ 是一个 $m\times n$ 矩阵, 称为方程组 (9.3) 的**系数矩阵**, 将常数项加入系数矩阵得到如下矩阵

$$\boldsymbol{B}=\begin{pmatrix} a_{11} & a_{12} & \cdots & a_{1n} & b_1 \\ a_{21} & a_{22} & \cdots & a_{2n} & b_2 \\ \vdots & \vdots & & \vdots & \vdots \\ a_{m1} & a_{m2} & \cdots & a_{mn} & b_m \end{pmatrix},$$

$\boldsymbol{B}$ 是一个 $m\times(n+1)$ 矩阵, 称为线性方程组 (9.3) 的**增广矩阵**.

习 题 9.1

1. 写出下列矩阵.

(1) $a_{ij}=i-j$ 的 3×2 矩阵;

(2) $a_{ij}=ij$ 的 5 阶方阵.

2. 某地区生产同一产品的有 C_1,C_2 两个厂, 有四家销售门店 D_1,D_2,D_3,D_4. 用 a_{ij} 表示第 $i(i=1,2)$ 厂家供应第 $j(j=1,2,3,4)$ 门店的产量 (单位: 件), 构造矩阵.

9.2 矩阵的运算

9.2.1 矩阵的加法与数量乘法

为了有效地处理不同矩阵之间的相互关系, 我们来定义矩阵的各种代数运算.

设矩阵 $\boldsymbol{A}=(a_{ij}),\boldsymbol{B}=(b_{ij})$ 具有相同的行数与列数, 且对应位置的元素都相等, 即 $a_{ij}=b_{ij},\forall i,j$, 则称矩阵 $\boldsymbol{A}$ 和 $\boldsymbol{B}$ 相等, 记作 $\boldsymbol{A}=\boldsymbol{B}$.

例如, 若矩阵 $\begin{pmatrix} a & -1 \\ 0 & b \\ 2 & 3 \end{pmatrix}=\begin{pmatrix} 1 & -1 \\ 0 & 2 \\ c & 3 \end{pmatrix}$, 则必有 $a=1,b=2,c=2$.

设矩阵 $\boldsymbol{A}=(a_{ij}),\boldsymbol{B}=(b_{ij})$, 则矩阵

$$\boldsymbol{C}=\begin{pmatrix} a_{11}+b_{11} & a_{12}+b_{12} & \cdots & a_{1n}+b_{1n} \\ a_{21}+b_{21} & a_{22}+b_{22} & \cdots & a_{2n}+b_{2n} \\ \vdots & \vdots & & \vdots \\ a_{m1}+b_{m1} & a_{m2}+b_{m2} & \cdots & a_{mn}+b_{mn} \end{pmatrix}$$

称为矩阵 $\boldsymbol{A}$ 与 $\boldsymbol{B}$ 的和, 其中 $c_{ij}=a_{ij}+b_{ij},i=1,2,\cdots,m,\ j=1,2,\cdots,n$.

矩阵的加法运算的性质:

(1) (交换律) $\boldsymbol{A}+\boldsymbol{B}=\boldsymbol{B}+\boldsymbol{A}$;

(2) (结合律) $(\boldsymbol{A}+\boldsymbol{B})+\boldsymbol{C}=\boldsymbol{A}+(\boldsymbol{B}+\boldsymbol{C})$;

(3) (零矩阵的性质) $\boldsymbol{A}+\boldsymbol{O}=\boldsymbol{O}+\boldsymbol{A}=\boldsymbol{A}$, 其中, $\boldsymbol{A}$ 是与零矩阵具有相同的行与列的任意矩阵.

设矩阵 $\boldsymbol{A}=(a_{ij})_{m\times n}$, 则记 $-\boldsymbol{A}=(-a_{ij})_{m\times n}$, 这个矩阵 $-\boldsymbol{A}$ 称为矩阵 $\boldsymbol{A}$ 的负矩阵. 显然负矩阵满足性质:

(4) $\boldsymbol{A}+(-\boldsymbol{A})=(-\boldsymbol{A})+\boldsymbol{A}=\boldsymbol{O}$.

利用性质 (4), 可定义矩阵的减法为 $\boldsymbol{A}-\boldsymbol{B}=\boldsymbol{A}+(-\boldsymbol{B})$.

例如, 若矩阵 $\boldsymbol{A}=\begin{pmatrix} 2 & 3 & 1 \\ -1 & 2 & 1 \end{pmatrix}$, $\boldsymbol{B}=\begin{pmatrix} 1 & -1 & 1 \\ 2 & 0 & -1 \end{pmatrix}$, 则它们的和与差为

$$\boldsymbol{A}+\boldsymbol{B}=\begin{pmatrix} 3 & 2 & 2 \\ 1 & 2 & 0 \end{pmatrix}, \quad \boldsymbol{A}-\boldsymbol{B}=\begin{pmatrix} 1 & 4 & 0 \\ -3 & 2 & 2 \end{pmatrix}.$$

设矩阵 $\boldsymbol{A}=(a_{ij})_{m\times n}$, λ 是一个实数, 定义一个新矩阵记作 $\lambda\boldsymbol{A}$ 如下:

$$\lambda\boldsymbol{A}=(\lambda a_{ij})_{m\times n}=\begin{pmatrix} \lambda a_{11} & \lambda a_{12} & \cdots & \lambda a_{1n} \\ \lambda a_{21} & \lambda a_{22} & \cdots & \lambda a_{2n} \\ \vdots & \vdots & & \vdots \\ \lambda a_{m1} & \lambda a_{m2} & \cdots & \lambda a_{mn} \end{pmatrix},$$

称矩阵 $\lambda\boldsymbol{A}$ 是数 λ 和矩阵 $\boldsymbol{A}$ 的数量乘积, 所进行的运算称为矩阵的数乘运算.

矩阵的数乘运算具有下列性质:

(1) $(\lambda+\mu)\boldsymbol{A}=\lambda\boldsymbol{A}+\mu\boldsymbol{A}$;

(2) $\lambda(\boldsymbol{A}+\boldsymbol{B})=\lambda\boldsymbol{A}+\lambda\boldsymbol{B}$;

(3) $(\lambda\mu)\boldsymbol{A}=\lambda(\mu\boldsymbol{A})=\mu(\lambda\boldsymbol{A})$;

(4) $1\cdot\boldsymbol{A}=\boldsymbol{A}$, $0\cdot\boldsymbol{A}=\boldsymbol{O}$,

其中 λ,μ 为任何实数, $\boldsymbol{A},\boldsymbol{B}$ 为同阶矩阵.

矩阵的加法运算与矩阵的数乘统称为矩阵的线性运算. 矩阵的线性运算与函数的线性运算有相似之处, 零矩阵扮演着数零的角色; 负矩阵扮演着相反数的角色.

例 9.2.1 设矩阵 $\boldsymbol{A}=\begin{pmatrix} 2 & 3 & 1 \\ -1 & 2 & 1 \end{pmatrix}$, $\boldsymbol{B}=\begin{pmatrix} 1 & -1 & 1 \\ 2 & 0 & -1 \end{pmatrix}$. 求矩阵 $\boldsymbol{X}$, 使得 $4\boldsymbol{A}+2\boldsymbol{X}=\boldsymbol{B}$.

解 由于矩阵可以进行线性运算, 因此有

$$\begin{aligned} 2\boldsymbol{X}=\boldsymbol{B}-4\boldsymbol{A} &= \begin{pmatrix} 1 & -1 & 1 \\ 2 & 0 & -1 \end{pmatrix}-4\begin{pmatrix} 2 & 3 & 1 \\ -1 & 2 & 1 \end{pmatrix} \\ &= \begin{pmatrix} 1 & -1 & 1 \\ 2 & 0 & -1 \end{pmatrix}-\begin{pmatrix} 8 & 12 & 4 \\ -4 & 8 & 4 \end{pmatrix} \\ &= \begin{pmatrix} -7 & -13 & -3 \\ 6 & -8 & -5 \end{pmatrix}, \end{aligned}$$

从而可以解出矩阵 $\boldsymbol{X}$ 得

$$\boldsymbol{X}=\frac{1}{2}\begin{pmatrix} -7 & -13 & -3 \\ 6 & -8 & -5 \end{pmatrix}=\begin{pmatrix} -7/2 & -13/2 & -3/2 \\ 3 & -4 & -5/2 \end{pmatrix}.$$

9.2.2 矩阵的乘法

例 9.2.2 某地区有 4 个工厂 F_1,F_2,F_3,F_4, 生产甲、乙、丙 3 种产品, 矩阵 $\boldsymbol{A}$ 表示一年中各工厂生产各种产品的数量, 矩阵 $\boldsymbol{B}$ 表示各种产品的单位价格 (元) 及单位利润 (元), 矩阵 $\boldsymbol{C}$ 表示各工厂一年的总收入及总利润.

$$\boldsymbol{A}=\begin{array}{c}\begin{array}{ccc}\text{甲}&\text{乙}&\text{丙}\end{array}\\ \begin{pmatrix}a_{11}&a_{12}&a_{13}\\a_{21}&a_{22}&a_{23}\\a_{31}&a_{32}&a_{33}\\a_{41}&a_{42}&a_{43}\end{pmatrix}\end{array}\begin{array}{c}F_1\\F_2\\F_3\\F_4\end{array},\quad \boldsymbol{B}=\begin{array}{c}\begin{array}{cc}\text{单位价格}&\text{单位利润}\end{array}\\ \begin{pmatrix}b_{11}&b_{12}\\b_{21}&b_{22}\\b_{31}&b_{32}\end{pmatrix}\end{array}\begin{array}{c}\text{甲}\\\text{乙}\\\text{丙}\end{array},\quad \boldsymbol{C}=\begin{array}{c}\begin{array}{cc}\text{总收入}&\text{总利润}\end{array}\\ \begin{pmatrix}c_{11}&c_{12}\\c_{21}&c_{22}\\c_{31}&c_{32}\\c_{41}&c_{42}\end{pmatrix}\end{array},$$

其中 $a_{ik}(i=1,2,3,4;k=1,2,3)$ 是第 i 个工厂生产第 k 种产品的数量, b_{k1}, $b_{k2}(k=1,2,3)$ 分别是第 k 种产品的单位价格及单位利润, $c_{i1},c_{i2}(i=1,2,3,4)$ 分别是第 i 个工厂生产 3 种产品的总收入与总利润, 则矩阵 $\boldsymbol{A},\boldsymbol{B},\boldsymbol{C}$ 的元素之间有下列关系

$$\begin{pmatrix}a_{11}b_{11}+a_{12}b_{21}+a_{13}b_{31}&a_{11}b_{12}+a_{12}b_{22}+a_{13}b_{32}\\a_{21}b_{11}+a_{22}b_{21}+a_{23}b_{31}&a_{21}b_{12}+a_{22}b_{22}+a_{23}b_{32}\\a_{31}b_{11}+a_{32}b_{21}+a_{33}b_{31}&a_{31}b_{12}+a_{32}b_{22}+a_{33}b_{32}\\a_{41}b_{11}+a_{42}b_{21}+a_{43}b_{31}&a_{41}b_{12}+a_{42}b_{22}+a_{43}b_{32}\end{pmatrix}=\begin{pmatrix}c_{11}&c_{12}\\c_{21}&c_{22}\\c_{31}&c_{32}\\c_{41}&c_{42}\end{pmatrix},$$

其中 $c_{ij}=a_{i1}b_{1j}+a_{i2}b_{2j}+a_{i3}b_{3j}(i=1,2,3,4;j=1,2)$.

例 9.2.3 n 个变量 $x_1,x_2,\cdots,x_n$ 与 m 个变量 $y_1,y_2,\cdots,y_m$ 之间的关系式

$$\begin{cases}y_1=a_{11}x_1+a_{12}x_2+\cdots+a_{1n}x_n,\\y_2=a_{21}x_1+a_{22}x_2+\cdots+a_{2n}x_n,\\\qquad\cdots\cdots\\y_m=a_{m1}x_1+a_{m2}x_2+\cdots+a_{mn}x_n\end{cases}$$

称为一个从变量组 $x_1,x_2,\cdots,x_n$ 到变量组 $y_1,y_2,\cdots,y_m$ 的线性变换, 这里 a_{ij} 为常数. 这里所谓的线性是指变量的代数次数是一次. 矩阵 $\boldsymbol{A}=(a_{ij})_{m\times n}$ 称为线性变换的系数矩阵.

设有三组变量 t,x,y, 由变量 t_1,t_2 组成变量组 t, 由变量 x_1,x_2,x_3 组成变量组 x, 由变量 y_1,y_2 组成变量组 y. σ_{tx} 与 σ_{xy} 分别是从变量组 t 到变量组 x 的线性变换和变量组 x 到变量组 y 的线性变换

$$\sigma_{tx}:\begin{cases}x_1=b_{11}t_1+b_{12}t_2\\x_2=b_{21}t_1+b_{22}t_2,\\x_3=b_{31}t_1+b_{32}t_2.\end{cases}\qquad \sigma_{xy}:\begin{cases}y_1=a_{11}x_1+a_{12}x_2+a_{13}x_3,\\y_2=a_{21}x_1+a_{22}x_2+a_{23}x_3.\end{cases}$$

它们的系数矩阵分别是

$$B=\begin{pmatrix} b_{11} & b_{12} \\ b_{21} & b_{22} \\ b_{31} & b_{32} \end{pmatrix}, \quad A=\begin{pmatrix} a_{11} & a_{12} & a_{13} \\ a_{21} & a_{22} & a_{23} \end{pmatrix}.$$

将变换式 σ_{tx} 代入变换式 σ_{xy} 就得到从变量组 t 到变量组 y 的线性变换 σ_{ty}, 记其系数矩阵为 $\boldsymbol{C}$, 则通过直接计算可以得到

$$C=\begin{pmatrix} c_{11} & c_{12} \\ c_{21} & c_{22} \end{pmatrix}=\begin{pmatrix} a_{11}b_{11}+a_{12}b_{21}+a_{13}b_{31} & a_{11}b_{12}+a_{12}b_{22}+a_{13}b_{32} \\ a_{21}b_{11}+a_{22}b_{21}+a_{23}b_{31} & a_{21}b_{12}+a_{22}b_{22}+a_{23}b_{32} \end{pmatrix}.$$

通常将线性变换 σ_{ty} 称为线性变换 σ_{xy} 与线性变换 σ_{tx} 的乘积, 将矩阵 $\boldsymbol{C}$ 称为矩阵 $\boldsymbol{A}$ 与 $\boldsymbol{B}$ 的乘积, 记作 $\boldsymbol{C}=\boldsymbol{AB}$.

设有两个矩阵 $\boldsymbol{A}=(a_{ik})_{m\times p}, \boldsymbol{B}=(b_{kj})_{p\times n}$, 以 $\boldsymbol{AB}$ 表示矩阵 $\boldsymbol{A}$ 与 $\boldsymbol{B}$ 的乘积, 它是一个 $m\times n$ 矩阵, 其第 i 行、第 j 列的元素等于 $\boldsymbol{A}$ 的第 i 行的 p 个元素与 $\boldsymbol{B}$ 的第 j 列的相应的 p 个元素分别对应相乘的乘积之和. 即若记 $\boldsymbol{C}=(c_{ij})_{m\times n}=\boldsymbol{AB}$, 则

$$c_{ij}=\sum_{k=1}^{p}a_{ik}b_{kj}=a_{i1}b_{1j}+a_{i2}b_{2j}+\cdots+a_{ip}b_{pj}, \quad 1\leqslant i\leqslant m, 1\leqslant j\leqslant n.$$

可以看出, 只有当矩阵 $\boldsymbol{A}$ 的列数和矩阵 $\boldsymbol{B}$ 的行数相等时, 乘积 $\boldsymbol{AB}$ 才有意义. 并且 $\boldsymbol{AB}$ 的行数等于 $\boldsymbol{A}$ 的行数, 列数等于 $\boldsymbol{B}$ 的列数.

例 9.2.4 设 $\boldsymbol{A}=\begin{pmatrix} 3 & 2 \\ -2 & 3 \end{pmatrix}, \boldsymbol{B}=\begin{pmatrix} 2 & -1 & 1 \\ -1 & 2 & 2 \end{pmatrix}$, 求 $\boldsymbol{AB}$.

解 按照矩阵乘法的定义公式计算得到

$$\begin{aligned} AB &= \begin{pmatrix} 3 & 2 \\ -2 & 3 \end{pmatrix}\begin{pmatrix} 2 & -1 & 1 \\ -1 & 2 & 2 \end{pmatrix} \\ &= \begin{pmatrix} 3\times 2+2\times(-1) & 3\times(-1)+2\times 2 & 3\times 1+2\times 2 \\ -2\times 2+3\times(-1) & -2\times(-1)+3\times 2 & -2\times 1+3\times 2 \end{pmatrix} \\ &= \begin{pmatrix} 4 & 1 & 7 \\ -7 & 8 & 4 \end{pmatrix}. \end{aligned}$$

但 $\boldsymbol{BA}$ 是没有意义的.

例 9.2.5 设 $\boldsymbol{A}=(2,3,0,-5), \boldsymbol{B}=\begin{pmatrix} 0.5 \\ -2 \\ 4.5 \\ -3 \end{pmatrix}$, 求 $\boldsymbol{AB}$ 与 $\boldsymbol{BA}$.

解 按定义, 一个行矩阵与一个列矩阵的乘积是一个 1 阶方阵, 运算结果是 1 阶方阵时, 可将它看成一个数, 不用加括号. 计算结果如下:

$$\boldsymbol{AB}=(2,3,0,-5)\begin{pmatrix}0.5\\-2\\4.5\\-3\end{pmatrix}=10,$$

$$\boldsymbol{BA}=\begin{pmatrix}0.5\\-2\\4.5\\-3\end{pmatrix}(2,3,0,-5)=\begin{pmatrix}1&1.5&0&-2.5\\-4&-6&0&10\\9&13.5&0&-22.5\\-6&-9&0&15\end{pmatrix}.$$

$\boldsymbol{AB}$ 是一个数, $\boldsymbol{BA}$ 是一个 4 阶方阵, 因此 $\boldsymbol{AB}\neq\boldsymbol{BA}$. 此例说明矩阵的乘积运算一般不满足交换律, 即使对方阵也是如此. 另外, 两个非零矩阵的乘积有可能是零矩阵.

例 9.2.6 设矩阵 $\boldsymbol{A}=\begin{pmatrix}1&-1\\1&-1\end{pmatrix},\boldsymbol{B}=\begin{pmatrix}1&1\\1&1\end{pmatrix}$, 求 $\boldsymbol{AB}$ 与 $\boldsymbol{BA}$.

解 利用矩阵乘法得到

$$\boldsymbol{AB}=\begin{pmatrix}1&-1\\1&-1\end{pmatrix}\begin{pmatrix}1&1\\1&1\end{pmatrix}=\begin{pmatrix}0&0\\0&0\end{pmatrix},$$

$$\boldsymbol{BA}=\begin{pmatrix}1&1\\1&1\end{pmatrix}\begin{pmatrix}1&-1\\1&-1\end{pmatrix}=\begin{pmatrix}2&-2\\2&-2\end{pmatrix}.$$

$\boldsymbol{AB}$ 与 $\boldsymbol{BA}$ 是同阶方阵, 但依然有 $\boldsymbol{AB}\neq\boldsymbol{BA}$. 注意 $\boldsymbol{A},\boldsymbol{B}$ 都不是零矩阵, 但是 $\boldsymbol{AB}$ 是零矩阵.

例 9.2.7 设矩阵 $\boldsymbol{A}=\begin{pmatrix}1&-2\\0&0\end{pmatrix},\boldsymbol{B}=\begin{pmatrix}2&5\\-1&3\end{pmatrix},\boldsymbol{C}=\begin{pmatrix}6&3\\1&2\end{pmatrix}$, 求 $\boldsymbol{AB},\boldsymbol{AC}$.

解 利用矩阵乘法得到

$$\boldsymbol{AB}=\begin{pmatrix}1&-2\\0&0\end{pmatrix}\begin{pmatrix}2&5\\-1&3\end{pmatrix}=\begin{pmatrix}4&-1\\0&0\end{pmatrix},$$

$$\boldsymbol{AC}=\begin{pmatrix}1&-2\\0&0\end{pmatrix}\begin{pmatrix}6&3\\1&2\end{pmatrix}=\begin{pmatrix}4&-1\\0&0\end{pmatrix}.$$

此例说明, 对于矩阵乘法来说消去律是不成立的. 也就是说不能从 $\boldsymbol{AB}=\boldsymbol{AC},\boldsymbol{A}\neq\boldsymbol{O}$ 推出 $\boldsymbol{B}=\boldsymbol{C}$.

由例 9.2.4~例 9.2.7 可看出, 矩阵的乘法运算与数的乘法运算有很大区别. 矩阵乘法不满足交换律, 即一般来说 $\boldsymbol{AB}\neq\boldsymbol{BA}$. 当 $\boldsymbol{AB}=\boldsymbol{BA}$ 时, 称矩阵 $\boldsymbol{A}$ 与矩阵 $\boldsymbol{B}$ 是可交换的. 其次, 矩阵乘法不满足消去律, 即由 $\boldsymbol{AB}=\boldsymbol{AC}$, $\boldsymbol{A}\neq\boldsymbol{O}$, 不能得到 $\boldsymbol{B}=\boldsymbol{C}$. 特别地, 不能从 $\boldsymbol{AB}=\boldsymbol{O}$ 推出 $\boldsymbol{A}=\boldsymbol{O}$ 或者 $\boldsymbol{B}=\boldsymbol{O}$.

当然矩阵乘法也具有很多好的运算性质, 比如结合律与分配律对成立. 矩阵乘法具有如下性质.

性质 1(结合律) $(\boldsymbol{AB})\boldsymbol{C}=\boldsymbol{A}(\boldsymbol{BC})$.

性质 2(分配律) $(\boldsymbol{A}+\boldsymbol{B})\boldsymbol{C}=\boldsymbol{AC}+\boldsymbol{BC}$, $\boldsymbol{C}(\boldsymbol{A}+\boldsymbol{B})=\boldsymbol{CA}+\boldsymbol{CB}$.

性质 3 $\lambda(\boldsymbol{AB})=(\lambda\boldsymbol{A})\boldsymbol{B}=\boldsymbol{A}(\lambda\boldsymbol{B})$, 其中 λ 是任意实数.

性质 4 $\boldsymbol{E}_m\boldsymbol{A}_{m\times n}=\boldsymbol{A}_{m\times n}\boldsymbol{E}_n=\boldsymbol{A}_{m\times n}$.

性质 5 $\boldsymbol{O}_{p\times m}\boldsymbol{A}_{m\times n}=\boldsymbol{O}_{p\times n}$, $\boldsymbol{A}_{m\times n}\boldsymbol{O}_{n\times s}=\boldsymbol{O}_{m\times s}$.

性质 1 是矩阵乘法满足结合律, 无需多言. 性质 2 是矩阵乘法对加法满足分配律, 但是要注意的是由于矩阵不满足交换律, 因此分配律有两条. 性质 3 是对矩阵的乘法运算来说, 数量因子可以放在任何位置. 性质 4 与性质 5 说明单位阵与零矩阵在矩阵乘法中的作用类似于数 1 与数 0 在数的乘法中的作用, 但是要注意相关各个矩阵的阶数.

利用矩阵乘法线性方程组与线性变换的表示变得异常简洁.

例如, 给定线性方程组

$$\begin{cases} a_{11}x_1+a_{12}x_2+\cdots+a_{1n}x_n=b_1, \\ a_{21}x_1+a_{22}x_2+\cdots+a_{2n}x_n=b_2, \\ \qquad\cdots\cdots \\ a_{m1}x_1+a_{m2}x_2+\cdots+a_{mn}x_n=b_m, \end{cases} \tag{9.4}$$

引入三个矩阵 (向量)

$$\boldsymbol{A}=\begin{pmatrix} a_{11} & a_{12} & \cdots & a_{1n} \\ a_{21} & a_{22} & \cdots & a_{2n} \\ \vdots & \vdots & & \vdots \\ a_{m1} & a_{m2} & \cdots & a_{mn} \end{pmatrix}, \quad \boldsymbol{x}=\begin{pmatrix} x_1 \\ x_2 \\ \vdots \\ x_n \end{pmatrix}, \quad \boldsymbol{b}=\begin{pmatrix} b_1 \\ b_2 \\ \vdots \\ b_m \end{pmatrix},$$

则 (9.4) 式的线性方程组可以写成

$$\boldsymbol{Ax}=\boldsymbol{b} \tag{9.5}$$

的形式, 非常简单清楚. 通常我们把 (9.5) 式称为线性方程组的矩阵形式.

9.2.3 方阵的幂

这里我们要考虑的是方阵的连乘积问题. 由矩阵的乘法的定义可以看出, 对于一般的矩阵 $\boldsymbol{A}$ 而言, $\boldsymbol{A}^2$ 很可能是没有意义的. 但是对于方阵可以定义矩阵的幂.

设 $\boldsymbol{A}$ 是 n 阶方阵, k 是自然数, k 个方阵 $\boldsymbol{A}$ 的连乘积称为 $\boldsymbol{A}$ 的 k 次幂, 记作 $\boldsymbol{A}^k$, 即 $\boldsymbol{A}^k = \overbrace{\boldsymbol{A}\boldsymbol{A}\cdots\boldsymbol{A}}^{k}$. 特别地, 我们规定 $\boldsymbol{A}^0 = \boldsymbol{E}$, 这个 $\boldsymbol{E}$ 是与 $\boldsymbol{A}$ 同阶的单位方阵.

方阵的幂有如下的简单的运算性质:

(1) $\boldsymbol{A}^{k+l} = \boldsymbol{A}^k\boldsymbol{A}^l$;

(2) $\left(\boldsymbol{A}^k\right)^l = \boldsymbol{A}^{kl}$.

这里 k, l 都是自然数.

一般来说, $(\boldsymbol{AB})^k \neq \boldsymbol{A}^k\boldsymbol{B}^k$. 但是, 当 $\boldsymbol{A}$ 与 $\boldsymbol{B}$ 可交换, 即 $\boldsymbol{AB} = \boldsymbol{BA}$ 时, $(\boldsymbol{AB})^k = \boldsymbol{A}^k\boldsymbol{B}^k$ 是成立的.

例 9.2.8 设三阶方阵 $\boldsymbol{A} = \begin{pmatrix} 1 & 2 & -2 \\ 2 & 1 & 2 \\ -2 & 2 & 1 \end{pmatrix}$, 求 $\boldsymbol{A}^2, \boldsymbol{A}^{10}$.

解 利用矩阵乘法有

$$\boldsymbol{A}^2 = \begin{pmatrix} 1 & 2 & -2 \\ 2 & 1 & 2 \\ -2 & 2 & 1 \end{pmatrix}\begin{pmatrix} 1 & 2 & -2 \\ 2 & 1 & 2 \\ -2 & 2 & 1 \end{pmatrix} = \begin{pmatrix} 9 & 0 & 0 \\ 0 & 9 & 0 \\ 0 & 0 & 9 \end{pmatrix} = 9\boldsymbol{E}_3.$$

由此可见, $\boldsymbol{A}^{10} = \left(\boldsymbol{A}^2\right)^5 = (9\boldsymbol{E}_3)^5 = 3^{10}\boldsymbol{E}_3$.

例 9.2.9 设向量 $\boldsymbol{A} = \begin{pmatrix} 1 \\ 2 \\ 2 \\ 4 \end{pmatrix}, \boldsymbol{B} = (1, 2, 2, 4)$, 求 $(\boldsymbol{AB})^3$.

解 由于向量 $\boldsymbol{A}, \boldsymbol{B}$ 具有简单关系

$$\boldsymbol{AB} = \begin{pmatrix} 1 \\ 2 \\ 2 \\ 4 \end{pmatrix}(1, 2, 2, 4) = \begin{pmatrix} 1 & 2 & 2 & 4 \\ 2 & 4 & 4 & 8 \\ 2 & 4 & 4 & 8 \\ 4 & 8 & 8 & 16 \end{pmatrix}, \quad \boldsymbol{BA} = (1, 2, 2, 4)\begin{pmatrix} 1 \\ 2 \\ 2 \\ 4 \end{pmatrix} = 25.$$

因此利用结合律得到

$$(\boldsymbol{AB})^3=\boldsymbol{A}(\boldsymbol{BA})(\boldsymbol{BA})\boldsymbol{B}=\boldsymbol{A}\cdot 25\cdot 25\cdot\boldsymbol{B}=5^4\boldsymbol{AB}=5^4\begin{pmatrix}1&2&2&4\\2&4&4&8\\2&4&4&8\\4&8&8&16\end{pmatrix}.$$

9.2.4 矩阵的转置

设矩阵 $\boldsymbol{A}=(a_{ij})_{m\times n}$, 把 $\boldsymbol{A}$ 的行依次改变为列, 所得到的 $n\times m$ 矩阵称为矩阵 $\boldsymbol{A}$ 的**转置矩阵**, 记作 $\boldsymbol{A}^{\mathrm{T}}=\begin{pmatrix}a_{11}&a_{21}&\cdots&a_{m1}\\a_{12}&a_{22}&\cdots&a_{m2}\\\vdots&\vdots&&\vdots\\a_{1n}&a_{2n}&\cdots&a_{mn}\end{pmatrix}$. 例如, 矩阵 $\boldsymbol{A}=\begin{pmatrix}1&2\\0&-5\\3&6\end{pmatrix}$, 则 $\boldsymbol{A}^{\mathrm{T}}=\begin{pmatrix}1&0&3\\2&-5&6\end{pmatrix}$.

矩阵的转置具有以下性质:

(1) $(\boldsymbol{A}^{\mathrm{T}})^{\mathrm{T}}=\boldsymbol{A}$;

(2) $(\boldsymbol{A}+\boldsymbol{B})^{\mathrm{T}}=\boldsymbol{A}^{\mathrm{T}}+\boldsymbol{B}^{\mathrm{T}}$;

(3) $(\boldsymbol{AB})^{\mathrm{T}}=\boldsymbol{B}^{\mathrm{T}}\boldsymbol{A}^{\mathrm{T}}$;

(4) $(\lambda\boldsymbol{A})^{\mathrm{T}}=\lambda\boldsymbol{A}^{\mathrm{T}}$, λ 是实数.

证 这里仅验证 (3). 设矩阵 $\boldsymbol{A}=(a_{ij})_{m\times n}$, $\boldsymbol{B}=(b_{ij})_{n\times p}$, 根据转置矩阵的定义知道 $\boldsymbol{A}^{\mathrm{T}}=(a_{ji})_{n\times m}$, $\boldsymbol{B}^{\mathrm{T}}=(b_{ji})_{p\times n}$.

利用矩阵乘法的定义可以得到

$$\boldsymbol{AB}=\left(\sum_{k=1}^{n}a_{ik}b_{kj}\right)_{m\times p},\quad (\boldsymbol{AB})^{\mathrm{T}}=\left(\sum_{k=1}^{n}a_{jk}b_{ki}\right)_{p\times m},$$

$$\boldsymbol{B}^{\mathrm{T}}\boldsymbol{A}^{\mathrm{T}}=\left(\sum_{k=1}^{n}b_{ki}a_{jk}\right)_{p\times m}.$$

比较之后可以看到 $(\boldsymbol{AB})^{\mathrm{T}}=\boldsymbol{B}^{\mathrm{T}}\boldsymbol{A}^{\mathrm{T}}$. 证毕.

若方阵 $\boldsymbol{A}$ 满足条件 $\boldsymbol{A}^{\mathrm{T}}=\boldsymbol{A}$, 则 $\boldsymbol{A}$ 称为**对称矩阵**. 设方阵 $\boldsymbol{A}=(a_{ij})_{n\times n}$, 那么 $\boldsymbol{A}$ 是对称阵当且仅当 $a_{ij}=a_{ji}\ (i,j=1,\cdots,n)$. 例如, 方阵 $\begin{pmatrix}1&\cos\alpha\\\cos\alpha&1\end{pmatrix}$, $\begin{pmatrix}1&2&3\\2&3&4\\3&4&5\end{pmatrix}$ 都是对称矩阵.

例 9.2.10 设 $\boldsymbol{A}$ 与 $\boldsymbol{B}$ 是同阶对称矩阵, 证明：$\boldsymbol{AB}$ 是对称矩阵的充分必要条件是 $\boldsymbol{A}$ 与 $\boldsymbol{B}$ 是可交换矩阵.

证 由条件可以知道

$$\boldsymbol{A}^{\mathrm{T}}=\boldsymbol{A},\quad \boldsymbol{B}^{\mathrm{T}}=\boldsymbol{B}. \tag{9.6}$$

下面先证明必要性. $\boldsymbol{AB}$ 是对称矩阵, 因此 $(\boldsymbol{AB})^{\mathrm{T}}=\boldsymbol{AB}$, 由转置矩阵的性质 3 可以得到 $\boldsymbol{B}^{\mathrm{T}}\boldsymbol{A}^{\mathrm{T}}=\boldsymbol{AB}$. 由 (9.6) 式可以看出 $\boldsymbol{BA}=\boldsymbol{AB}$, 即 $\boldsymbol{A}$ 与 $\boldsymbol{B}$ 是可交换矩阵.

再证明充分性. 若 $\boldsymbol{A}$ 与 $\boldsymbol{B}$ 是可交换矩阵, 则必有 $\boldsymbol{AB}=\boldsymbol{BA}$, 用 (9.6) 式代入可以得到

$$\boldsymbol{AB}=\boldsymbol{BA}=\boldsymbol{B}^{\mathrm{T}}\boldsymbol{A}^{\mathrm{T}}=(\boldsymbol{AB})^{\mathrm{T}},$$

此即表明 $\boldsymbol{AB}$ 是对称矩阵.

习　题　9.2

1. 设 $\begin{pmatrix} a+2b & -1 \\ 0 & 2 \\ 2 & 3 \end{pmatrix}=\begin{pmatrix} 1 & -1 \\ 0 & 2 \\ a-b & 3 \end{pmatrix}$, 求 a,b.

2. 已知 $\boldsymbol{A}=\begin{pmatrix} 6 & -1 \\ 3 & 0 \\ 2 & 3 \end{pmatrix}$, $\boldsymbol{B}=\begin{pmatrix} 1 & -1 \\ 0 & 2 \\ 5 & 3 \end{pmatrix}$, 求：$\boldsymbol{A}+3\boldsymbol{B}, \boldsymbol{A}^{\mathrm{T}}-2\boldsymbol{B}^{\mathrm{T}}$.

3. 计算下列矩阵乘积.

(1) $\begin{pmatrix} 3 & 2 & 1 \\ -1 & -2 & -3 \end{pmatrix}\begin{pmatrix} 1 & -1 & 1 \\ 2 & 1 & -2 \\ -1 & 3 & -1 \end{pmatrix}$; (2) $\begin{pmatrix} 6, & 0, & 8, & -3 \end{pmatrix}\begin{pmatrix} 0.5 \\ -2 \\ 2.5 \\ -1 \end{pmatrix}$;

(3) $\begin{pmatrix} 0.5 \\ -2 \\ 2.5 \\ -1 \end{pmatrix}\begin{pmatrix} 6, & 0, & 8, & -3 \end{pmatrix}$; (4) $\begin{pmatrix} 3 & 2 & 1 \\ -1 & -2 & -3 \end{pmatrix}\begin{pmatrix} x_1 \\ x_2 \\ x_3 \end{pmatrix}$;

(5) $\begin{pmatrix} 1, & -1, & 2 \end{pmatrix}\begin{pmatrix} 1 & -2 & 0 \\ 2 & 1 & 1 \\ 1 & 0 & 2 \end{pmatrix}$;

(6) $\begin{pmatrix} x_1, & x_2, & x_3 \end{pmatrix}\begin{pmatrix} a_{11} & a_{12} & a_{13} \\ a_{21} & a_{22} & a_{23} \\ a_{31} & a_{32} & a_{33} \end{pmatrix}\begin{pmatrix} x_1 \\ x_2 \\ x_3 \end{pmatrix}$, 且 $a_{ij}=a_{ji}(i,j=1,2,3)$.

4. 已知 $\boldsymbol{A}=\begin{pmatrix}3&-1&1\\2&1&3\\1&3&-1\end{pmatrix}$, $\boldsymbol{B}=\begin{pmatrix}1&-1&1\\-1&1&3\\1&3&-1\end{pmatrix}$, 求 $\boldsymbol{AB}-\boldsymbol{BA}$. 此题结果说明什么?

5. 举反例说明下列结果是错误的:

(1) $\boldsymbol{A}^2-\boldsymbol{B}^2=(\boldsymbol{A}+\boldsymbol{B})(\boldsymbol{A}-\boldsymbol{B})$;　　(2) $\boldsymbol{A}^2=\boldsymbol{O}$, 则 $\boldsymbol{A}=\boldsymbol{O}$;

(3) $\boldsymbol{A}^2=\boldsymbol{A}$, 则 $\boldsymbol{A}=\boldsymbol{O}$ 或 $\boldsymbol{A}=\boldsymbol{E}$.

6. 求与矩阵 $\begin{pmatrix}0&1&0\\0&0&1\\0&0&0\end{pmatrix}$ 可交换的所有三阶矩阵.

7. 已知矩阵 $\boldsymbol{A}=\begin{pmatrix}1, & 2, & 3\end{pmatrix}$, $\boldsymbol{B}=\begin{pmatrix}1, & \frac{1}{2}, & \frac{1}{3}\end{pmatrix}$, 且 $\boldsymbol{C}=\boldsymbol{A}^{\mathrm{T}}\boldsymbol{B}$, 求 $\boldsymbol{C}^n$.

8. 设 $\boldsymbol{A}$ 是任意 n 阶方阵, 证明 $\boldsymbol{A}+\boldsymbol{A}^{\mathrm{T}}$ 是对称矩阵.

9. 设 $\boldsymbol{A},\boldsymbol{B}$ 为 n 阶方阵, 求证:

(1) $(\boldsymbol{A}+\boldsymbol{E})^2=\boldsymbol{A}^2+2\boldsymbol{A}+\boldsymbol{E}$;

(2) $(\boldsymbol{A}+\boldsymbol{E})(\boldsymbol{A}-\boldsymbol{E})=\boldsymbol{A}^2-\boldsymbol{E}$.

10. 设 $\boldsymbol{A},\boldsymbol{B}$ 为 n 阶方阵, 且 $\boldsymbol{A}$ 为对称矩阵, 证明 $\boldsymbol{B}^{\mathrm{T}}\boldsymbol{AB}$ 也是对称矩阵.

11. 对任意 $m\times n$ 矩阵 $\boldsymbol{A}$, 证明: $\boldsymbol{AA}^{\mathrm{T}},\boldsymbol{A}^{\mathrm{T}}\boldsymbol{A}$ 都是对称矩阵.

12. 设 $\boldsymbol{A},\boldsymbol{B}$ 为 n 阶方阵, 且 $\boldsymbol{A}=\frac{1}{2}(\boldsymbol{B}+\boldsymbol{E})$. 证明: $\boldsymbol{A}^2=\boldsymbol{A}$ 当且仅当 $\boldsymbol{B}^2=\boldsymbol{E}$.

13. 设 $f(x)=ax^2+bx+c$, $\boldsymbol{A}$ 为 n 阶矩阵, $\boldsymbol{E}$ 为 n 阶单位矩阵, 定义

$$f(\boldsymbol{A})=a\boldsymbol{A}^2+b\boldsymbol{A}+c\boldsymbol{E}.$$

(1) 已知 $f(x)=x^2-x+1$, $\boldsymbol{A}=\begin{pmatrix}3&1&1\\1&1&2\\1&0&0\end{pmatrix}$, 求 $f(\boldsymbol{A})$.

(2) 已知 $f(x)=x^2-3x+2$, $\boldsymbol{A}=\begin{pmatrix}2&-1\\0&2\end{pmatrix}$, 求 $f(\boldsymbol{A})$.

9.3 分块矩阵

在矩阵的讨论和运算中, 尤其是处理高阶数的矩阵时, 有时需要将一个矩阵分成若干个子块 (子矩阵), 使原矩阵显得结构简单清晰, 而且还可以在形式上简化运算过程. 例如, 矩阵

$$\boldsymbol{A}=\begin{pmatrix}1&2&1&0\\0&2&0&1\\3&0&0&0\\0&3&0&0\end{pmatrix},$$

令 $\boldsymbol{A}_{11}=\begin{pmatrix}1&2\\0&2\end{pmatrix}$, $\boldsymbol{E}_2=\begin{pmatrix}1&0\\0&1\end{pmatrix}$, $\boldsymbol{O}_{22}=\begin{pmatrix}0&0\\0&0\end{pmatrix}$, $3\boldsymbol{E}_2=\begin{pmatrix}3&0\\0&3\end{pmatrix}$, 则

矩阵 $\boldsymbol{A}$ 可以记作

$$\boldsymbol{A}=\left(\begin{array}{cc:cc}1&2&1&0\\0&2&0&1\\ \hdashline 3&0&0&0\\0&3&0&0\end{array}\right)=\begin{pmatrix}\boldsymbol{A}_{11}&\boldsymbol{E}_2\\3\boldsymbol{E}_2&\boldsymbol{O}_{22}\end{pmatrix}.$$

像这样将一个矩阵分成若干块 (称为子块或子阵), 并以所分的子块为元素的矩阵称为分块矩阵.

对于一个矩阵, 可以根据需要把它写成不同的分块矩阵, 如 $\boldsymbol{A}$ 也可按列分块, 记为

$$\boldsymbol{A}=\left(\begin{array}{c:c:c:c}1&2&1&0\\0&2&0&1\\3&0&0&0\\0&3&0&0\end{array}\right)=(\boldsymbol{\alpha}_1,\boldsymbol{\alpha}_2,\boldsymbol{\alpha}_3,\boldsymbol{\alpha}_4),$$

其中

$$\boldsymbol{\alpha}_1=\begin{pmatrix}1\\0\\3\\0\end{pmatrix},\quad \boldsymbol{\alpha}_2=\begin{pmatrix}2\\2\\0\\3\end{pmatrix},\quad \boldsymbol{\alpha}_3=\begin{pmatrix}1\\0\\0\\0\end{pmatrix},\quad \boldsymbol{\alpha}_4=\begin{pmatrix}0\\1\\0\\0\end{pmatrix},$$

$\boldsymbol{A}$ 现在写成了一个 1×4 分块行矩阵.

矩阵分块运算时, 将子块作为元素来处理. 实际中, 主要根据矩阵运算的规律特点和实际需要来考虑如何分块.

对角形矩阵在计算过程中的计算量相对较低, 因此, 当 n 阶方阵 $\boldsymbol{A}$ 的非零元集中在主对角线附近时, 可考虑把矩阵分块为如下形式

$$\boldsymbol{A}=\begin{pmatrix}\boldsymbol{A}_1&&&\\&\boldsymbol{A}_2&&\\&&\ddots&\\&&&\boldsymbol{A}_s\end{pmatrix},$$

其中每个 $\boldsymbol{A}_i(1\leqslant i\leqslant s)$ 都是方阵, 这时就说 $\boldsymbol{A}$ 是一个**分块对角阵**, 可以简单地记作 $\boldsymbol{A}=\operatorname{diag}(\boldsymbol{A}_1,\boldsymbol{A}_2,\cdots,\boldsymbol{A}_s)$ 的形式.

例如，对于如下的七阶方阵 $\boldsymbol{A}$,

$$\boldsymbol{A}=\begin{pmatrix} -2 & 1 & & & & & \\ 0 & 3 & & & & & \\ & & 5 & 0 & 9 & 3 & \\ & & 2 & 6 & -8 & 7 & \\ & & 1 & 3 & -4 & 0 & \\ & & -3 & 0 & 3 & -7 & \\ & & & & & & 9 \end{pmatrix},$$

可以引入三个方阵

$$\boldsymbol{A}_1=\begin{pmatrix} -2 & 1 \\ 0 & 3 \end{pmatrix},\quad \boldsymbol{A}_2=\begin{pmatrix} 5 & 0 & 9 & 3 \\ 2 & 6 & -8 & 7 \\ 1 & 3 & -4 & 0 \\ -3 & 0 & 3 & -7 \end{pmatrix},\quad \boldsymbol{A}_3=(9).$$

这样就可以把方阵 $\boldsymbol{A}$ 记作分块对角形矩阵的形式

$$\boldsymbol{A}=\operatorname{diag}(\boldsymbol{A}_1,\boldsymbol{A}_2,\boldsymbol{A}_3)=\begin{pmatrix} \boldsymbol{A}_1 & & \\ & \boldsymbol{A}_2 & \\ & & \boldsymbol{A}_3 \end{pmatrix}.$$

引入分块矩阵的目的主要是在形式上简化计算过程和降低计算量. 当分块合理时, 分块矩阵的运算规则与数字矩阵的运算规则完全相同.

(1) 相等　设 $m\times n$ 阶矩阵 $\boldsymbol{A}$ 和 $\boldsymbol{B}$ 有相同的分块方式,

$$\boldsymbol{A}=\begin{pmatrix} \boldsymbol{A}_{11} & \boldsymbol{A}_{12} & \cdots & \boldsymbol{A}_{1t} \\ \boldsymbol{A}_{21} & \boldsymbol{A}_{22} & \cdots & \boldsymbol{A}_{2t} \\ \vdots & \vdots & & \vdots \\ \boldsymbol{A}_{s1} & \boldsymbol{A}_{s2} & \cdots & \boldsymbol{A}_{st} \end{pmatrix},\quad \boldsymbol{B}=\begin{pmatrix} \boldsymbol{B}_{11} & \boldsymbol{B}_{12} & \cdots & \boldsymbol{B}_{1t} \\ \boldsymbol{B}_{21} & \boldsymbol{B}_{22} & \cdots & \boldsymbol{B}_{2t} \\ \vdots & \vdots & & \vdots \\ \boldsymbol{B}_{s1} & \boldsymbol{B}_{s2} & \cdots & \boldsymbol{B}_{st} \end{pmatrix},$$

则 $\boldsymbol{A}=\boldsymbol{B}$ 当且仅当 $\boldsymbol{A}_{ij}=\boldsymbol{B}_{ij}(1\leqslant i\leqslant s,1\leqslant j\leqslant t)$. 也就是说, 在分块方式相同的情况下, 两个矩阵相等的充分必要条件是它们对应块都对应相等.

(2) 转置　设矩阵 $\boldsymbol{A}$ 可以分块为

$$\boldsymbol{A}=\begin{pmatrix} \boldsymbol{A}_{11} & \boldsymbol{A}_{12} & \cdots & \boldsymbol{A}_{1t} \\ \boldsymbol{A}_{21} & \boldsymbol{A}_{22} & \cdots & \boldsymbol{A}_{2t} \\ \vdots & \vdots & & \vdots \\ \boldsymbol{A}_{s1} & \boldsymbol{A}_{s2} & \cdots & \boldsymbol{A}_{st} \end{pmatrix},$$

那么其转置矩阵可以相应分块后成立关系

$$\boldsymbol{A}^{\mathrm{T}}=\begin{pmatrix}\boldsymbol{A}_{11}^{\mathrm{T}} & \boldsymbol{A}_{21}^{\mathrm{T}} & \cdots & \boldsymbol{A}_{s1}^{\mathrm{T}}\\ \boldsymbol{A}_{12}^{\mathrm{T}} & \boldsymbol{A}_{22}^{\mathrm{T}} & \cdots & \boldsymbol{A}_{s2}^{\mathrm{T}}\\ \vdots & \vdots & & \vdots\\ \boldsymbol{A}_{1t}^{\mathrm{T}} & \boldsymbol{A}_{2t}^{\mathrm{T}} & \cdots & \boldsymbol{A}_{st}^{\mathrm{T}}\end{pmatrix}.$$

也就是说, 矩阵分块后转置需要把分块阵和每一个分块都进行转置.

(3) 加减法　设矩阵 $\boldsymbol{A},\boldsymbol{B}$ 是同阶的矩阵, 把它们按照相同的方式分块, 则

$$\boldsymbol{A}\pm\boldsymbol{B}=\begin{pmatrix}\boldsymbol{A}_{11}\pm\boldsymbol{B}_{11} & \boldsymbol{A}_{12}\pm\boldsymbol{B}_{12} & \cdots & \boldsymbol{A}_{1t}\pm\boldsymbol{B}_{1t}\\ \boldsymbol{A}_{21}\pm\boldsymbol{B}_{21} & \boldsymbol{A}_{22}\pm\boldsymbol{B}_{22} & \cdots & \boldsymbol{A}_{2t}\pm\boldsymbol{B}_{2t}\\ \vdots & \vdots & & \vdots\\ \boldsymbol{A}_{s1}\pm\boldsymbol{B}_{s1} & \boldsymbol{A}_{s2}\pm\boldsymbol{B}_{s2} & \cdots & \boldsymbol{A}_{st}\pm\boldsymbol{B}_{st}\end{pmatrix}=(\boldsymbol{A}_{ij}\pm\boldsymbol{B}_{ij})_{s\times t}.$$

也就是说, 分块方式相同的同阶矩阵加减只需要把对应的分块进行加减即可.

(4) 数乘　若矩阵 $\boldsymbol{A}$ 可以分块为 $\boldsymbol{A}=(\boldsymbol{A}_{ij})_{s\times t}$, 那么有 $\lambda\boldsymbol{A}=(\lambda\boldsymbol{A}_{ij})_{s\times t}$, 这里 λ 是实数. 也就是说, 数 λ 与矩阵 $\boldsymbol{A}$ 的数乘运算相当于把数 λ 乘到矩阵 $\boldsymbol{A}$ 的每一个分块上.

(5) 乘法　设分块矩阵 $\boldsymbol{A}=(\boldsymbol{A}_{ik})_{r\times s},\boldsymbol{B}=(\boldsymbol{B}_{kj})_{s\times t}$, 且 $\boldsymbol{A}$ 的列的分法和 $\boldsymbol{B}$ 的行的分法相同, 即

$$\boldsymbol{A}=\begin{matrix}\begin{pmatrix}\boldsymbol{A}_{11} & \boldsymbol{A}_{12} & \cdots & \boldsymbol{A}_{1s}\\ \boldsymbol{A}_{21} & \boldsymbol{A}_{22} & \cdots & \boldsymbol{A}_{2s}\\ \vdots & \vdots & & \vdots\\ \boldsymbol{A}_{r1} & \boldsymbol{A}_{r2} & \cdots & \boldsymbol{A}_{rs}\end{pmatrix} & \begin{matrix}m_1\\ m_2\\ \vdots\\ m_r\end{matrix}\\ \begin{matrix}n_1 & n_2 & \cdots & n_s\end{matrix} & \end{matrix},\quad \boldsymbol{B}=\begin{matrix}\begin{pmatrix}\boldsymbol{B}_{11} & \boldsymbol{B}_{12} & \cdots & \boldsymbol{B}_{1t}\\ \boldsymbol{B}_{21} & \boldsymbol{B}_{22} & \cdots & \boldsymbol{B}_{2t}\\ \vdots & \vdots & & \vdots\\ \boldsymbol{B}_{s1} & \boldsymbol{B}_{s2} & \cdots & \boldsymbol{B}_{st}\end{pmatrix} & \begin{matrix}n_1\\ n_2\\ \vdots\\ n_s\end{matrix}\\ \begin{matrix}p_1 & p_2 & \cdots & p_t\end{matrix} & \end{matrix}.$$

那么 $\boldsymbol{A}$ 和 $\boldsymbol{B}$ 的分块矩阵在形式上可以相乘, 并且它们的乘积恰好等于它们的分块矩阵在形式上相乘的结果, 即

$$\boldsymbol{AB}=\begin{matrix}\begin{pmatrix}\boldsymbol{C}_{11} & \boldsymbol{C}_{12} & \cdots & \boldsymbol{C}_{1t}\\ \boldsymbol{C}_{21} & \boldsymbol{C}_{22} & \cdots & \boldsymbol{C}_{2t}\\ \vdots & \vdots & & \vdots\\ \boldsymbol{C}_{r1} & \boldsymbol{C}_{r2} & \cdots & \boldsymbol{C}_{rt}\end{pmatrix} & \begin{matrix}m_1\\ m_2\\ \vdots\\ m_r\end{matrix}\\ \begin{matrix}p_1 & p_2 & \cdots & p_t\end{matrix} & \end{matrix},$$

其中, 每个分块阵 $\boldsymbol{C}_{ij}=\sum\limits_{k=1}^{s}\boldsymbol{A}_{ik}\boldsymbol{B}_{kj},\ 1\leqslant i\leqslant r,1\leqslant j\leqslant t.$

由上可见, 分块矩阵的运算规则和普通矩阵的运算规则形式上完全一样, 要注意的是核实分块运算是否有意义.

例 9.3.1 如果将矩阵 $\boldsymbol{A},\boldsymbol{x}$ 分块, 并记

$$\boldsymbol{A}_1=\begin{pmatrix} a_{11} & a_{12} & \cdots & a_{1r} \\ a_{21} & a_{22} & \cdots & a_{2r} \\ \vdots & \vdots & & \vdots \\ a_{m1} & a_{m2} & \cdots & a_{mr} \end{pmatrix},\quad \boldsymbol{A}_2=\begin{pmatrix} a_{1,r+1} & \cdots & a_{1n} \\ a_{2,r+1} & \cdots & a_{2n} \\ \vdots & & \vdots \\ a_{m,r+1} & \cdots & a_{mn} \end{pmatrix},$$

$$\boldsymbol{x}_1=\begin{pmatrix} x_1 \\ \vdots \\ x_r \end{pmatrix},\quad \boldsymbol{x}_2=\begin{pmatrix} x_{r+1} \\ \vdots \\ x_n \end{pmatrix}$$

时, 矩阵 $\boldsymbol{A},\boldsymbol{x}$ 可以写为分块形式

$$\boldsymbol{A}=\begin{pmatrix} \boldsymbol{A}_1, \boldsymbol{A}_2 \end{pmatrix},\quad \boldsymbol{x}=\begin{pmatrix} \boldsymbol{x}_1 \\ \boldsymbol{x}_2 \end{pmatrix},$$

那么它们的乘积可以写作

$$\boldsymbol{A}\boldsymbol{x}=(\boldsymbol{A}_1,\boldsymbol{A}_2)\cdot\begin{pmatrix} \boldsymbol{x}_1 \\ \boldsymbol{x}_2 \end{pmatrix}=\boldsymbol{A}_1\boldsymbol{x}_1+\boldsymbol{A}_2\boldsymbol{x}_2.$$

例 9.3.2 设矩阵

$$\boldsymbol{A}=\begin{pmatrix} 1 & 2 & 1 & 0 \\ 0 & 2 & 0 & 1 \\ 3 & 0 & 0 & 0 \\ 0 & 3 & 0 & 0 \end{pmatrix},\quad \boldsymbol{B}=\begin{pmatrix} 1 & 1 & 2 \\ 0 & 2 & 0 \\ 1 & -4 & 1 \\ 1 & 2 & 0 \end{pmatrix}.$$

求 $\boldsymbol{AB}$.

解 根据矩阵 $\boldsymbol{A}$ 的特点：右下角为零矩阵, 右上角为单位阵. 将 $\boldsymbol{A}$ 分块如下：

$$\boldsymbol{A}=\left(\begin{array}{cc:cc} 1 & 2 & 1 & 0 \\ 0 & 2 & 0 & 1 \\ \hdashline 3 & 0 & 0 & 0 \\ 0 & 3 & 0 & 0 \end{array}\right)=\begin{pmatrix} \boldsymbol{A}_{11} & \boldsymbol{E}_2 \\ 3\boldsymbol{E}_2 & \boldsymbol{O}_{22} \end{pmatrix},$$

其中各个分块为

$$A_{11}=\begin{pmatrix}1&2\\0&2\end{pmatrix},\quad E_2=\begin{pmatrix}1&0\\0&1\end{pmatrix},\quad O_{22}=\begin{pmatrix}0&0\\0&0\end{pmatrix},\quad 3E_2=\begin{pmatrix}3&0\\0&3\end{pmatrix}.$$

为了使矩阵 $\boldsymbol{A}$ 与 $\boldsymbol{B}$ 可以分块相乘, 将 $\boldsymbol{B}$ 对应分块为

$$\boldsymbol{B}=\left(\begin{array}{c:cc}1&1&2\\0&2&0\\ \hdashline 1&-4&1\\1&2&0\end{array}\right)=\begin{pmatrix}\boldsymbol{B}_{11}&\boldsymbol{B}_{12}\\ \boldsymbol{B}_{21}&\boldsymbol{B}_{22}\end{pmatrix},$$

其中各个分块为

$$\boldsymbol{B}_{11}=\begin{pmatrix}1\\0\end{pmatrix},\quad \boldsymbol{B}_{12}=\begin{pmatrix}1&2\\2&0\end{pmatrix},\quad \boldsymbol{B}_{21}=\begin{pmatrix}1\\1\end{pmatrix},\quad \boldsymbol{B}_{22}=\begin{pmatrix}-4&1\\2&0\end{pmatrix}.$$

先来计算矩阵 $\boldsymbol{A}$ 与 $\boldsymbol{B}$ 的分块形式乘积得到

$$\boldsymbol{AB}=\begin{pmatrix}\boldsymbol{A}_{11}&\boldsymbol{E}_2\\3\boldsymbol{E}_2&\boldsymbol{O}_{22}\end{pmatrix}\begin{pmatrix}\boldsymbol{B}_{11}&\boldsymbol{B}_{12}\\ \boldsymbol{B}_{21}&\boldsymbol{B}_{22}\end{pmatrix}=\begin{pmatrix}\boldsymbol{A}_{11}\boldsymbol{B}_{11}+\boldsymbol{B}_{21}&\boldsymbol{A}_{11}\boldsymbol{B}_{12}+\boldsymbol{B}_{22}\\3\boldsymbol{B}_{11}&3\boldsymbol{B}_{12}\end{pmatrix}.$$

最后一个矩阵中的四个分块的具体计算如下:

$$\boldsymbol{A}_{11}\boldsymbol{B}_{11}+\boldsymbol{B}_{21}=\begin{pmatrix}1&2\\0&2\end{pmatrix}\begin{pmatrix}1\\0\end{pmatrix}+\begin{pmatrix}1\\1\end{pmatrix}=\begin{pmatrix}2\\1\end{pmatrix},$$

$$\boldsymbol{A}_{11}\boldsymbol{B}_{12}+\boldsymbol{B}_{22}=\begin{pmatrix}1&2\\0&2\end{pmatrix}\begin{pmatrix}1&2\\2&0\end{pmatrix}+\begin{pmatrix}-4&1\\2&0\end{pmatrix}=\begin{pmatrix}1&3\\6&0\end{pmatrix},$$

$$3\boldsymbol{B}_{11}=\begin{pmatrix}3\\0\end{pmatrix},\quad 3\boldsymbol{B}_{12}=3\begin{pmatrix}1&2\\2&0\end{pmatrix}=\begin{pmatrix}3&6\\6&0\end{pmatrix},$$

从而得到矩阵 $\boldsymbol{A}$ 与 $\boldsymbol{B}$ 的乘积 $\boldsymbol{AB}=\begin{pmatrix}2&1&3\\1&6&0\\3&3&6\\0&6&0\end{pmatrix}$.

习 题 9.3

1. 设 $\boldsymbol{A}=\begin{pmatrix}1&-1&1&0\\3&2&0&1\\3&0&0&0\\0&3&0&0\end{pmatrix}$, $\boldsymbol{B}=\begin{pmatrix}2&1&0&0\\-3&1&0&0\\1&0&3&0\\0&1&0&3\end{pmatrix}$, 利用矩阵分块, 求

(1) $\boldsymbol{AB}$;　　(2) $\boldsymbol{BA}$;　　(3) $\boldsymbol{AB}-\boldsymbol{BA}$.

2. 按下列分块的方法, 用分块矩阵乘法求下列矩阵的乘积.

(1) $\left(\begin{array}{cc:c}1&-2&0\\-1&1&1\\\hdashline 0&3&2\end{array}\right)\left(\begin{array}{c:c}0&1\\1&0\\\hdashline 0&-1\end{array}\right)$;

(2) $\left(\begin{array}{cc:cc}a&0&0&0\\0&a&0&0\\\hdashline 1&0&b&0\\0&1&0&b\end{array}\right)\left(\begin{array}{cc:cc}1&0&c&0\\0&1&0&c\\\hdashline 0&0&d&0\\0&0&0&d\end{array}\right)$.

3. 设矩阵 $\boldsymbol{A}=\begin{pmatrix}1&2&0&0\\1&0&0&0\\0&0&1&0\\0&0&0&1\end{pmatrix}$, 求 $\boldsymbol{A}^3$.

9.4 可 逆 矩 阵

9.4.1 方阵的行列式

由 n 阶方阵 $\boldsymbol{A}$ 的元素所构成的行列式 (各元素的位置不变), 叫做方阵的行列式, 记为 $|\boldsymbol{A}|$ 或 $\det\boldsymbol{A}$.

方阵与行列式是两个不同的概念, n 阶方阵是 n^2 个数按一定方式排成的数表, 而 n 阶行列式则是这些数按一定的运算法则确定的一个数.

n 阶方阵 $\boldsymbol{A}$ 所确定的行列式有下列性质:

(1) $\left|\boldsymbol{A}^{\mathrm{T}}\right|=|\boldsymbol{A}|$;

(2) $|\lambda\boldsymbol{A}|=\lambda^n|\boldsymbol{A}|$;

(3) $|\boldsymbol{AB}|=|\boldsymbol{A}||\boldsymbol{B}|$($\boldsymbol{A},\boldsymbol{B}$ 均是 n 阶方阵).

性质 (1) 说明方阵与其转置方阵有相同的行列式. 性质 (3) 是说方阵之积的行列式等于各自行列式之积.

9.4.2 可逆矩阵的概念

对于一元线性函数 $ax = b$, 当系数 $a \neq 0$ 时, 存在一个数 a^{-1} 使方程有解 $x = a^{-1}b$. 这里从乘法的观点出发可以看到一个非零数的倒数的重要性. 那么在解线性方程组 $\boldsymbol{Ax} = \boldsymbol{b}$ 时, 对矩阵 $\boldsymbol{A}$ 是否也存在一个类似于倒数的事物呢? 本节就来讨论这个问题.

定义 9.2 设 $\boldsymbol{A}$ 是 n 阶方阵, 若存在 n 阶方阵 $\boldsymbol{B}$, 使得

$$\boldsymbol{AB} = \boldsymbol{BA} = \boldsymbol{E}_n, \tag{9.7}$$

则称方阵 $\boldsymbol{A}$ 是可逆的, n 阶方阵 $\boldsymbol{B}$ 称为 $\boldsymbol{A}$ 的逆矩阵.

如果方阵 $\boldsymbol{A}$ 可逆, 则它的逆矩阵是唯一的. 事实上, 不妨设 $\boldsymbol{B}$ 和 $\boldsymbol{C}$ 都是方阵 $\boldsymbol{A}$ 的逆矩阵, 由逆矩阵定义有

$$\boldsymbol{AB} = \boldsymbol{BA} = \boldsymbol{E}_n, \quad \boldsymbol{AC} = \boldsymbol{CA} = \boldsymbol{E}_n.$$

从而有

$$\boldsymbol{B} = \boldsymbol{EB} = (\boldsymbol{CA})\boldsymbol{B} = \boldsymbol{C}(\boldsymbol{AB}) = \boldsymbol{CE} = \boldsymbol{C}.$$

通常, 我们把矩阵 $\boldsymbol{A}$ 的逆矩阵记作 $\boldsymbol{A}^{-1}$.

注意只有方阵才可能有逆矩阵, 但并不是每一个非零方阵都具有逆矩阵, 比如, 二阶方阵 $\begin{pmatrix} 1 & 2 \\ 2 & 4 \end{pmatrix}$ 就没有逆矩阵.

例 9.4.1 设方阵 $\boldsymbol{A} = \begin{pmatrix} 4 & 1 \\ 2 & 1 \end{pmatrix}$, 则 $\boldsymbol{A}$ 可逆, 且 $\boldsymbol{A}^{-1} = \dfrac{1}{2}\begin{pmatrix} 1 & -1 \\ -2 & 4 \end{pmatrix}$.

证 直接用矩阵乘法验算可知

$$\begin{pmatrix} 4 & 1 \\ 2 & 1 \end{pmatrix} \cdot \frac{1}{2}\begin{pmatrix} 1 & -1 \\ -2 & 4 \end{pmatrix} = \frac{1}{2}\begin{pmatrix} 1 & -1 \\ -2 & 4 \end{pmatrix} \cdot \begin{pmatrix} 4 & 1 \\ 2 & 1 \end{pmatrix} = \begin{pmatrix} 1 & 0 \\ 0 & 1 \end{pmatrix},$$

所以 $\boldsymbol{A}$ 可逆, 且

$$\boldsymbol{A}^{-1} = \frac{1}{2}\begin{pmatrix} 1 & -1 \\ -2 & 4 \end{pmatrix}.$$

定理 9.1 若方阵 $\boldsymbol{A}$ 可逆, 则 $|\boldsymbol{A}| \neq 0$.

证 由矩阵 $\boldsymbol{A}$ 可逆, 从定义可以得到一定存在方阵 $\boldsymbol{A}^{-1}$ 使得 $\boldsymbol{AA}^{-1} = \boldsymbol{E}$. 根据方阵的行列式性质 (3) 可以得到 $|\boldsymbol{A}|\left|\boldsymbol{A}^{-1}\right| = \left|\boldsymbol{AA}^{-1}\right| = |\boldsymbol{E}| = 1$, 所以 $|\boldsymbol{A}| \neq 0$. 证毕.

设 $\boldsymbol{A}=(a_{ij})$ 是 n 阶方阵, A_{ij} 是元素 a_{ij} 的代数余子式, 以行元素的代数余子式为列, 列元素的代数余子式为行, 构造 n 阶方阵 (A_{ji}), 称之为方阵 $\boldsymbol{A}$ 的伴随矩阵, 记作 $\boldsymbol{A}^*$. 即

$$\boldsymbol{A}^*=\begin{pmatrix} A_{11} & A_{21} & \cdots & A_{n1} \\ A_{12} & A_{22} & \cdots & A_{n2} \\ \vdots & \vdots & & \vdots \\ A_{1n} & A_{2n} & \cdots & A_{nn} \end{pmatrix}.$$

定理 9.2 若方阵 $\boldsymbol{A}$ 的行列式 $|\boldsymbol{A}|\neq 0$, 则方阵 $\boldsymbol{A}$ 可逆, 且 $\boldsymbol{A}^{-1}=\dfrac{1}{|\boldsymbol{A}|}\boldsymbol{A}^*$.

证 若 $|\boldsymbol{A}|\neq 0$, 由定理 8.2 的推论得到

$$\begin{pmatrix} a_{11} & a_{12} & \cdots & a_{1n} \\ a_{21} & a_{22} & \cdots & a_{2n} \\ \vdots & \vdots & & \vdots \\ a_{n1} & a_{n2} & \cdots & a_{nn} \end{pmatrix}\frac{1}{|\boldsymbol{A}|}\begin{pmatrix} A_{11} & A_{21} & \cdots & A_{n1} \\ A_{12} & A_{22} & \cdots & A_{n2} \\ \vdots & \vdots & & \vdots \\ A_{1n} & A_{2n} & \cdots & A_{nn} \end{pmatrix}$$

$$=\frac{1}{|\boldsymbol{A}|}\begin{pmatrix} |\boldsymbol{A}| & & & \\ & |\boldsymbol{A}| & & \\ & & \ddots & \\ & & & |\boldsymbol{A}| \end{pmatrix}=\boldsymbol{E},$$

以及等式

$$\frac{1}{|\boldsymbol{A}|}\begin{pmatrix} A_{11} & A_{21} & \cdots & A_{n1} \\ A_{12} & A_{22} & \cdots & A_{n2} \\ \vdots & \vdots & & \vdots \\ A_{1n} & A_{2n} & \cdots & A_{nn} \end{pmatrix}\begin{pmatrix} a_{11} & a_{12} & \cdots & a_{1n} \\ a_{21} & a_{22} & \cdots & a_{2n} \\ \vdots & \vdots & & \vdots \\ a_{n1} & a_{n2} & \cdots & a_{nn} \end{pmatrix}$$

$$=\frac{1}{|\boldsymbol{A}|}\begin{pmatrix} |\boldsymbol{A}| & & & \\ & |\boldsymbol{A}| & & \\ & & \ddots & \\ & & & |\boldsymbol{A}| \end{pmatrix}=\boldsymbol{E}$$

都成立. 由可逆矩阵的定义知道方阵 $\boldsymbol{A}$ 可逆, 且 $\boldsymbol{A}^{-1}=\dfrac{1}{|\boldsymbol{A}|}\boldsymbol{A}^*$. 证毕.

若 n 阶方阵 $\boldsymbol{A}$ 的行列式不为零 $|\boldsymbol{A}| \neq 0$, 则称方阵 $\boldsymbol{A}$ 为**非奇异的**; 否则 $\boldsymbol{A}$ 称为**奇异的**. 定理 9.1 与定理 9.2 告诉我们方阵 $\boldsymbol{A}$ 是可逆矩阵的充分必要条件是方阵 $\boldsymbol{A}$ 是非奇异的.

推论 1 方阵 $\boldsymbol{A}$ 是可逆矩阵的充分必要条件是方阵 $\boldsymbol{A}$ 是非奇异的.

推论 2 若 $\boldsymbol{A}, \boldsymbol{B}$ 都是方阵且 $\boldsymbol{AB} = \boldsymbol{E}$, 则方阵 $\boldsymbol{A}, \boldsymbol{B}$ 互为逆矩阵.

证 对于方阵 $\boldsymbol{A}, \boldsymbol{B}$, 由于 $\boldsymbol{AB} = \boldsymbol{E}$, 根据矩阵行列式的性质有

$$|\boldsymbol{A}|\,|\boldsymbol{B}| = |\boldsymbol{AB}| = |\boldsymbol{E}| = 1 \neq 0,$$

因此, $|\boldsymbol{A}| \neq 0, |\boldsymbol{B}| \neq 0$, 从推论 1 知道方阵 $\boldsymbol{A}, \boldsymbol{B}$ 都可逆. 再由逆矩阵的唯一性知道方阵 $\boldsymbol{A}, \boldsymbol{B}$ 互为逆矩阵.

推论 3 若 $\boldsymbol{A}$ 是方阵, 则 $\boldsymbol{A}\boldsymbol{A}^* = \boldsymbol{A}^*\boldsymbol{A} = |\boldsymbol{A}|\,\boldsymbol{E}$.

例 9.4.2 判断下列矩阵

$$\boldsymbol{A} = \begin{pmatrix} 1 & -2 & 0 \\ 2 & 3 & 4 \\ -1 & -5 & -4 \end{pmatrix}, \quad \boldsymbol{B} = \begin{pmatrix} 0 & 2 & -1 \\ 1 & 1 & 2 \\ -1 & -1 & -1 \end{pmatrix}$$

是否可逆, 若可逆, 求其逆矩阵.

解 首先计算两个方阵的行列式得到 $|\boldsymbol{A}| = 0, |\boldsymbol{B}| = -2$, 由定理 9.2 知, 方阵 $\boldsymbol{A}$ 不可逆, 方阵 $\boldsymbol{B}$ 是可逆的, 且

$$\boldsymbol{B}^{-1} = \frac{1}{|\boldsymbol{B}|}\begin{pmatrix} B_{11} & B_{21} & B_{31} \\ B_{12} & B_{22} & B_{32} \\ B_{13} & B_{23} & B_{33} \end{pmatrix} = -\frac{1}{2}\begin{pmatrix} 1 & 3 & 5 \\ -1 & -1 & -1 \\ 0 & -2 & -2 \end{pmatrix}.$$

例 9.4.3 设 n 阶方阵 $\boldsymbol{B}$ 可逆, 方阵 $\boldsymbol{A}$ 满足 $\boldsymbol{A}^2 - \boldsymbol{A} = \boldsymbol{B}$, 证明：$\boldsymbol{A}$ 可逆, 并求其逆.

证 由于方阵 $\boldsymbol{B}$ 可逆, 由条件 $\boldsymbol{A}^2 - \boldsymbol{A} = \boldsymbol{B}$ 得 $|\boldsymbol{A}|\,|\boldsymbol{A} - \boldsymbol{E}| = |\boldsymbol{B}| \neq 0$, 从而 $|\boldsymbol{A}| \neq 0$, 即矩阵 $\boldsymbol{A}$ 可逆.

再利用条件 $\boldsymbol{A}^2 - \boldsymbol{A} = \boldsymbol{B}$ 得到 $\boldsymbol{A}(\boldsymbol{A} - \boldsymbol{E}) = \boldsymbol{B}$, 右乘 $\boldsymbol{B}^{-1}$ 得 $\boldsymbol{A}(\boldsymbol{A} - \boldsymbol{E})\boldsymbol{B}^{-1} = \boldsymbol{E}$, 由推论 2 知

$$\boldsymbol{A}^{-1} = (\boldsymbol{A} - \boldsymbol{E})\,\boldsymbol{B}^{-1}.$$

例 9.4.4 已知可逆矩阵 $\boldsymbol{A} = \begin{pmatrix} 1 & 1 & 1 \\ 1 & 2 & 1 \\ 1 & 1 & 3 \end{pmatrix}$, 求其伴随矩阵 $\boldsymbol{A}^*$ 的逆矩阵.

解 首先利用对角线法则计算出 $\boldsymbol{A}$ 的行列式 $|\boldsymbol{A}|=2$. 由推论 3, $\boldsymbol{A}\boldsymbol{A}^*=2\boldsymbol{E}$, 再由推论 2 有

$$(\boldsymbol{A}^*)^{-1}=\frac{1}{2}\boldsymbol{A}=\frac{1}{2}\begin{pmatrix}1&1&1\\1&2&1\\1&1&3\end{pmatrix}.$$

例 9.4.5 设 $n(n\geqslant 2)$ 阶方阵 $\boldsymbol{A}$ 的伴随矩阵为 $\boldsymbol{A}^*$, 证明: $|\boldsymbol{A}^*|=|\boldsymbol{A}|^{n-1}$.

证 由推论 3 的结论 $\boldsymbol{A}\boldsymbol{A}^*=|\boldsymbol{A}|\,\boldsymbol{E}$, 两边都取行列式得 $|\boldsymbol{A}\boldsymbol{A}^*|=||\boldsymbol{A}|\,\boldsymbol{E}|$, 利用行列式的性质化简就得到 $|\boldsymbol{A}|\,|\boldsymbol{A}^*|=|\boldsymbol{A}|^n$. 那么在 $|\boldsymbol{A}|\neq 0$ 时, 命题的结论成立, 即 $|\boldsymbol{A}^*|=|\boldsymbol{A}|^{n-1}$.

下面来研究 $|\boldsymbol{A}|=0$ 的情况. 这时分成两种情况讨论: (1) $\boldsymbol{A}=\boldsymbol{O}$; (2) $\boldsymbol{A}\neq\boldsymbol{O}$.

情况 (1)$\boldsymbol{A}=\boldsymbol{O}$. 这时显然有 $\boldsymbol{A}$ 的全部代数余子式都是零, 因此 $\boldsymbol{A}^*=\boldsymbol{O}$. 于是 $|\boldsymbol{A}^*|=0=|\boldsymbol{A}|^{n-1}$.

情况 (2)$\boldsymbol{A}\neq\boldsymbol{O}$. 用反证法证明 $|\boldsymbol{A}^*|=0$. 若不然, 则 $|\boldsymbol{A}^*|\neq 0$, 于是 $\boldsymbol{A}^*$ 可逆, 即存在 $(\boldsymbol{A}^*)^{-1}$, 这样就会得到

$$\boldsymbol{A}=\boldsymbol{A}\boldsymbol{E}=\boldsymbol{A}\left[\boldsymbol{A}^*(\boldsymbol{A}^*)^{-1}\right]=(\boldsymbol{A}\boldsymbol{A}^*)(\boldsymbol{A}^*)^{-1}=|\boldsymbol{A}|\,\boldsymbol{E}(\boldsymbol{A}^*)^{-1}=\boldsymbol{O}.$$

矛盾! 因此 $|\boldsymbol{A}^*|=0=|\boldsymbol{A}|^{n-1}$.

综合上述有 $|\boldsymbol{A}^*|=|\boldsymbol{A}|^{n-1}$.

9.4.3 可逆矩阵的性质

方阵的逆矩阵具有如下性质: 设 $\boldsymbol{A}$ 可逆, 则

(1) $\boldsymbol{A}^{-1}$ 可逆, 且 $\left(\boldsymbol{A}^{-1}\right)^{-1}=\boldsymbol{A}$.

(2) 若实数 $\lambda\neq 0$, 则 $\lambda\boldsymbol{A}$ 可逆, 且 $(\lambda\boldsymbol{A})^{-1}=\dfrac{1}{\lambda}\boldsymbol{A}^{-1}$.

(3) $\boldsymbol{A}^{\mathrm{T}}$ 也可逆, 且 $\left(\boldsymbol{A}^{\mathrm{T}}\right)^{-1}=\left(\boldsymbol{A}^{-1}\right)^{\mathrm{T}}$.

(4) 若 $\boldsymbol{A},\boldsymbol{B}$ 都是 n 阶可逆的方阵, 则 $\boldsymbol{A}\boldsymbol{B}$ 是可逆的, 且 $(\boldsymbol{A}\boldsymbol{B})^{-1}=\boldsymbol{B}^{-1}\boldsymbol{A}^{-1}$.

(5) $\left|\boldsymbol{A}^{-1}\right|=|\boldsymbol{A}|^{-1}$.

证 (1) 这就是推论 2.

(2) 由矩阵乘法的性质与逆矩阵的定义, $(\lambda\boldsymbol{A})\left(\dfrac{1}{\lambda}\boldsymbol{A}^{-1}\right)=\boldsymbol{E}$, 再用推论 2 即可.

(3) 因为 $\boldsymbol{A}^{\mathrm{T}}\left(\boldsymbol{A}^{-1}\right)^{\mathrm{T}}=\left(\boldsymbol{A}^{-1}\boldsymbol{A}\right)^{\mathrm{T}}=\boldsymbol{E}$, 所以由推论 2 得到 $\boldsymbol{A}^{\mathrm{T}}$ 可逆, 且 $\left(\boldsymbol{A}^{\mathrm{T}}\right)^{-1}=\left(\boldsymbol{A}^{-1}\right)^{\mathrm{T}}$.

(4) 由于 $\boldsymbol{A},\boldsymbol{B}$ 是 n 阶可逆方阵, 因此 $\boldsymbol{A}^{-1},\boldsymbol{B}^{-1}$ 都存在, 利用矩阵乘法的结合律有

$$(\boldsymbol{A}\boldsymbol{B})\left(\boldsymbol{B}^{-1}\boldsymbol{A}^{-1}\right)=\boldsymbol{A}\left(\boldsymbol{B}\boldsymbol{B}^{-1}\right)\boldsymbol{A}=\boldsymbol{E},$$

由推论 2 可知, $\boldsymbol{AB}$ 可逆, 且 $(\boldsymbol{AB})^{-1}=\boldsymbol{B}^{-1}\boldsymbol{A}^{-1}$.

(5) 由于 $\boldsymbol{A}\boldsymbol{A}^{-1}=\boldsymbol{E}$, 取行列式得到 $|\boldsymbol{A}|\left|\boldsymbol{A}^{-1}\right|=|\boldsymbol{E}|=1$, 所以 $\left|\boldsymbol{A}^{-1}\right|=|\boldsymbol{A}|^{-1}$. 证毕.

更一般地, 如果 $\boldsymbol{A}_1,\boldsymbol{A}_2,\cdots,\boldsymbol{A}_s$ 都是可逆阵, 那么它们的乘积 $\boldsymbol{A}_1\boldsymbol{A}_2\cdots\boldsymbol{A}_s$ 也可逆, 且

$$(\boldsymbol{A}_1\boldsymbol{A}_2\cdots\boldsymbol{A}_s)^{-1}=\boldsymbol{A}_s^{-1}\cdots\boldsymbol{A}_2^{-1}\boldsymbol{A}_1^{-1}.$$

可以定义可逆方阵 $\boldsymbol{A}$ 的负整指数幂矩阵 $\boldsymbol{A}^{-n}=\left(\boldsymbol{A}^{-1}\right)^n=(\boldsymbol{A}^n)^{-1}$. 这样很容易验证对任何整数 k,l 都有：(1) $\boldsymbol{A}^k\boldsymbol{A}^l=\boldsymbol{A}^{k+l}$; (2) $\left(\boldsymbol{A}^k\right)^l=\boldsymbol{A}^{kl}$.

例 9.4.6 求解矩阵方程 $\boldsymbol{AX}=\boldsymbol{B}$, 其中 $\boldsymbol{A}=\begin{pmatrix}2&4\\1&-1\end{pmatrix},\boldsymbol{B}=\begin{pmatrix}4&6\\2&-1\end{pmatrix}$.

解 因为 $|\boldsymbol{A}|=-6\neq 0$, 所以二阶方阵 $\boldsymbol{A}$ 可逆. 在方程 $\boldsymbol{AX}=\boldsymbol{B}$ 两边左乘 $\boldsymbol{A}^{-1}$, 得 $\boldsymbol{X}=\boldsymbol{A}^{-1}\boldsymbol{B}$. 利用伴随矩阵的定义与定理 9.2 可以计算出 $\boldsymbol{A}$ 的逆矩阵为

$$\boldsymbol{A}^{-1}=\frac{1}{|\boldsymbol{A}|}\boldsymbol{A}^*=\frac{1}{6}\begin{pmatrix}1&4\\1&-2\end{pmatrix}.$$

最后代入解的表达式得到

$$\boldsymbol{X}=\frac{1}{6}\begin{pmatrix}1&4\\1&-2\end{pmatrix}\begin{pmatrix}4&6\\2&-1\end{pmatrix}=\frac{1}{3}\begin{pmatrix}6&1\\0&4\end{pmatrix}.$$

习 题 9.4

1. 计算下列矩阵的逆.

(1) $\begin{pmatrix}3&-1\\-2&1\end{pmatrix}$;　　(2) $\begin{pmatrix}5&2&0&0\\2&1&0&0\\0&0&1&8\\0&0&1&9\end{pmatrix}$;

(3) $\begin{pmatrix}a_1&&&\\&a_2&&\\&&\ddots&\\&&&a_n\end{pmatrix}$, $a_1a_2\cdots a_n\neq 0$.

2. 已知 $\begin{pmatrix}1&2&-1\\3&4&-2\\5&-4&1\end{pmatrix}^{-1}=\begin{pmatrix}-2&1&0\\-\dfrac{13}{2}&3&-\dfrac{1}{2}\\-16&7&-1\end{pmatrix}$, 求解下列方程组.

(1) $\begin{cases}x_1+2x_2-x_3=1,\\3x_1+4x_2-2x_3=2,\\5x_1-4x_2+x_3=3;\end{cases}$

(2) $\begin{pmatrix} 1 & 2 & -1 \\ 3 & 4 & -2 \\ 5 & -4 & 1 \end{pmatrix} \boldsymbol{X} \begin{pmatrix} 2 & 3 \\ 1 & 2 \end{pmatrix} = \begin{pmatrix} -1 & 0 \\ 3 & 2 \\ 0 & 1 \end{pmatrix}$.

3. 解下列矩阵方程.

(1) $\begin{pmatrix} 1 & 2 \\ 3 & 4 \end{pmatrix} \boldsymbol{X} = \begin{pmatrix} 3 & 5 \\ 5 & 9 \end{pmatrix}$;

(2) $\begin{pmatrix} 2 & 0 \\ -1 & 1 \end{pmatrix} \boldsymbol{X} \begin{pmatrix} 1 & 4 \\ -1 & 2 \end{pmatrix} = \begin{pmatrix} 3 & 1 \\ 0 & -1 \end{pmatrix}$.

4. 设 $\boldsymbol{A} = \begin{pmatrix} 1 & 0 & 1 \\ 0 & 2 & 0 \\ 1 & 0 & 1 \end{pmatrix}$ 且 $\boldsymbol{X} = \boldsymbol{AX} - \boldsymbol{A}^2 + \boldsymbol{E}$. 求 $\boldsymbol{X}$.

5. 设方阵 $\boldsymbol{A}$ 满足 $\boldsymbol{A}^2 - 4\boldsymbol{A} - \boldsymbol{E} = \boldsymbol{O}$, 证明 $\boldsymbol{A}$ 及 $4\boldsymbol{A}+\boldsymbol{E}$ 均可逆, 并求 $\boldsymbol{A}^{-1}$ 及 $(4\boldsymbol{A}+\boldsymbol{E})^{-1}$.

6. 设 $\boldsymbol{A}$ 为 n 阶方阵, 对某正整数 $k > 1, \boldsymbol{A}^k = \boldsymbol{O}$, 证明:

$$(\boldsymbol{E} - \boldsymbol{A})^{-1} = \boldsymbol{E} + \boldsymbol{A} + \boldsymbol{A}^2 + \cdots + \boldsymbol{A}^{k-1}.$$

7. 设 $\boldsymbol{A}, \boldsymbol{B}$ 为 n 阶方阵且满足 $\boldsymbol{A} + \boldsymbol{B} = \boldsymbol{AB}$, 证明: $\boldsymbol{A} - \boldsymbol{E}$ 可逆, 并给出其逆矩阵的表达式.

9.5 矩阵的初等变换和初等方阵

矩阵的初等变换是一种特殊的矩阵运算, 在线性方程组的求解与矩阵理论的研究中起着重要作用. 这一节介绍矩阵的初等变换, 并介绍利用初等变换求逆矩阵的方法.

定义 9.3 对矩阵施以下列三种变换, 称为矩阵的**初等变换**.

(1) 交换矩阵的两行 (列), 若互换第 i 行与第 j 行, 记作 $r_i \leftrightarrow r_j$;

(2) 将一个非零常数 k 乘矩阵的某一行 (列), 如果是第 i 行乘 $k \neq 0$, 记作 kr_i;

(3) 将矩阵某一行 (列) 的 k 倍加到另一行 (列) 上, 如果是第 j 行的 k 倍加到第 i 行记作 $r_i + kr_j$.

由单位矩阵 $\boldsymbol{E}$ 经过一次初等变换所得到的矩阵称为**初等矩阵**. 交换 n 阶单位矩阵 $\boldsymbol{E}$ 的第 i 行 (列) 和第 j 行 (列) 所得初等矩阵, 记作 $\boldsymbol{E}(i,j)$; 把第 i 行 (列) 乘以一个非零常数 k, 所得初等矩阵, 记作 $\boldsymbol{E}(i(k))$; 把第 j 行 (第 i 列) 所有元素乘以 k, 加到第 i 行 (第 j 列) 上所得初等矩阵, 记作 $\boldsymbol{E}(i,j(k))$.

单位矩阵的三种初等变换对应着三种类型的矩阵, 称为**初等矩阵**. 即

$$E \underset{(c_i \leftrightarrow c_j)}{\overset{r_i \leftrightarrow r_j}{\longrightarrow}} E(i,j)=\begin{pmatrix} 1 &&&&&&&&&& \\ & \ddots &&&&&&&&& \\ && 1 &&&&&&&& \\ &&& 0 &&&& 1 &&& \\ &&&& 1 &&&&&& \\ &&&&& \ddots &&&&& \\ &&&&&& 1 &&&& \\ &&& 1 &&&& 0 &&& \\ &&&&&&&& 1 && \\ &&&&&&&&& \ddots & \\ &&&&&&&&&& 1 \end{pmatrix} \begin{matrix} \\ \\ \\ i\text{行} \\ \\ \\ \\ j\text{行} \\ \\ \\ \\ \end{matrix},$$

$$E \underset{(kc_i)}{\overset{kr_i}{\longrightarrow}} E(i(k))=\begin{pmatrix} 1 &&&&&& \\ & \ddots &&&&& \\ && 1 &&&& \\ &&& k &&& \\ &&&& 1 && \\ &&&&& \ddots & \\ &&&&&& 1 \end{pmatrix} \begin{matrix} \\ \\ \\ i\text{行} \\ \\ \\ \\ \end{matrix},$$

$$E \underset{(c_j+kc_i)}{\overset{r_i+kr_j}{\longrightarrow}} E(i,j(k))=\begin{pmatrix} 1 &&&&&& \\ & \ddots &&&&& \\ && 1 && k && \\ &&& \ddots &&& \\ &&&& 1 && \\ &&&&& \ddots & \\ &&&&&& 1 \end{pmatrix} \begin{matrix} \\ \\ i\text{行} \\ \\ j\text{行} \\ \\ \\ \end{matrix}.$$

初等矩阵都是可逆的, 并且初等矩阵的逆仍是初等矩阵. 初等矩阵具有如下一些性质:

(1) $E(i,j)^{-1}=E(i,j)$;

(2) $E(i(k))^{-1}=E\left(i\left(\dfrac{1}{k}\right)\right), k\neq 0$;

(3) $E(i,j(k))^{-1}=E(i,j(-k))$.

例 9.5.1 设 $\boldsymbol{A}=\begin{pmatrix} a_{11} & a_{12} & a_{13} & a_{14} \\ a_{21} & a_{22} & a_{23} & a_{24} \\ a_{31} & a_{32} & a_{33} & a_{34} \end{pmatrix}$, 计算: $\boldsymbol{E}_3(1,3)\boldsymbol{A}, \boldsymbol{A}\boldsymbol{E}_4(1,3)$.

解

$$\boldsymbol{E}_3(1,3)\boldsymbol{A}=\begin{pmatrix} 0 & 0 & 1 \\ 0 & 1 & 0 \\ 1 & 0 & 0 \end{pmatrix}\begin{pmatrix} a_{11} & a_{12} & a_{13} & a_{14} \\ a_{21} & a_{22} & a_{23} & a_{24} \\ a_{31} & a_{32} & a_{33} & a_{34} \end{pmatrix}=\begin{pmatrix} a_{31} & a_{32} & a_{33} & a_{34} \\ a_{21} & a_{22} & a_{23} & a_{24} \\ a_{11} & a_{12} & a_{13} & a_{14} \end{pmatrix},$$

计算结果相当于把矩阵 $\boldsymbol{A}$ 的第 1 行与第 3 行进行了交换, 即 $\boldsymbol{A} \xrightarrow{r_1 \leftrightarrow r_3} \boldsymbol{E}_3(1,3)\boldsymbol{A}$.

$$\boldsymbol{A}\boldsymbol{E}_4(1,3)=\begin{pmatrix} a_{11} & a_{12} & a_{13} & a_{14} \\ a_{21} & a_{22} & a_{23} & a_{24} \\ a_{31} & a_{32} & a_{33} & a_{34} \end{pmatrix}\begin{pmatrix} 0 & 0 & 1 & 0 \\ 0 & 1 & 0 & 0 \\ 1 & 0 & 0 & 0 \\ 0 & 0 & 0 & 1 \end{pmatrix}=\begin{pmatrix} a_{13} & a_{12} & a_{11} & a_{14} \\ a_{23} & a_{22} & a_{21} & a_{24} \\ a_{33} & a_{32} & a_{31} & a_{34} \end{pmatrix},$$

计算结果相当于把矩阵 $\boldsymbol{A}$ 的第 1 列与第 3 列进行了交换, 即 $\boldsymbol{A} \xrightarrow{c_1 \leftrightarrow c_3} \boldsymbol{A}\boldsymbol{E}_4(1,3)$.

初等矩阵将一个矩阵变成了另一个矩阵, 在一般情况下, 变换前后的两个矩阵并不相等, 因此进行初等变换只能用 “$\longrightarrow$” 来表示, 而不能用等号.

如果矩阵 $\boldsymbol{A}$ 经过有限次初等变换后化为矩阵 $\boldsymbol{B}$, 则称 $\boldsymbol{A}$ **等价**于矩阵 $\boldsymbol{B}$, 简记为 $\boldsymbol{A} \sim \boldsymbol{B}$. 矩阵等价是矩阵之间的一种关系, 这种关系具有反身性、对称性、传递性. 矩阵的等价关系具有如下性质:

(1) 反身性　$\boldsymbol{A} \sim \boldsymbol{A}$;

(2) 对称性　若 $\boldsymbol{A} \sim \boldsymbol{B}$, 则 $\boldsymbol{B} \sim \boldsymbol{A}$;

(3) 传递性　$\boldsymbol{A} \sim \boldsymbol{B}$ 且 $\boldsymbol{B} \sim \boldsymbol{C}$, 则 $\boldsymbol{A} \sim \boldsymbol{C}$.

定理 9.3 对矩阵 $\boldsymbol{A}_{m\times n}$ 作一次初等行变换相当于在矩阵 $\boldsymbol{A}_{m\times n}$ 的左侧乘以相应的 m 阶初等矩阵; 对矩阵 $\boldsymbol{A}_{m\times n}$ 作一次初等列变换相当于在矩阵 $\boldsymbol{A}_{m\times n}$ 的右侧乘以相应的 n 阶初等矩阵.

定理 9.4 任意非零矩阵 $\boldsymbol{A}_{m\times n}=(a_{ij})_{m\times n}$, 都与形如 $\boldsymbol{D}=\begin{pmatrix} \boldsymbol{E}_r & \boldsymbol{O} \\ \boldsymbol{O} & \boldsymbol{O} \end{pmatrix}$ 的矩阵等价, 矩阵 $\begin{pmatrix} \boldsymbol{E}_r & \boldsymbol{O} \\ \boldsymbol{O} & \boldsymbol{O} \end{pmatrix}$ 称为矩阵 $\boldsymbol{A}_{m\times n}$ 的标准形, $1 \leqslant r \leqslant \min(m,n)$.

推论 如果 $\boldsymbol{A}$ 是 n 阶可逆方阵, 则其标准形是 n 阶单位矩阵 $\boldsymbol{E}_n$.

定理 9.5 方阵 $\boldsymbol{A}$ 可逆的充分必要条件是 $\boldsymbol{A}$ 可以写成有限个初等矩阵的乘积.

证 充分性. 因初等矩阵可逆, 所以充分条件是显然的.

必要性. 若方阵 $\boldsymbol{A}$ 可逆, 由定理 9.4 的推论知, 矩阵 $\boldsymbol{A}$ 可以经一系列初等变换化成单位矩阵. 即存在有限个初等矩阵 $\boldsymbol{P}_1,\boldsymbol{P}_2,\cdots,\boldsymbol{P}_s$, 使得 $\boldsymbol{P}_s\cdots\boldsymbol{P}_2\boldsymbol{P}_1\boldsymbol{A}=\boldsymbol{E}$, 从而有

$$\boldsymbol{A}=\boldsymbol{P}_1^{-1}\boldsymbol{P}_2^{-1}\cdots\boldsymbol{P}_s^{-1}.$$

由于初等矩阵的逆仍是初等矩阵, 所以可逆矩阵 $\boldsymbol{A}$ 可以写成有限个初等矩阵的乘积. 证毕.

定理 9.5 的证明过程为我们提供一种计算矩阵的逆矩阵的方法. 若方阵 $\boldsymbol{A}$ 可逆, 一定存在有限个初等矩阵 $\boldsymbol{P}_1,\boldsymbol{P}_2,\cdots,\boldsymbol{P}_s$, 使得 $\boldsymbol{P}_s\cdots\boldsymbol{P}_2\boldsymbol{P}_1\boldsymbol{A}=\boldsymbol{E}$, 两边同时右乘 $\boldsymbol{A}^{-1}$, 有 $\boldsymbol{P}_s\cdots\boldsymbol{P}_2\boldsymbol{P}_1\boldsymbol{E}=\boldsymbol{A}^{-1}$. 这样就得到两个重要的关系

$$\boldsymbol{P}_s\cdots\boldsymbol{P}_2\boldsymbol{P}_1\boldsymbol{A}=\boldsymbol{E},$$
$$\boldsymbol{P}_s\cdots\boldsymbol{P}_2\boldsymbol{P}_1\boldsymbol{E}=\boldsymbol{A}^{-1}.$$

矩阵左乘一个初等矩阵 $\boldsymbol{P}$, 相当于对这个矩阵作一个与 $\boldsymbol{P}$ 相对应的初等行变换. 对 $\boldsymbol{A}$ 依次作与 $\boldsymbol{P}_1,\boldsymbol{P}_2,\cdots,\boldsymbol{P}_s$ 相对应的初等行变换, 结果得到单位矩阵 $\boldsymbol{E}$; 同时, 对单位矩阵 $\boldsymbol{E}$ 作完全相同的初等行变换, 所得结果为 $\boldsymbol{P}_s\cdots\boldsymbol{P}_2\boldsymbol{P}_1\boldsymbol{E}$, 恰好是 $\boldsymbol{A}$ 的逆矩阵 $\boldsymbol{A}^{-1}$.

为此, 构造 $n\times 2n$ 矩阵 $(\boldsymbol{A},\boldsymbol{E})$, 对其施行一系列初等行变换 (相当于左乘一系列初等矩阵), 将 $\boldsymbol{A}$ 化为单位矩阵 $\boldsymbol{E}$; 同时, 将单位矩阵 $\boldsymbol{E}$ 化为 $\boldsymbol{A}$ 的逆矩阵 $\boldsymbol{A}^{-1}$. 即

$$\boldsymbol{P}_s\cdots\boldsymbol{P}_2\boldsymbol{P}_1(\boldsymbol{A},\boldsymbol{E})=(\boldsymbol{P}_s\cdots\boldsymbol{P}_2\boldsymbol{P}_1\boldsymbol{A},\boldsymbol{P}_s\cdots\boldsymbol{P}_2\boldsymbol{P}_1\boldsymbol{E})=\left(\boldsymbol{E},\boldsymbol{A}^{-1}\right).$$

例 9.5.2 用初等行变换求下列矩阵的逆矩阵.

(1) $\begin{pmatrix} 2 & -2 & 3 \\ 1 & -1 & 2 \\ -1 & 0 & 1 \end{pmatrix}$;

(2) $\begin{pmatrix} 1 & 2 & 1 & 1 \\ 1 & 1 & -2 & -1 \\ 1 & -2 & 1 & -1 \\ 1 & -1 & -2 & 1 \end{pmatrix}$.

解 (1) 构造 3×6 矩阵 $(\boldsymbol{A},\boldsymbol{E})$ 并施行初等行变换把左边矩阵 $\boldsymbol{A}$ 化为单位方阵 $\boldsymbol{E}$, 具体计算过程如下:

$$\left(\begin{array}{ccc:ccc} 2 & -2 & 3 & 1 & 0 & 0 \\ 1 & -1 & 2 & 0 & 1 & 0 \\ -1 & 0 & 1 & 0 & 0 & 1 \end{array}\right) \xrightarrow{r_1\leftrightarrow r_2} \left(\begin{array}{ccc:ccc} 1 & -1 & 2 & 0 & 1 & 0 \\ 2 & -2 & 3 & 1 & 0 & 0 \\ -1 & 0 & 1 & 0 & 0 & 1 \end{array}\right)$$

$$\xrightarrow[r_3+r_1]{r_2-2r_1}\left(\begin{array}{ccc:ccc}1 & -1 & 2 & 0 & 1 & 0\\ 0 & 0 & -1 & 1 & -2 & 0\\ 0 & -1 & 3 & 0 & 1 & 1\end{array}\right)\xrightarrow[(-1)r_3]{\substack{r_2\leftrightarrow r_3\\(-1)r_2}}\left(\begin{array}{ccc:ccc}1 & -1 & 2 & 0 & 1 & 0\\ 0 & 1 & -3 & 0 & -1 & -1\\ 0 & 0 & 1 & -1 & 2 & 0\end{array}\right)$$

$$\xrightarrow[r_1-2r_3]{r_2+3r_3}\left(\begin{array}{ccc:ccc}1 & -1 & 0 & 2 & -3 & 0\\ 0 & 1 & 0 & -3 & 5 & -1\\ 0 & 0 & 1 & -1 & 2 & 0\end{array}\right)\xrightarrow{r_1+r_2}\left(\begin{array}{ccc:ccc}1 & 0 & 0 & -1 & 2 & -1\\ 0 & 1 & 0 & -3 & 5 & -1\\ 0 & 0 & 1 & -1 & 2 & 0\end{array}\right),$$

这时得到矩阵的逆矩阵

$$\begin{pmatrix}2 & -2 & 3\\ 1 & -1 & 2\\ -1 & 0 & 1\end{pmatrix}^{-1}=\begin{pmatrix}-1 & 2 & -1\\ -3 & 5 & -1\\ -1 & 2 & 0\end{pmatrix}.$$

(2) 构造 4×8 矩阵 $(\boldsymbol{A},\boldsymbol{E})$ 并施行初等行变换把左边矩阵 $\boldsymbol{A}$ 化为单位方阵 $\boldsymbol{E}$, 具体计算过程如下:

$$\left(\begin{array}{cccc:cccc}1 & 2 & 1 & 1 & 1 & 0 & 0 & 0\\ 1 & 1 & -2 & -1 & 0 & 1 & 0 & 0\\ 1 & -2 & 1 & -1 & 0 & 0 & 1 & 0\\ 1 & -1 & -2 & 1 & 0 & 0 & 0 & 1\end{array}\right)$$

$$\xrightarrow[r_4-r_1]{\substack{r_2-r_1\\r_3-r_1}}\left(\begin{array}{cccc:cccc}1 & 2 & 1 & 1 & 1 & 0 & 0 & 0\\ 0 & -1 & -3 & -2 & -1 & 1 & 0 & 0\\ 0 & -4 & 0 & -2 & -1 & 0 & 1 & 0\\ 0 & -3 & -3 & 0 & -1 & 0 & 0 & 1\end{array}\right)$$

$$\cdots\cdots$$

$$\xrightarrow{r_1-2r_2}\left(\begin{array}{cccc:cccc}1 & 0 & 0 & 0 & 2/6 & 1/6 & 2/6 & 1/6\\ 0 & 1 & 0 & 0 & 1/6 & 1/6 & -1/6 & -1/6\\ 0 & 0 & 1 & 0 & 1/6 & -1/6 & 1/6 & -1/6\\ 0 & 0 & 0 & 1 & 1/6 & -2/6 & -1/6 & 2/6\end{array}\right),$$

这时得到矩阵的逆矩阵

$$\begin{pmatrix}1 & 2 & 1 & 1\\ 1 & 1 & -2 & -1\\ 1 & -2 & 1 & -1\\ 1 & -1 & -2 & 1\end{pmatrix}^{-1}=\frac{1}{6}\begin{pmatrix}2 & 1 & 2 & 1\\ 1 & 1 & -1 & -1\\ 1 & -1 & 1 & -1\\ 1 & -2 & -1 & 2\end{pmatrix}.$$

上面用初等变换求逆矩阵的方法, 仅限于对矩阵的行施以初等行变换, 不能出现初等列变换. 求矩阵的逆也可采用初等列变换, 方法如下:

构造 $n\times 2n$ 矩阵 $\begin{pmatrix} \boldsymbol{A} \\ \boldsymbol{E} \end{pmatrix}$, 对其施行一系列初等列变换 (相当于右乘一系列初等矩阵), 将 $\boldsymbol{A}$ 化为单位矩阵 $\boldsymbol{E}$; 同时, 将单位矩阵 $\boldsymbol{E}$ 化为 $\boldsymbol{A}$ 的逆矩阵 $\boldsymbol{A}^{-1}$.

在矩阵方程 $\boldsymbol{AX}=\boldsymbol{B}$ 中, 如果 $\boldsymbol{A}$ 是可逆阵, 则有唯一解 $\boldsymbol{X}=\boldsymbol{A}^{-1}\boldsymbol{B}$. 若构造矩阵 $(\boldsymbol{A},\boldsymbol{B})$, 当对其进行初等行变换时, 化其中的 $\boldsymbol{A}$ 为 $\boldsymbol{E}$ 时, $\boldsymbol{B}$ 就变成了 $\boldsymbol{A}^{-1}\boldsymbol{B}$.

例 9.5.3 求解矩阵方程 $\boldsymbol{AX}=\boldsymbol{B}$, 这里矩阵 $\boldsymbol{A}=\begin{pmatrix} 2 & 4 \\ 1 & -1 \end{pmatrix}$, $\boldsymbol{B}=\begin{pmatrix} 4 & 6 \\ 2 & -1 \end{pmatrix}$.

解 由于方阵 $\boldsymbol{A}$ 的行列式不是零 $|\boldsymbol{A}|=-6$, 因此 $\boldsymbol{A}$ 可逆. 于是矩阵方程的解是

$$\boldsymbol{X}=\boldsymbol{A}^{-1}\boldsymbol{B}=\begin{pmatrix} 2 & 4 \\ 1 & -1 \end{pmatrix}^{-1}\begin{pmatrix} 4 & 6 \\ 2 & -1 \end{pmatrix}.$$

下面用矩阵的初等行变换来计算矩阵 $\boldsymbol{X}$. 构造 2×4 矩阵 $(\boldsymbol{A},\boldsymbol{B})$, 做初等行变换, 将矩阵 $\boldsymbol{A}$ 化为单位方阵 $\boldsymbol{E}$, 那么同时将把矩阵 $\boldsymbol{B}$ 化为 $\boldsymbol{A}^{-1}\boldsymbol{B}$.

$$(\boldsymbol{A} \vdots \boldsymbol{B})=\left(\begin{array}{cc:cc} 2 & 4 & 4 & 6 \\ 1 & -1 & 2 & -1 \end{array}\right)\longrightarrow\left(\begin{array}{cc:cc} 1 & -1 & 2 & -1 \\ 2 & 4 & 4 & 6 \end{array}\right)$$

$$\longrightarrow\left(\begin{array}{cc:cc} 1 & -1 & 2 & -1 \\ 0 & 6 & 0 & 8 \end{array}\right)\longrightarrow\left(\begin{array}{cc:cc} 1 & -1 & 2 & -1 \\ 0 & 1 & 0 & 4/3 \end{array}\right)$$

$$\longrightarrow\left(\begin{array}{cc:cc} 1 & 0 & 2 & 1/3 \\ 0 & 1 & 0 & 4/3 \end{array}\right).$$

因此, $\boldsymbol{X}=\begin{pmatrix} 2 & 1/3 \\ 0 & 4/3 \end{pmatrix}$.

例 9.5.4 可逆方阵可用来对需传输的信息加密. 首先给每个字母指派一个码字, 如下表所示.

字母	a	b	c	d	e	f	g	h	i	j	k	l	m	n	o	p	q	r	s	t	u	v	w	x	y	z	空格
码字	1	2	3	4	5	6	7	8	9	10	11	12	13	14	15	16	17	18	19	20	21	22	23	24	25	26	0

于是传输信息为

go northeast

把对应的码字写成 3×4 矩阵 (按列)

$$B=\begin{pmatrix}7&14&20&1\\15&15&8&19\\0&18&5&20\end{pmatrix}.$$

如果直接发送矩阵 B, 这是不加密的信息, 容易被破解, 无论军事还是商业上均不可行, 因此必须对信息予以加密, 使得只有知道密钥的接收者才能准确、快速破译. 为此可以取定 3 阶可逆矩阵 A, 并且满足 $|A|=\pm 1$.

令 $C=AB$, 则 C 是 3×4 矩阵, 其元素也均为整数. 现发送加密后的信息矩阵 C, 乙方接收者只需用 A^{-1} 进行解密, 就得到发送者的信息 $B=A^{-1}C$.

例如取 $A=\begin{pmatrix}1&1&1\\-1&0&1\\0&1&1\end{pmatrix}$, 则 $|A|=-1$, 且 $A^{-1}=\begin{pmatrix}1&0&-1\\-1&-1&2\\1&1&-1\end{pmatrix}$.

现发送矩阵

$$C=AB=\begin{pmatrix}1&1&1\\-1&0&1\\0&1&1\end{pmatrix}\begin{pmatrix}7&14&20&1\\15&15&8&19\\0&18&5&20\end{pmatrix}=\begin{pmatrix}22&47&33&40\\-7&4&-15&19\\15&33&13&39\end{pmatrix};$$

接收者收到矩阵 C 后用 A^{-1} 进行解密

$$B=A^{-1}C=\begin{pmatrix}1&0&-1\\-1&-1&2\\1&1&-1\end{pmatrix}\begin{pmatrix}22&47&33&40\\-7&4&-15&19\\15&33&13&39\end{pmatrix}=\begin{pmatrix}7&14&20&1\\15&15&8&19\\0&18&5&20\end{pmatrix}.$$

即 go northeast.

习 题 9.5

1. 利用矩阵的初等行变换计算下列矩阵的逆矩阵.

(1) $\begin{pmatrix}4&-3\\-1&2\end{pmatrix}$;

(2) $\begin{pmatrix}1&-1&-1\\0&1&-1\\0&0&1\end{pmatrix}$;

(3) $\begin{pmatrix}1&2&3&4\\2&3&1&2\\1&1&1&-1\\1&0&-2&-6\end{pmatrix}$;

(4) $\begin{pmatrix}a&b\\c&d\end{pmatrix}$ $(ad-bc\neq 0)$;

(5) $\begin{pmatrix} 0 & & & & a_n \\ a_1 & 0 & & & \\ & a_2 & 0 & & \\ & & \ddots & \ddots & \\ & & & a_{n-1} & 0 \end{pmatrix}$, 其中 $a_1a_2\cdots a_n \neq 0$;

(6) $\begin{pmatrix} a_1 & & & \\ & a_2 & & \\ & & \ddots & \\ & & & a_n \end{pmatrix}$, 其中 $a_1a_2\cdots a_n \neq 0$.

2. 解下列矩阵方程.

(1) $\begin{pmatrix} 1 & 2 \\ 3 & 4 \end{pmatrix}\boldsymbol{X} = \begin{pmatrix} 3 & 5 \\ 5 & 9 \end{pmatrix}$;　　(2) $\boldsymbol{X}\begin{pmatrix} 1 & 2 \\ 3 & 4 \end{pmatrix} = \begin{pmatrix} 3 & 5 \\ 5 & 9 \end{pmatrix}$;

(3) $\begin{pmatrix} 1 & 2 \\ 3 & 4 \end{pmatrix}\boldsymbol{X}\begin{pmatrix} 1 & 2 \\ 3 & 4 \end{pmatrix} = \begin{pmatrix} 3 & 5 \\ 5 & 9 \end{pmatrix}$;

(4) $\begin{pmatrix} 1 & 2 & -3 \\ 3 & 2 & -4 \\ 2 & -1 & 0 \end{pmatrix}\boldsymbol{X} = \begin{pmatrix} 1 & -3 & 0 \\ 10 & 2 & 7 \\ 10 & 7 & 8 \end{pmatrix}$.

3. 已知 $\boldsymbol{XA} = \boldsymbol{A} + 3\boldsymbol{X}$, 其中 $\boldsymbol{A} = \begin{pmatrix} 4 & 2 & 3 \\ 1 & 1 & 0 \\ 1 & 2 & 3 \end{pmatrix}$, 求矩阵 $\boldsymbol{X}$.

4. 已知 $\boldsymbol{A} = \begin{pmatrix} 1 & 0 & 2 \\ 0 & 1 & 3 \\ 2 & 3 & 1 \end{pmatrix}$, 求 $(\boldsymbol{A}^{-1})^2$.

5. 信息加密规则如例 9.5.4, 某接收者收到信息 $\boldsymbol{C} = \begin{pmatrix} 43 & 17 & 48 & 25 \\ 105 & 47 & 115 & 50 \\ 81 & 34 & 82 & 50 \end{pmatrix}$. 本公司的加密矩阵为 $\boldsymbol{A} = \begin{pmatrix} 1 & 2 & 1 \\ 2 & 5 & 3 \\ 2 & 3 & 2 \end{pmatrix}$, 破译此信息.

9.6 矩阵的秩

设 $\boldsymbol{A} = (a_{ij})$ 是 $m \times n$ 矩阵, 从 $\boldsymbol{A}$ 中任取 k 行 k 列, $k \leqslant \min(m, n)$, 位于这些行和列的相交处的元素, 保持它们原来的相对位置所构成的 k 阶行列式, 称为矩阵 $\boldsymbol{A}$ 的一个 k 阶**子式**.

例如, $\boldsymbol{A} = \begin{pmatrix} 1 & 3 & 4 & 5 \\ -1 & 0 & 2 & 3 \\ 0 & 1 & -1 & 0 \end{pmatrix}$, 选择矩阵 $\boldsymbol{A}$ 的第一、三两行, 第二、四两

列相交处的元素所构成的二阶子式为 $\begin{vmatrix} 3 & 5 \\ 1 & 0 \end{vmatrix}$.

设 $\boldsymbol{A}=(a_{ij})$ 是 $m\times n$ 矩阵, 当 $\boldsymbol{A}=\boldsymbol{O}$ 时, 它的任何子式都为零; 当 $\boldsymbol{A}\neq\boldsymbol{O}$ 时, 它至少有一个元素不为零, 这时我们考虑它的二阶子式, 如果 $\boldsymbol{A}$ 中有二阶子式不为零, 则再考察三阶子式, 依次类推最后必达到 $\boldsymbol{A}$ 中有 r 阶子式不为零, 而再没有比 r 阶更高的不为零的子式. 这个不为零的子式的最高阶数 r, 反映了矩阵 $\boldsymbol{A}$ 内在的重要性质, 在矩阵的理论与应用中有重要意义.

例如, $\boldsymbol{A}=\begin{pmatrix} 1 & 2 & 3 & 0 \\ 0 & 1 & 2 & 1 \\ 2 & 4 & 6 & 0 \end{pmatrix}$, $\boldsymbol{A}$ 中有二阶子式 $\begin{vmatrix} 1 & 2 \\ 0 & 1 \end{vmatrix}=1\neq 0$, 但它的任何三阶子式皆为零, 即不为零的子式最高阶数 $r=2$.

定义 9.4 设 $\boldsymbol{A}=(a_{ij})$ 是 $m\times n$ 矩阵, 如果 $\boldsymbol{A}$ 中不为零的子式最高阶数为 r, 即存在 r 阶子式不为零, 而任何 $r+1$ 阶子式皆为零, 则称 r 为矩阵 $\boldsymbol{A}$ 的秩, 记为秩 $(\boldsymbol{A})=r$, 或 $r(\boldsymbol{A})=r$. 对于零矩阵 $\boldsymbol{A}=\boldsymbol{O}$ 时, 规定 $r(\boldsymbol{A})=0$.

由于行列式与其转置行列式相等, 因此有 $r(\boldsymbol{A})=r\left(\boldsymbol{A}^{\mathrm{T}}\right)$, 且 $0\leqslant r\leqslant \min(m,n)$. 当 $r(\boldsymbol{A})=\min(m,n)$ 时, 称矩阵 $\boldsymbol{A}$ 为满秩矩阵.

例 9.6.1 求矩阵 $\boldsymbol{A},\boldsymbol{B}$ 的秩, 其中

$$\boldsymbol{A}=\begin{pmatrix} 3 & 1 & 0 & 2 \\ 1 & -1 & 2 & -1 \\ 1 & 3 & -4 & 4 \end{pmatrix},\quad \boldsymbol{B}=\begin{pmatrix} 2 & -1 & 0 & 3 & -2 \\ 0 & 3 & 1 & -2 & 5 \\ 0 & 0 & 0 & 4 & -3 \\ 0 & 0 & 0 & 0 & 0 \end{pmatrix}.$$

解 在 $\boldsymbol{A}$ 中首先可以看到二阶子式 $\begin{vmatrix} 3 & 1 \\ 1 & -1 \end{vmatrix}\neq 0$, 则 $r(\boldsymbol{A})\geqslant 2$, 而 $\boldsymbol{A}$ 的三阶子式共有 4 个, 且每个都为 0, 由矩阵秩的定义有 $r(\boldsymbol{A})=2$.

在 $\boldsymbol{B}$ 中, 由第一、二、三行和第一、二、四列组成的三阶子式 $\begin{vmatrix} 2 & -1 & 3 \\ 0 & 3 & -2 \\ 0 & 0 & 4 \end{vmatrix}=24\neq 0$, 而所有的四阶子式均为零, 于是 $r(\boldsymbol{A})=3$.

由例 9.6.1 看出, 用定义求行数、列数都很大的矩阵的秩是很不方便的, 但例 9.6.1 中矩阵 $\boldsymbol{B}$ 因最后一行元素全是 0, 很容易求出此类矩阵的秩, 称满足下列条件的矩阵为行阶梯形矩阵:

(1) 若有零行, 则零行全部位于非零行的下方;

(2) 各非零行的左起首位非零元素的列序数由上至下严格递增 (即必在前一行的首位非零元素的右下方位置).

下面介绍用初等变换求矩阵的秩的方法.

定理 9.6 矩阵经初等变换后, 其秩不变.

证 仅考察经一次初等行变换的情形即可.

设 $\boldsymbol{A}_{m\times n}$ 经初等变换为 $\boldsymbol{B}_{m\times n}$, 且 $r(\boldsymbol{A})=r_1, r(\boldsymbol{B})=r_2$. 当对 $\boldsymbol{A}$ 施以互换两行或以某非零数乘某一行的变换时, 矩阵 $\boldsymbol{B}$ 中任何 r_1+1 阶子式等于某一非零数 k 与 $\boldsymbol{A}$ 的某个 r_1+1 阶子式的乘积, 其中 $k=\pm1$ 或其他非零数. 因为 $\boldsymbol{A}$ 的任何 r_1+1 阶子式皆为零, 所以 $\boldsymbol{B}$ 的任何 r_1+1 阶子式也都为零.

当对 $\boldsymbol{A}$ 施以第 i 行乘 l 后加于第 j 行的变换时, 矩阵 $\boldsymbol{B}$ 的任意一个 r_1+1 阶子式 $|\boldsymbol{B}_1|$, 如果它不含 $\boldsymbol{B}$ 的第 j 行或既含 $\boldsymbol{B}$ 的第 i 行又含第 j 行, 则它等于 $\boldsymbol{A}$ 的一个 r_1+1 阶子式, 如果 $|\boldsymbol{B}_1|$ 中含 $\boldsymbol{B}$ 的第 j 行但不含第 i 行时, 则 $|\boldsymbol{B}_1|=|\boldsymbol{A}_1|+l|\boldsymbol{A}_2|$, 其中 $\boldsymbol{A}_1,\boldsymbol{A}_2$ 是 $\boldsymbol{A}$ 中的两个 r_1+1 阶子式. 由 $\boldsymbol{A}$ 的任何 r_1+1 阶子式均为零可知 $\boldsymbol{B}$ 的任何 r_1+1 阶子式也为零.

由以上分析可知, 对 $\boldsymbol{A}$ 施以一次初等行变换后得 $\boldsymbol{B}$ 时, 有 $r_2<r_1+1$, 即 $r_2\leqslant r_1$. $\boldsymbol{A}$ 经某种初等变换得 $\boldsymbol{B}$, $\boldsymbol{B}$ 也可以经相应得初等变换得 $\boldsymbol{A}$. 因此又有 $r_1\leqslant r_2$, 故得 $r_1=r_2$.

显然上述结论对初等列变换也成立.

故对 $\boldsymbol{A}$ 每施以一次初等变换所得到的矩阵的秩与 $\boldsymbol{A}$ 的秩相同, 因此对 $\boldsymbol{A}$ 施以有限次初等变换后所得到的矩阵的秩仍然等于 $\boldsymbol{A}$ 的秩. 证毕.

例 9.6.2 求矩阵 $\boldsymbol{A}=\begin{pmatrix}4&-4&3&-2&10\\1&-1&2&-1&3\\1&-1&-3&1&1\\2&-2&-11&4&0\end{pmatrix}$ 的秩.

解 首先对矩阵 $\boldsymbol{A}$ 做初等行变换,

$$\boldsymbol{A}=\begin{pmatrix}4&-4&3&-2&10\\1&-1&2&-1&3\\1&-1&-3&1&1\\2&-2&-11&4&0\end{pmatrix}$$

$$\xrightarrow{\text{初等行变换}}\begin{pmatrix}1&-1&0&-1/5&11/5\\0&0&1&-2/5&2/5\\0&0&0&0&0\\0&0&0&0&0\end{pmatrix}$$

$$\xrightarrow{\text{初等列变换}} \begin{pmatrix} 1 & 0 & 0 & 0 & 0 \\ 0 & 1 & 0 & 0 & 0 \\ 0 & 0 & 0 & 0 & 0 \\ 0 & 0 & 0 & 0 & 0 \end{pmatrix},$$

由秩的定义, $r(\boldsymbol{A}) = 2$.

由定理 9.6 知, 矩阵的秩不随初等变换而变化, 说明秩是反映矩阵固有性质的一个量. 由于矩阵可经过初等变换化为标准形, 标准形矩阵的秩即为左上角单位阵的阶数, 于是有下面的推论.

推论 1 若矩阵 $\boldsymbol{A}, \boldsymbol{B}$ 等价, 则 $r(\boldsymbol{A}) = r(\boldsymbol{B})$, 即等价的矩阵有相同的秩.

推论 2 n 阶可逆矩阵的秩是 n.

例 9.6.3 设矩阵 $\boldsymbol{A} = \begin{pmatrix} a_{11} & a_{12} & \cdots & a_{1r} & \cdots & a_{1n} \\ 0 & a_{22} & \cdots & a_{2r} & \cdots & a_{2n} \\ \vdots & \vdots & & \vdots & & \vdots \\ 0 & 0 & \cdots & a_{rr} & \cdots & a_{rn} \\ 0 & 0 & \cdots & 0 & \cdots & 0 \\ \vdots & \vdots & & \vdots & & \vdots \\ 0 & 0 & \cdots & 0 & \cdots & 0 \end{pmatrix}$, $a_{11}a_{22}\cdots a_{rr} \neq 0$. 求 $r(\boldsymbol{A})$.

解 对矩阵 $\boldsymbol{A}$ 进行初等列变换, 首先用 a_{11} 将第一行的其余元素化为零, 再用 a_{22} 将第二行的其余元素化为零, 依次进行下去, 最后用 a_{rr} 将第 r 行的其余元素化为零, 再化简主对角线元素为 1, 得到

$$\boldsymbol{A} \xrightarrow{\text{初等列变换}} \begin{pmatrix} a_{11} & 0 & \cdots & 0 & \cdots & 0 \\ 0 & a_{22} & \cdots & 0 & \cdots & 0 \\ \vdots & \vdots & & \vdots & & \vdots \\ 0 & 0 & \cdots & a_{rr} & \cdots & 0 \\ 0 & 0 & \cdots & 0 & \cdots & 0 \\ \vdots & \vdots & & \vdots & & \vdots \\ 0 & 0 & \cdots & 0 & \cdots & 0 \end{pmatrix}$$

$$\xrightarrow{\text{初等列变换}} \begin{pmatrix} 1 & 0 & \cdots & 0 & \cdots & 0 \\ 0 & 1 & \cdots & 0 & \cdots & 0 \\ \vdots & \vdots & & \vdots & & \vdots \\ 0 & 0 & \cdots & 1 & \cdots & 0 \\ 0 & 0 & \cdots & 0 & \cdots & 0 \\ \vdots & \vdots & & \vdots & & \vdots \\ 0 & 0 & \cdots & 0 & \cdots & 0 \end{pmatrix},$$

所以 $r(\boldsymbol{A}) = r$.

要求一个矩阵的秩, 用初等变换化 $\boldsymbol{A}$ 为形如 $\begin{pmatrix} \boldsymbol{E}_r & \boldsymbol{O} \\ \boldsymbol{O} & \boldsymbol{O} \end{pmatrix}$ 的矩阵, 便可得到 $r(\boldsymbol{A}) = r$. 有时尚未化为 $\begin{pmatrix} \boldsymbol{E}_r & \boldsymbol{O} \\ \boldsymbol{O} & \boldsymbol{O} \end{pmatrix}$ 时就已经可以看出矩阵的秩, 则变换步骤可以停止.

例 9.6.4 设矩阵 $\boldsymbol{A} = \begin{pmatrix} 4 & 0 & 0 & 0 & 0 \\ 1 & 1 & 0 & 0 & 0 \\ 1 & -1 & 0 & 0 & 0 \\ 2 & -2 & -11 & 0 & 0 \end{pmatrix}$. 求 $r(\boldsymbol{A})$.

解 因为

$$\boldsymbol{A}^{\mathrm{T}} = \begin{pmatrix} 4 & 1 & 1 & 2 \\ 0 & 1 & -1 & -2 \\ 0 & 0 & 0 & -11 \\ 0 & 0 & 0 & 0 \\ 0 & 0 & 0 & 0 \end{pmatrix}$$

是行阶梯形矩阵, 其非零行的行数为 3, 于是 $r(\boldsymbol{A}) = r\left(\boldsymbol{A}^{\mathrm{T}}\right) = 3$.

习 题 9.6

1. 求下列矩阵的秩.

(1) $\begin{pmatrix} 1 & -1 \\ -3 & 3 \end{pmatrix}$;

(2) $\begin{pmatrix} \cos t & -\sin t \\ \sin t & \cos t \end{pmatrix}$;

(3) $\begin{pmatrix} -1 & 2 & 2 \\ 2 & -4 & 1 \\ 1 & 1 & -5 \end{pmatrix}$;

(4) $\begin{pmatrix} 1 & -7 & 3 \\ 2 & 5 & -4 \\ 4 & -9 & 2 \end{pmatrix}$;

(5) $\begin{pmatrix} 3 & 1 & 0 & 2 \\ 1 & -1 & 2 & -1 \\ 1 & 3 & -4 & 4 \end{pmatrix}$;　　(6) $\begin{pmatrix} 2 & -1 & 0 & 3 & -2 \\ 0 & 3 & 1 & -2 & 5 \\ 0 & 0 & 2 & 4 & -3 \\ 1 & 2 & 0 & 0 & 2 \end{pmatrix}$.

2. 设矩阵 $\boldsymbol{A}=\begin{pmatrix} k & 1 & 1 & 1 \\ 1 & k & 1 & 1 \\ 1 & 1 & k & 1 \\ 1 & 1 & 1 & k \end{pmatrix}$, 且 $r(\boldsymbol{A})=3$, 求 k 的值.

3. 设矩阵 $\boldsymbol{A}=\begin{pmatrix} 1 & 1 & 2 & 2 & 3 \\ 2 & 2 & 0 & a & 4 \\ 1 & 0 & a & 1 & 5 \\ 2 & a & 3 & 5 & 4 \end{pmatrix}$, 且 $r(\boldsymbol{A})=3$, 求 a 的值.

4. 设 $\boldsymbol{A}$ 是 $m\times n$ 矩阵, $\boldsymbol{B}$ 是 $s\times t$ 矩阵. 令 $\boldsymbol{C}=\begin{pmatrix} \boldsymbol{A} & \boldsymbol{O} \\ \boldsymbol{O} & \boldsymbol{B} \end{pmatrix}$, 证明 $r(\boldsymbol{C})=r(\boldsymbol{A})+r(\boldsymbol{B})$.

小结·知识点

小结

矩阵是研究线性数学的有力工具. 本章介绍了矩阵的概念以及各种运算. 初等变换来源于解方程组的过程, 是矩阵最重要的运算. 矩阵的秩是矩阵的重要不变量, 也是矩阵最本质的性质.

知识点

1. 由 $m\times n$ 个数 $a_{ij}(1\leqslant i\leqslant m, 1\leqslant j\leqslant n)$ 组成的矩形数表 $\boldsymbol{A}=(a_{ij})_{m\times n}$ 称为 m 行 n 列矩阵. 数 a_{ij} 位于矩阵 $\boldsymbol{A}$ 的第 i 行第 j 列, 叫做矩阵 $\boldsymbol{A}$ 的第 i 行第 j 列元素. 若 $m=n$, 则称 $\boldsymbol{A}$ 为 n 阶方阵, 元素 $a_{ii}\,(1\leqslant i\leqslant n)$ 所在的直线称为主对角线. 元素 $a_{ii}\,(1\leqslant i\leqslant n)$ 称为方阵 $\boldsymbol{A}$ 的主对角线元素.

2. 只有一行的矩阵称为行向量, 只有一列的矩阵称为列向量.

3. $m\times n$ 个元素全为零的矩阵称为零矩阵, 记作 $\boldsymbol{O}$.

4. 主对角元素全为 1, 而其他元素全为零的 n 阶矩阵称为 n 阶单位阵, 记为 $\boldsymbol{E}_n$.

5. 除主对角线上元素外其他元素全为零的方阵称为对角阵, 记作 $\boldsymbol{\Lambda}=\operatorname{diag}(a_1, a_2, \cdots, a_n)$.

6. 设矩阵 $\boldsymbol{A}, \boldsymbol{B}$ 具有相同的行数与列数, 且对应位置的元素都相等, 则 $\boldsymbol{A}=\boldsymbol{B}$.

7. 设矩阵 $\boldsymbol{A}=(a_{ij}), \boldsymbol{B}=(b_{ij})$, 则 $\boldsymbol{A}+\boldsymbol{B}=(a_{ij}+b_{ij})$ 称为矩阵 $\boldsymbol{A}$ 与 $\boldsymbol{B}$ 的和.

8. 矩阵 $\boldsymbol{A}=(a_{ij})_{m\times n}$, 则 $-\boldsymbol{A}=(-a_{ij})_{m\times n}$ 称为矩阵 $\boldsymbol{A}$ 的负矩阵.

9. 矩阵的加法运算的性质:

(1) (交换律) $\boldsymbol{A}+\boldsymbol{B}=\boldsymbol{B}+\boldsymbol{A}$;

(2) (结合律) $(\boldsymbol{A}+\boldsymbol{B})+\boldsymbol{C}=\boldsymbol{A}+(\boldsymbol{B}+\boldsymbol{C})$;

(3) 零矩阵的性质 $\boldsymbol{A}+\boldsymbol{O}=\boldsymbol{O}+\boldsymbol{A}=\boldsymbol{A}$;

(4) $\boldsymbol{A}+(-\boldsymbol{A})=(-\boldsymbol{A})+\boldsymbol{A}=\boldsymbol{O}$.

10. 矩阵减法定义为 $\boldsymbol{A}-\boldsymbol{B}=\boldsymbol{A}+(-\boldsymbol{B})$.

11. 矩阵 $\boldsymbol{A}=(a_{ij})_{m\times n}$, λ 是一个实数, 矩阵 $\lambda\boldsymbol{A}=(\lambda a_{ij})_{m\times n}$ 是数 λ 和矩阵 $\boldsymbol{A}$ 的数量乘积.

12. 矩阵的数乘运算具有下列性质:

(1) $(\lambda+\mu)\boldsymbol{A}=\lambda\boldsymbol{A}+\mu\boldsymbol{A}$;

(2) $\lambda(\boldsymbol{A}+\boldsymbol{B})=\lambda\boldsymbol{A}+\lambda\boldsymbol{B}$;

(3) $(\lambda\mu)\boldsymbol{A}=\lambda(\mu\boldsymbol{A})=\mu(\lambda\boldsymbol{A})$;

(4) $1\cdot\boldsymbol{A}=\boldsymbol{A}, 0\cdot\boldsymbol{A}=\boldsymbol{O}$,

其中 λ,μ 为任何实数, $\boldsymbol{A},\boldsymbol{B}$ 为同阶矩阵.

13. 矩阵 $\boldsymbol{A}=(a_{ik}),\boldsymbol{B}=(b_{kj})$, 则 $\boldsymbol{AB}=(c_{ij})$ 称为 $\boldsymbol{A},\boldsymbol{B}$ 的乘积, $c_{ij}=\sum\limits_{k=1}^{p}a_{ik}b_{kj}, 1\leqslant i\leqslant m, 1\leqslant j\leqslant n$.

14. 矩阵乘法具有如下性质.

性质 1(结合律) $(\boldsymbol{AB})\boldsymbol{C}=\boldsymbol{A}(\boldsymbol{BC})$.

性质 2(分配律) $(\boldsymbol{A}+\boldsymbol{B})\boldsymbol{C}=\boldsymbol{AC}+\boldsymbol{BC}, \boldsymbol{C}(\boldsymbol{A}+\boldsymbol{B})=\boldsymbol{CA}+\boldsymbol{CB}$.

性质 3 $\lambda(\boldsymbol{AB})=(\lambda\boldsymbol{A})\boldsymbol{B}=\boldsymbol{A}(\lambda\boldsymbol{B})$, 其中 λ 是任意实数.

性质 4 $\boldsymbol{E}_m\boldsymbol{A}_{m\times n}=\boldsymbol{A}_{m\times n}\boldsymbol{E}_n=\boldsymbol{A}_{m\times n}$.

性质 5 $\boldsymbol{O}_{p\times m}\boldsymbol{A}_{m\times n}=\boldsymbol{O}_{p\times n}, \boldsymbol{A}_{m\times n}\boldsymbol{O}_{n\times s}=\boldsymbol{O}_{m\times s}$.

15. 方阵的幂的运算性质: $\boldsymbol{A}^0=\boldsymbol{E}$, $\boldsymbol{A}^{k+l}=\boldsymbol{A}^k\boldsymbol{A}^l$, $(\boldsymbol{A}^k)^l=\boldsymbol{A}^{kl}$, 这里 k,l 都是整数.

16. 矩阵 $\boldsymbol{A}=(a_{ij})_{m\times n}$, 称 $\boldsymbol{A}^{\mathrm{T}}=(a_{ji})_{n\times m}$ 为 $\boldsymbol{A}$ 的转置矩阵.

17. 转置具有以下性质:

(1) $(\boldsymbol{A}^{\mathrm{T}})^{\mathrm{T}}=\boldsymbol{A}$;

(2) $(\boldsymbol{A}+\boldsymbol{B})^{\mathrm{T}}=\boldsymbol{A}^{\mathrm{T}}+\boldsymbol{B}^{\mathrm{T}}$;

(3) $(\boldsymbol{AB})^{\mathrm{T}}=\boldsymbol{B}^{\mathrm{T}}\boldsymbol{A}^{\mathrm{T}}$;

(4) $(\lambda\boldsymbol{A})^{\mathrm{T}}=\lambda\boldsymbol{A}^{\mathrm{T}}$, λ 是实数;

(5) $(\boldsymbol{A}^{-1})^{\mathrm{T}}=(\boldsymbol{A}^{\mathrm{T}})^{-1}$.

18. n 阶方阵 $\boldsymbol{A}$ 的行列式的性质:

(1) $|\boldsymbol{A}^{\mathrm{T}}|=|\boldsymbol{A}|$;

(2) $|\lambda \boldsymbol{A}| = \lambda^n |\boldsymbol{A}|$;

(3) $|\boldsymbol{AB}| = |\boldsymbol{A}|\,|\boldsymbol{B}|$($\boldsymbol{A}, \boldsymbol{B}$ 均是 n 阶方阵).

19. $\boldsymbol{A}$ 是方阵, 存在方阵 $\boldsymbol{B}$, 使得 $\boldsymbol{AB} = \boldsymbol{BA} = \boldsymbol{E}_n$, 称方阵 $\boldsymbol{A}$ 是可逆的, $\boldsymbol{B}$ 称为 $\boldsymbol{A}$ 的逆矩阵, 记作 $\boldsymbol{A}^{-1}$.

20. 若方阵 $\boldsymbol{A}$ 可逆, 则 $|\boldsymbol{A}| \neq 0$.

21. 若方阵 $\boldsymbol{A}$ 的行列式 $|\boldsymbol{A}| \neq 0$, 则方阵 $\boldsymbol{A}$ 可逆, 且 $\boldsymbol{A}^{-1} = \dfrac{1}{|\boldsymbol{A}|}\boldsymbol{A}^*$.

22. 若 n 阶方阵 $\boldsymbol{A}$ 的行列式 $|\boldsymbol{A}| \neq 0$, 则称方阵 $\boldsymbol{A}$ 为非奇异的; 否则 $\boldsymbol{A}$ 称为奇异的.

23. 方阵 $\boldsymbol{A}$ 是可逆矩阵的充分必要条件是方阵 $\boldsymbol{A}$ 是非奇异的.

24. 若 $\boldsymbol{A}, \boldsymbol{B}$ 都是方阵且 $\boldsymbol{AB} = \boldsymbol{E}$, 则方阵 $\boldsymbol{A}, \boldsymbol{B}$ 互为逆矩阵.

25. 方阵 $\boldsymbol{A} = (a_{ij})$, 则方阵 $\boldsymbol{A}^* = (A_{ji})$ 称为 $\boldsymbol{A}$ 的伴随矩阵.

26. 若 $\boldsymbol{A}$ 是方阵, 则 $\boldsymbol{AA}^* = \boldsymbol{A}^*\boldsymbol{A} = |\boldsymbol{A}|\,\boldsymbol{E}$.

27. 逆矩阵的性质. 设 $\boldsymbol{A}$ 可逆, 则

(1) $\boldsymbol{A}^{-1}$ 可逆, 且 $\left(\boldsymbol{A}^{-1}\right)^{-1} = \boldsymbol{A}$;

(2) 若实数 $\lambda \neq 0$, 则 $\lambda\boldsymbol{A}$ 可逆, 且 $(\lambda\boldsymbol{A})^{-1} = \dfrac{1}{\lambda}\boldsymbol{A}^{-1}$;

(3) $\boldsymbol{A}^{\mathrm{T}}$ 也可逆, 且 $\left(\boldsymbol{A}^{\mathrm{T}}\right)^{-1} = \left(\boldsymbol{A}^{-1}\right)^{\mathrm{T}}$;

(4) 若 $\boldsymbol{A}, \boldsymbol{B}$ 都是 n 阶可逆的方阵, 则 $\boldsymbol{AB}$ 是可逆的, 且 $(\boldsymbol{AB})^{-1} = \boldsymbol{B}^{-1}\boldsymbol{A}^{-1}$;

(5) $\left|\boldsymbol{A}^{-1}\right| = |\boldsymbol{A}|^{-1}$.

28. $\boldsymbol{A}_1, \boldsymbol{A}_2, \cdots, \boldsymbol{A}_s$ 都是可逆阵, 那么 $(\boldsymbol{A}_1\boldsymbol{A}_2\cdots\boldsymbol{A}_s)^{-1} = \boldsymbol{A}_s^{-1}\cdots\boldsymbol{A}_2^{-1}\boldsymbol{A}_1^{-1}$.

29. 对矩阵施以下列三种变换, 称为矩阵的初等变换.

(1) 交换矩阵的两行 (列), 若互换第 i 行与第 j 行, 记作 $r_i \leftrightarrow r_j$;

(2) 将一个非零常数 k 乘矩阵的某一行 (列), 如果是第 i 行乘 $k \neq 0$, 记作 kr_i;

(3) 将矩阵某一行 (列) 的 k 倍加到另一行 (列) 上, 如果是第 j 行的 k 倍加到第 i 行记作 $r_i + kr_j$.

30. 由单位阵 $\boldsymbol{E}$ 经过一次初等变换所得到的矩阵称为初等矩阵.

31. 初等矩阵都是可逆的, 并且初等矩阵的逆仍是初等矩阵.

32. 矩阵 $\boldsymbol{A}$ 经过有限次初等变换后化为矩阵 $\boldsymbol{B}$, 称 $\boldsymbol{A}$ 等价于 $\boldsymbol{B}$, 记为 $\boldsymbol{A} \sim \boldsymbol{B}$.

33. 矩阵等价关系具有反身性、对称性、传递性.

34. 对矩阵 $\boldsymbol{A}$ 作一次初等行变换相当于在矩阵 $\boldsymbol{A}$ 的左侧乘以相应的 m 阶初等矩阵; 对矩阵 $\boldsymbol{A}$ 作一次初等列变换相当于在矩阵 $\boldsymbol{A}$ 的右侧乘以相应的 n 阶初等矩阵.

35. 任意矩阵 $\boldsymbol{A}$, 都与形如 $\begin{pmatrix} \boldsymbol{E}_r & \boldsymbol{O} \\ \boldsymbol{O} & \boldsymbol{O} \end{pmatrix}$ 的矩阵等价, $0 \leqslant r \leqslant \min(m, n)$.

36. 可逆阵等价于同阶单位阵.

37. 方阵 $\boldsymbol{A}$ 可逆的充分必要条件是 $\boldsymbol{A}$ 可以写成有限个初等矩阵的乘积.

38. 方阵 $\boldsymbol{A}_n$ 的逆矩阵的求法. 构造 $n \times 2n$ 矩阵 $(\boldsymbol{A}, \boldsymbol{E})$, 对其施行一系列初等行变换将 $\boldsymbol{A}$ 化为单位阵 $\boldsymbol{E}$ 的同时将单位阵 $\boldsymbol{E}$ 化为 $\boldsymbol{A}^{-1}$.

39. $\boldsymbol{A} = (a_{ij})$ 是 $m \times n$ 矩阵, 从 $\boldsymbol{A}$ 中任取 k 行 k 列, $k \leqslant \min(m, n)$, 位于这些行和列的相交处的元素, 保持它们原来的相对位置所构成的 k 阶行列式, 称为矩阵 $\boldsymbol{A}$ 的一个 k 阶子式.

40. 矩阵 $\boldsymbol{A}$ 中不为零的子式最高阶数为 r, 称为矩阵 $\boldsymbol{A}$ 的秩, 记为秩 $(\boldsymbol{A}) = r$, 或 $r(\boldsymbol{A}) = r$. 当 $\boldsymbol{A} = \boldsymbol{O}$ 时, 规定 $r(\boldsymbol{A}) = 0$.

41. $r(\boldsymbol{A}) = r\left(\boldsymbol{A}^{\mathrm{T}}\right)$.

42. 矩阵经初等变换后, 其秩不变.

43. 等价的矩阵有相同的秩.

44. n 阶可逆阵的秩是 n.

西尔维斯特与凯莱

我确实热爱我的学科.

——西尔维斯特

美, 只能意会而不能言传.

——凯莱

西尔维斯特

凯莱

西尔维斯特, James Joseph Sylvester, 1814 年 9 月 3 日生于英国伦敦, 1897 年 3 月 15 日卒于牛津, 英国数学家. 与凯莱一起研究了不变量理论, 在诸多方面对代数学作出重要贡献. 矩阵这个词就是西尔维斯特最先使用的. 他还给出了重要的惯性定理, 但是他认为这个定理是自明的. 1878 年在美国创办《美国数学杂志》并担任主编, 正是这本杂志给美国数学研究带来极大的进步.

凯莱, Auther Cayley, 1821 年 8 月 16 日生于英国的里士满, 1895 年 1 月 16 日卒于剑桥, 英国数学家. 与西尔维斯特一起研究了不变量理论. 他是 n 维几何的先行者, 也开创了不变量理论. 凯莱是矩阵理论的首位研究者.

西尔维斯特与凯莱友谊深厚, 但两人性格迥异. 西尔维斯特热情活泼, 容易激动, 而凯莱则性情温和, 沉着冷静. 两人都在年轻时由于种种原因没能成为职业的数学家和数学教授, 但是, 这并不妨碍他们获得卓越的数学成果. 凯莱有过目不忘之能, 但西尔维斯特甚至与人争论过自己的定理是否可能成立 (数学家忘记自己的研究成果的例子屡见不鲜. 据说, 20 世纪的分析大师里斯有一次在课堂上盛赞一条绝妙的数学定理后, 嘟囔一句: “谁证的? ” 下面的学生小声回答: “你.”). 凯莱在数学领域博览群书, 西尔维斯特则厌烦掌握别人的工作. 著名的南丁格尔女士曾经是西尔维斯特的学生. 凯莱婚姻幸福, 而西尔维斯特则终身未娶.

西尔维斯特思想活跃, 经常提出一些五花八门的数学问题. 1893 年, 他在一个数学杂志上提出如下问题: 平面上有不共线的 n 个点, 是否有一条直线恰好经过其中两个点? 答案是肯定的. 但是, 证明这个结论恐怕很不容易.

同时代的数学家麦克马洪说: “不变量理论是在凯莱强有力的手中涌现出来的, 但是它最后形成一个完美的艺术品, 博得后世数学家的赞美, 主要是由于西尔维斯特的才智以其闪光的灵感照耀了它.”

第 10 章 Chapter 10 线性方程组

在第 8 章里, 以行列式为工具, 介绍了求解线性方程组的克拉默法则, 但它要求方程的个数与未知量的个数相等, 且系数行列式不为零. 这一章我们将研究一般线性方程组的解法, 在讨论了线性方程组解的结构之后给出具体的求解方法.

第10章课件

10.1 消 元 法

考虑一般的线性方程组

$$\begin{cases} a_{11}x_1 + a_{12}x_2 + \cdots + a_{1n}x_n = b_1, \\ a_{21}x_1 + a_{22}x_2 + \cdots + a_{2n}x_n = b_2, \\ \qquad\qquad \cdots\cdots \\ a_{m1}x_1 + a_{m2}x_2 + \cdots + a_{mn}x_n = b_m \end{cases} \tag{10.1}$$

的求解问题. 利用矩阵的工具, 线性方程组 (10.1) 的矩阵形式为

$$\boldsymbol{A}\boldsymbol{x} = \boldsymbol{b}, \tag{10.2}$$

其中, 矩阵与向量

$$\boldsymbol{A} = \begin{pmatrix} a_{11} & a_{12} & \cdots & a_{1n} \\ a_{21} & a_{22} & \cdots & a_{2n} \\ \vdots & \vdots & & \vdots \\ a_{m1} & a_{m2} & \cdots & a_{mn} \end{pmatrix}, \quad \boldsymbol{x} = \begin{pmatrix} x_1 \\ x_2 \\ \vdots \\ x_n \end{pmatrix}, \quad \boldsymbol{b} = \begin{pmatrix} b_1 \\ b_2 \\ \vdots \\ b_m \end{pmatrix}$$

分别是线性方程组 (10.1) 的**系数矩阵**、n 元未知量向量以及常数向量. 而 $\boldsymbol{A}$ 与 $\boldsymbol{b}$ 合并在一起的矩阵

$$(\boldsymbol{A},\boldsymbol{b})=\begin{pmatrix} a_{11} & a_{12} & \cdots & a_{1n} & b_1 \\ a_{21} & a_{22} & \cdots & a_{2n} & b_2 \\ \vdots & \vdots & & \vdots & \vdots \\ a_{m1} & a_{m2} & \cdots & a_{mn} & b_m \end{pmatrix}$$

称为方程组 (10.1) 的**增广矩阵**.

在中学已经学习过用消元法解线性方程组, 这一方法也适用于求解一般的线性方程组 (10.1), 并可用其增广矩阵的初等变换表示其求解过程.

例 10.1.1 解三元一次线性方程组

$$\begin{cases} 2x_1+2x_2-\ x_3=6, \\ x_1-2x_2+4x_3=3, \\ 5x_1+7x_2+\ x_3=28. \end{cases} \tag{10.3}$$

解 我们使用加减消元法依次从方程组中消去变元 x_1 与 x_2, 并进而求得方程组的解, 观察在求解过程中方程形式与系数的变化规律.

方程组 (10.3) 中的第二个与第三个方程分别减去第一个方程的 $\dfrac{1}{2}$ 与 $\dfrac{5}{2}$ 倍消去变量 x_1, 并保留第一个方程, 得到一个新的方程组

$$\begin{cases} 2x_1+2x_2-\ x_3=6, \\ -3x_2+\dfrac{9}{2}x_3=0, \\ 2x_2+\dfrac{7}{2}x_3=13, \end{cases} \tag{10.4}$$

再将方程组 (10.4) 中的第三个方程加上第二个方程的 $\dfrac{2}{3}$ 消去变量 x_2, 并保留第一与第二个方程得到如下方程组:

$$\begin{cases} 2x_1+2x_2-\ x_3=6, \\ -3x_2+\dfrac{9}{2}x_3=0, \\ \dfrac{13}{2}x_3=13, \end{cases} \tag{10.5}$$

方程组 (10.5) 是一个阶梯形方程组. 从这个方程组的第三个方程可以得到变量 x_3 的值, 然后再逐次代入前两个方程, 顺次求出变量 x_2,x_1 的值, 则得到方程组 (10.3) 的解.

将方程组 (10.5) 中的第三个方程乘以 $\dfrac{2}{13}$ 解出变量 x_3, 得到一个新方程组

$$\begin{cases} 2x_1+2x_2-\ x_3=6, \\ -3x_2+\dfrac{9}{2}x_3=0, \\ x_3=2, \end{cases} \tag{10.6}$$

将方程组 (10.6) 中的第一个方程及第二个方程分别加上第三个方程的 1 倍及 $-\frac{9}{2}$ 倍, 得到方程组

$$\begin{cases} 2x_1 + 2x_2 = 8, \\ \qquad\quad x_2 = 3, \\ \qquad\quad x_3 = 2, \end{cases} \tag{10.7}$$

最后由 (10.7) 的第一个方程减去第二个方程的 2 倍并化简就得到方程组

$$\begin{cases} x_1 = 1, \\ x_2 = 3, \\ x_3 = 2, \end{cases} \tag{10.8}$$

而这已经是方程组 (10.3) 的解. 显然, 方程组 (10.3)~(10.8) 都是同解方程组. 在从方程组 (10.3) 得到方程组 (10.8) 的过程中, 实际发生变化的只是方程组中变量的系数, 与变量名称无关.

方程组 (10.6) 的特点是自上而下的各个方程所含未知量的个数依次减少. 这种形式的线性方程组称为阶梯形方程组. 由原方程组化为阶梯形方程组的过程, 称为消元过程, 由阶梯形方程组逐次求得各未知量的过程, 称为回代过程. 这个方法称为消元法, 上面的求解过程可以用 (10.3) 的增广矩阵的初等行变换表示:

$$(\boldsymbol{A},\boldsymbol{b}) = \begin{pmatrix} 2 & 2 & -1 & 6 \\ 1 & -2 & 4 & 3 \\ 5 & 7 & 1 & 28 \end{pmatrix} \to \begin{pmatrix} 2 & 2 & -1 & 6 \\ 0 & -3 & \frac{9}{2} & 0 \\ 0 & 2 & \frac{7}{2} & 13 \end{pmatrix}$$

$$\to \begin{pmatrix} 2 & 2 & -1 & 6 \\ 0 & -3 & \frac{9}{2} & 0 \\ 0 & 0 & \frac{13}{2} & 13 \end{pmatrix} \to \begin{pmatrix} 2 & 2 & -1 & 6 \\ 0 & -3 & \frac{9}{2} & 0 \\ 0 & 0 & 1 & 2 \end{pmatrix}$$

$$\to \begin{pmatrix} 2 & 2 & 0 & 8 \\ 0 & 1 & 0 & 3 \\ 0 & 0 & 1 & 2 \end{pmatrix} \to \begin{pmatrix} 1 & 0 & 0 & 1 \\ 0 & 1 & 0 & 3 \\ 0 & 0 & 1 & 2 \end{pmatrix},$$

由最后一个矩阵可以顺利读出线性方程组的解是 $x_1 = 1, x_2 = 3, x_3 = 2$.

例 10.1.1 的方法可以推广到一般情况去, 并得到下面的定理 10.1.

定理 10.1 对线性方程组 $\boldsymbol{Ax} = \boldsymbol{b}$, 若将增广矩阵 $(\boldsymbol{A},\boldsymbol{b})$ 用矩阵的初等行变换化为 $(\boldsymbol{U},\boldsymbol{v})$, 则线性方程组 $\boldsymbol{Ax} = \boldsymbol{b}$ 与 $\boldsymbol{Ux} = \boldsymbol{v}$ 是同解方程组.

证 由于对矩阵作一次初等行变换相当于矩阵左乘一个相应的初等矩阵, 因此存在初等矩阵 $\boldsymbol{P}_1,\boldsymbol{P}_2,\cdots,\boldsymbol{P}_t$ 使得 $\boldsymbol{P}_t\cdots\boldsymbol{P}_2\boldsymbol{P}_1(\boldsymbol{A},\boldsymbol{b})=(\boldsymbol{U},\boldsymbol{v})$. 另记 $\boldsymbol{P}=\boldsymbol{P}_t\cdots\boldsymbol{P}_2\boldsymbol{P}_1$, 因初等矩阵可逆, 故矩阵 $\boldsymbol{P}$ 可逆, 并且有 $\boldsymbol{PA}=\boldsymbol{U},\boldsymbol{Pb}=\boldsymbol{v}$.

设 $\boldsymbol{x}_1$ 为线性方程组 $\boldsymbol{Ax}=\boldsymbol{b}$ 的任意一个解, 即有 $\boldsymbol{Ax}_1=\boldsymbol{b}$. 等式两边左乘可逆矩阵 $\boldsymbol{P}$ 就得到 $\boldsymbol{PAx}_1=\boldsymbol{Pb}$, 即 $\boldsymbol{Ux}_1=\boldsymbol{v}$, 由此得 $\boldsymbol{x}_1$ 也是线性方程组 $\boldsymbol{Ux}=\boldsymbol{v}$ 的解.

反之, 若 $\boldsymbol{x}_2$ 为 $\boldsymbol{Ux}=\boldsymbol{v}$ 的任意一个解, 即有 $\boldsymbol{Ux}_2=\boldsymbol{v}$, 等式两边左乘 $\boldsymbol{P}^{-1}$, 得到 $\boldsymbol{P}^{-1}\boldsymbol{Ux}_2=\boldsymbol{P}^{-1}\boldsymbol{v}$, 此即 $\boldsymbol{Ax}_2=\boldsymbol{b}$. 由此得 $\boldsymbol{x}_2$ 也是 $\boldsymbol{Ax}=\boldsymbol{b}$ 的解.

综上所述, 线性方程组 $\boldsymbol{Ax}=\boldsymbol{b}$ 与 $\boldsymbol{Ux}=\boldsymbol{v}$ 同解. 证毕.

习 题 10.1

1. 用消元法解线性方程组.

(1) $\begin{cases} x_1-2x_2+x_3+x_4=1, \\ x_1-2x_2+x_3-x_4=-1, \\ x_1-2x_2+x_3+5x_4=5; \end{cases}$

(2) $\begin{cases} x_1+2x_2+2x_3=2, \\ 3x_1-2x_2-x_3=5, \\ 2x_1-5x_2+3x_3=-4, \\ x_1+4x_2+6x_3=0; \end{cases}$

(3) $\begin{cases} 2x_1-3x_2+5x_3+7x_4=1, \\ 4x_1-6x_2+2x_3+3x_4=2, \\ 2x_1-3x_2-11x_3-15x_4=1; \end{cases}$

(4) $\begin{cases} 6x_1+4x_2+5x_3+2x_4+3x_5=1, \\ 3x_1+2x_2+4x_3+x_4+2x_5=3, \\ 3x_1+2x_2-2x_3+x_4=-7, \\ 9x_1+6x_2+x_3+3x_4+2x_5=2. \end{cases}$

10.2 线性方程组的一般理论

设有线性方程组 $\boldsymbol{Ax}=\boldsymbol{b}$, 其中 $\boldsymbol{A}=(a_{ij})_{m\times n},\boldsymbol{x}=(x_1,x_2,\cdots,x_n)^{\mathrm{T}},\boldsymbol{b}=(b_1,b_2,\cdots,b_m)^{\mathrm{T}}$. 当 $\boldsymbol{b}\neq\boldsymbol{0}$ 时, 称 $\boldsymbol{Ax}=\boldsymbol{b}$ 为非齐次线性方程组. 当 $\boldsymbol{b}=\boldsymbol{0}$ 时, 称 $\boldsymbol{Ax}=\boldsymbol{0}$ 为齐次线性方程组. 由例 10.1.1 可以看出, 用消元法解线性方程组的过程, 实质上就是对该方程组的增广矩阵施以仅限于行的初等变换的过程.

首先, 我们选定将按照 $x_1,x_2,\cdots,x_n$ 的顺序对变量进行消元. 把方程组整理成 (10.1) 的线性方程组形式, 并写下它的增广矩阵 $(\boldsymbol{A},\boldsymbol{b})$. 以下用消元法按照约定顺序逐步消元直到解出方程组或者可以判定方程组无解为止.

第一步先消掉变量 x_1. 考察增广矩阵 $(\boldsymbol{A},\boldsymbol{b})$ 的第一列元素 $a_{11},\cdots,a_{m1}$, 若全部为零则说明方程组中没有变量 x_1, 即 x_1 可以取得任意值, 这时转为消去变量 x_2; 否则, 经过交换行的变换把第 1 行第 1 列的元素变为非零值, 这是必然可以做到的! 因此, 我们可以假定 $a_{11}\neq 0$. 把第 1 行全部元素乘以 $-\dfrac{a_{i1}}{a_{11}}$ 加到第 $i(i=2,3,\cdots,m)$ 行上, 这样第 1 列中除 a_{11} 以外, 其他元素全部变为零, 也就是说, 这时增广矩阵 $(\boldsymbol{A},\boldsymbol{b})$ 化为如下矩阵:

$$\begin{pmatrix} a_{11} & a_{12} & \cdots & a_{1n} & b_1 \\ 0 & a_{22}^{(1)} & \cdots & a_{2n}^{(1)} & b_2^{(1)} \\ \vdots & \vdots & & \vdots & \vdots \\ 0 & a_{m2}^{(1)} & \cdots & a_{mn}^{(1)} & b_m^{(1)} \end{pmatrix}. \tag{10.9}$$

第二步消去变量 x_2. 考察 (10.9) 式中矩阵的第 2 行到第 m 行, 此时第 1 行的作用是帮助我们解出变量 x_1, 因此可以不必考虑了. 考察元素 $a_{22}^{(1)},\cdots,a_{m2}^{(1)}$, 若这组元素全部是零, 则变量 x_2 不必处理, 转而去消掉变量 x_3; 否则, 通过在第 2 行到第 m 行中交换行的顺序把第 2 行第 2 列位置元素变为非零数, 因此, 我们假定在 (10.9) 式的矩阵中 $a_{22}^{(1)}\neq 0$. 把第 2 行元素乘以 $-\dfrac{a_{i2}^{(1)}}{a_{22}^{(1)}}$ 加到第 $i(i=3,\cdots,m)$ 行上把第 i 行第 2 列元素全部化为零.

再用上面办法依次去消变量 x_3 等等, 直到无变元可消为止. 如此过程可以得到形如下面的矩阵:

$$\begin{pmatrix} u_{11} & u_{12} & \cdots & u_{1r} & u_{1,r+1} & \cdots & u_{1n} & v_1 \\ 0 & u_{22} & \cdots & u_{2r} & u_{2,r+1} & \cdots & u_{2n} & v_2 \\ \vdots & \vdots & & \vdots & \vdots & & \vdots & \vdots \\ 0 & 0 & \cdots & u_{rr} & u_{r,r+1} & \cdots & u_{rn} & v_r \\ 0 & 0 & \cdots & 0 & 0 & \cdots & 0 & v_{r+1} \\ \vdots & \vdots & & \vdots & \vdots & & \vdots & \vdots \\ 0 & 0 & \cdots & 0 & 0 & \cdots & 0 & 0 \end{pmatrix}.$$

这个矩阵的特点是从第 2 行开始, 每行左边开始的连续的 0 的个数都多于上面一行, 除非这行元素已经全部是零. 这种形状的矩阵通常称为阶梯形矩阵. 这里的 $u_{ii}, 1\leqslant i\leqslant r$ 可以是零. 为了讨论问题方便, 我们假设前面安排的消元顺序恰好能够使得所有的 $u_{ii}, 1\leqslant i\leqslant r$ 都不是零. 显然, 矩阵的初等行变换允许我们把每行第一个非零数用初等行变换变成 1. 因此, 可以假定 $u_{ii}=1, 1\leqslant i\leqslant r$. 这时可以依次用 $u_{rr},u_{r-1,r-1},\cdots,u_{22}$(它们都是 1), 把这些元素所在列中其他非零数用初等行变换都变成零. 比如, 可以把第 r 行乘以 $-u_{ir}$ 加到第 i 行上使得第 i 行第 r 列元素变成零.

经过这样的处理, 增广矩阵 $(\boldsymbol{A},\boldsymbol{b})$ 最终化成如下矩阵:

$$\begin{pmatrix} 1 & 0 & \cdots & 0 & -c_{1,r+1} & \cdots & -c_{1n} & d_1 \\ 0 & 1 & \cdots & 0 & -c_{2,r+1} & \cdots & -c_{2n} & d_2 \\ \vdots & \vdots & & \vdots & \vdots & & \vdots & \vdots \\ 0 & 0 & \cdots & 1 & -c_{r,r+1} & \cdots & -c_{rn} & d_r \\ 0 & 0 & \cdots & 0 & 0 & \cdots & 0 & d_{r+1} \\ \vdots & \vdots & & \vdots & \vdots & & \vdots & \vdots \\ 0 & 0 & \cdots & 0 & 0 & \cdots & 0 & 0 \end{pmatrix}. \tag{10.10}$$

考虑如下线性方程组

$$\begin{cases} x_1 \qquad -c_{1,r+1}x_{r+1} - \cdots - c_{1n}x_n = d_1, \\ \quad x_2 \qquad -c_{2,r+1}x_{r+1} - \cdots - c_{2n}x_n = d_2, \\ \qquad \cdots\cdots \\ \qquad x_r - c_{r,r+1}x_{r+1} - \cdots - c_{rn}x_n = d_r, \\ \qquad 0 = d_{r+1}, \\ \qquad \cdots\cdots \\ \qquad 0 = 0. \end{cases} \tag{10.11}$$

显然, 这个方程组的增广矩阵就是 (10.10) 式中的矩阵. 由定理 10.1 可以知道, 线性方程组 (10.11) 与线性方程组 (10.1) 是同解方程组. 这样我们只要来解线性方程组 (10.11) 即可.

线性方程组 (10.11) 的求解要分成两种情况, 其一是 $d_{r+1} \neq 0$, 这时方程组中由一个方程是矛盾方程 $0 = 1$, 因此方程组无解. 另一种情况是 (10.11) 式方程组的第 $r+1$ 及以后的方程都是 $0 = 0$, 这些方程都没有用处了, 全部去掉后, 方程组变成如下形式

$$\begin{cases} x_1 \qquad -c_{1,r+1}x_{r+1} - \cdots - c_{1n}x_n = d_1, \\ \quad x_2 \qquad -c_{2,r+1}x_{r+1} - \cdots - c_{2n}x_n = d_2, \\ \qquad \cdots\cdots \\ \qquad x_r - c_{r,r+1}x_{r+1} - \cdots - c_{rn}x_n = d_r. \end{cases} \tag{10.12}$$

可以看到每给出一组 $x_{r+1}, x_{r+2}, \cdots, x_n$ 的值就可以得到方程组的一组解, 当 $x_{r+1} = t_1, x_{r+2} = t_2, \cdots, x_n = t_{n-r}$ 时, (10.12) 式就给出一组解为

$$\begin{cases} x_1 \quad = c_{1,r+1}t_1 + \cdots + c_{1n}t_{n-r} + d_1, \\ x_2 \quad = c_{2,r+1}t_1 + \cdots + c_{2n}t_{n-r} + d_2, \\ \quad \cdots\cdots \\ x_r \quad = c_{r,r+1}t_1 + \cdots + c_{rn}t_{n-r} + d_r, \\ x_{r+1} = t_1, \\ \quad \cdots\cdots \\ x_n \quad = t_{n-r}. \end{cases}$$

这就是方程组 (10.1) 的全部解. 在这个解中, 通常称变量 $x_{r+1}, x_{r+2}, \cdots, x_n$ 是自由未知量. 上述结果可以总结成定理 10.2.

定理 10.2 线性方程组 (10.1) 有解的充分必要条件是: $r(\boldsymbol{A}) = r(\boldsymbol{A}, \boldsymbol{b})$, 且在有解时自由未知量的个数等于变量个数减去系数矩阵的秩, 即 $n - r(\boldsymbol{A})$. 特别地, 在 $r(\boldsymbol{A}) = r(\boldsymbol{A}, \boldsymbol{b}) = n$ 时, 方程组有唯一解; 在 $r(\boldsymbol{A}) = r(\boldsymbol{A}, \boldsymbol{b}) < n$ 时, 方程组有无穷多组解.

把定理 10.2 应用于齐次线性方程组

$$\begin{cases} a_{11}x_1 + a_{12}x_2 + \cdots + a_{1n}x_n = 0, \\ a_{21}x_1 + a_{22}x_2 + \cdots + a_{2n}x_n = 0, \\ \qquad \cdots\cdots \\ a_{m1}x_1 + a_{m2}x_2 + \cdots + a_{mn}x_n = 0. \end{cases} \tag{10.13}$$

方程组 (10.13) 的系数矩阵 $\boldsymbol{A}$ 与增广矩阵只相差一个零向量列, 因此, 有相同的秩. 也就是说齐次线性方程组总是有解的, 有唯一解零解的条件是系数矩阵的秩是 n, $r(\boldsymbol{A}) = n$.

定理 10.3 齐次线性方程组 (10.13) 有非零解的充分必要条件是 $r(\boldsymbol{A}) < n$.

推论 1 当 $m < n$ 时, 齐次线性方程组 (10.13) 有非零解.

推论 2 当 $m = n$ 时, 齐次线性方程组 (10.13) 有非零解的充分必要条件是其系数行列式等于零即 $|\boldsymbol{A}| = 0$.

例 10.2.1 用消元法解线性方程组 $\begin{cases} x_1 + 5x_2 - x_3 - x_4 = -1, \\ x_1 - 2x_2 + x_3 + 3x_4 = 3, \\ 3x_1 + 8x_2 - x_3 + x_4 = 1, \\ x_1 - 9x_2 + 3x_3 + 7x_4 = 7. \end{cases}$

解 对方程组的增广矩阵施以初等行变换, 化为阶梯形矩阵, 具体过程如下:

$$(\boldsymbol{A}, \boldsymbol{b}) = \begin{pmatrix} 1 & 5 & -1 & -1 & -1 \\ 1 & -2 & 1 & 3 & 3 \\ 3 & 8 & -1 & 1 & 1 \\ 1 & -9 & 3 & 7 & 7 \end{pmatrix} \to \begin{pmatrix} 1 & 5 & -1 & -1 & -1 \\ 0 & -7 & 2 & 4 & 4 \\ 0 & -7 & 2 & 4 & 4 \\ 0 & -14 & 4 & 8 & 8 \end{pmatrix}$$

$$\to\begin{pmatrix}1&5&-1&-1&-1\\0&-7&2&4&4\\0&0&0&0&0\\0&0&0&0&0\end{pmatrix}\to\begin{pmatrix}1&0&\frac{3}{7}&\frac{13}{7}&\frac{13}{7}\\0&1&-\frac{2}{7}&-\frac{4}{7}&-\frac{4}{7}\\0&0&0&0&0\\0&0&0&0&0\end{pmatrix}.$$

因为 $r(\boldsymbol{A})=r(\boldsymbol{A},\boldsymbol{b})=2<4$, 故方程组有无穷多组解, 原线性方程组同解于线性方程组

$$\begin{cases}x_1 \quad +\frac{3}{7}x_3+\frac{13}{7}x_4=\frac{13}{7},\\ \quad x_2-\frac{2}{7}x_3-\frac{4}{7}x_4=-\frac{4}{7}.\end{cases}$$

取变量 x_3, x_4 作为自由未知量, 则原线性方程组的全部解为

$$\begin{cases}x_1=\frac{13}{7}-\frac{3}{7}c_1-\frac{13}{7}c_2,\\ x_2=-\frac{4}{7}+\frac{2}{7}c_1+\frac{4}{7}c_2,\\ x_3=c_1,\\ x_4=c_2,\end{cases}$$

c_1, c_2 为任意常数.

例 10.2.2 解齐次线性方程组 $\begin{cases}x_1+3x_2-2x_3+2x_4-x_5=0,\\ x_3+2x_4-x_5=0,\\ 2x_1+6x_2-4x_3+5x_4+7x_5=0,\\ x_1+3x_2-4x_3+19x_5=0.\end{cases}$

解 这是齐次线性方程组. 因 $m=4<5=n$, 所以方程组有无穷多组解. 对这个线性方程组的系数矩阵施行初等行变换化为阶梯形阵, 具体操作如下:

$$\boldsymbol{A}=\begin{pmatrix}1&3&-2&2&-1\\0&0&1&2&-1\\2&6&-4&5&7\\1&3&-4&0&19\end{pmatrix}\to\begin{pmatrix}1&3&-2&2&-1\\0&0&1&2&-1\\0&0&0&1&9\\0&0&-2&-2&20\end{pmatrix}$$

$$\to\begin{pmatrix}1&3&0&6&-3\\0&0&1&2&-1\\0&0&0&1&9\\0&0&0&2&18\end{pmatrix}\to\begin{pmatrix}1&3&0&0&-57\\0&0&1&0&-19\\0&0&0&1&9\\0&0&0&0&0\end{pmatrix}.$$

因此原线性方程组同解于线性方程组

$$\begin{cases} x_1 + 3x_2 \qquad\qquad -57x_5 = 0, \\ \qquad\qquad x_3 \qquad -19x_5 = 0, \\ \qquad\qquad\qquad x_4 + 9x_5 = 0. \end{cases}$$

选择变量 x_2, x_5 作为自由未知量, 线性方程组的解为

$$\begin{cases} x_1 = -3c_1 + 57c_2, \\ x_2 = \quad c_1, \\ x_3 = 19c_2, \\ x_4 = -9c_2, \\ x_5 = c_2, \end{cases}$$

c_1, c_2 为任意常数.

例 10.2.3 λ 取何值时, 下面方程组有解? 并求其解.

$$\begin{cases} \lambda x_1 + x_2 + x_3 = 1, \\ x_1 + \lambda x_2 + x_3 = \lambda, \\ x_1 + x_2 + \lambda x_3 = \lambda^2. \end{cases}$$

解 记系数矩阵为 $\boldsymbol{A}$, 增广矩阵为 $\boldsymbol{B}$, 对增广矩阵 $\boldsymbol{B}$ 进行初等行变换, 化为阶梯形矩阵, 具体操作如下:

$$\boldsymbol{B} = \begin{pmatrix} \lambda & 1 & 1 & 1 \\ 1 & \lambda & 1 & \lambda \\ 1 & 1 & \lambda & \lambda^2 \end{pmatrix} \xrightarrow{r_1 \leftrightarrow r_3} \begin{pmatrix} 1 & 1 & \lambda & \lambda^2 \\ 1 & \lambda & 1 & \lambda \\ \lambda & 1 & 1 & 1 \end{pmatrix}$$

$$\xrightarrow[r_3 - \lambda r_1]{r_2 - r_1} \begin{pmatrix} 1 & 1 & \lambda & \lambda^2 \\ 0 & \lambda - 1 & 1 - \lambda & \lambda - \lambda^2 \\ 0 & 1 - \lambda & 1 - \lambda^2 & 1 - \lambda^3 \end{pmatrix}$$

$$\xrightarrow{r_3 + r_2} \begin{pmatrix} 1 & 1 & \lambda & \lambda^2 \\ 0 & \lambda - 1 & 1 - \lambda & \lambda - \lambda^2 \\ 0 & 0 & 2 - \lambda - \lambda^2 & 1 + \lambda - \lambda^2 - \lambda^3 \end{pmatrix}$$

$$\xrightarrow{(-1)r_3} \begin{pmatrix} 1 & 1 & \lambda & \lambda^2 \\ 0 & \lambda - 1 & 1 - \lambda & \lambda - \lambda^2 \\ 0 & 0 & (\lambda - 1)(\lambda + 2) & (\lambda - 1)(\lambda + 1)^2 \end{pmatrix} = \boldsymbol{B}.$$

分三种情况讨论方程组的解. 情况 1. $\lambda \neq 1, -2$. 此时, 显然 $r(\boldsymbol{A}) = r(\boldsymbol{B}) = 3$, 故线性方程组有唯一解. 此时可以继续对矩阵 $\boldsymbol{B}$ 施行初等行变换以便求出方

程组的解, 最后得到

$$B \longrightarrow \begin{pmatrix} 1 & 0 & 0 & -\dfrac{\lambda+1}{\lambda+2} \\ 0 & 1 & 0 & \dfrac{1}{\lambda+2} \\ 0 & 0 & 1 & \dfrac{(\lambda+1)^2}{\lambda+2} \end{pmatrix}.$$

从而得该线性方程组的唯一解是 $\begin{cases} x_1 = -\dfrac{\lambda+1}{\lambda+2}, \\ x_2 = \dfrac{1}{\lambda+2}, \\ x_3 = \dfrac{(\lambda+1)^2}{\lambda+2}. \end{cases}$

情况 2. $\lambda=-2$. 由 $\boldsymbol{B}$ 明显可以看出 $r(\boldsymbol{A})=2, r(\boldsymbol{B})=3$, 即 $r(\boldsymbol{A})\neq r(\boldsymbol{B})$, 故原线性方程组无解.

情况 3. $\lambda=1$. 由 $\boldsymbol{B}$ 可以看出 $r(\boldsymbol{B})=1$, 因此 $r(\boldsymbol{A})=r(\boldsymbol{B})=1$, 故原线性方程组有无穷多组解. 此时矩阵 $\boldsymbol{B}=\begin{pmatrix} 1 & 1 & 1 & 1 \\ 0 & 0 & 0 & 0 \\ 0 & 0 & 0 & 0 \end{pmatrix}$, 即原线性方程组与线性方程 $x_1+x_2+x_3=1$ 同解, 从而其通解为 $\begin{cases} x_1 = 1-c_1-c_2, \\ x_2 = c_1, \\ x_3 = c_2, \end{cases}$ c_1, c_2 为任意常数.

习 题 10.2

1. λ 取何值时, 方程组 $\begin{cases} x_1+x_2+\lambda x_3=2, \\ 3x_1+4x_2+2x_3=\lambda, \\ 2x_1+3x_2-x_3=1 \end{cases}$ 有无穷多解? 并求其解.

2. 讨论下列方程组, 当 λ 取何值时方程组有唯一解? λ 取何值时有无穷多解? λ 取何值时无解?

(1) $\begin{cases} x_1+2x_2+\lambda x_3=1, \\ 2x_1+\lambda x_2+8x_3=3; \end{cases}$ (2) $\begin{cases} (\lambda+3)x_1+x_2+2x_3=\lambda, \\ \lambda x_1+(\lambda-1)x_2+x_3=\lambda, \\ 3(\lambda+1)x_1+\lambda x_2+(\lambda+3)x_3=3. \end{cases}$

3. 判别齐次线性方程组 $\begin{cases} x_2+x_3+\cdots+x_n=0, \\ x_1+x_3+\cdots+x_n=0, \\ x_1+x_2+\cdots+x_n=0, \\ \cdots\cdots \\ x_1+x_2+\cdots+x_{n-1}=0 \end{cases}$ 是否有非零解.

10.3 n 维向量空间

为了进一步深入研究线性方程组解的结构问题, 从本节开始我们对向量空间作一些研究. 向量空间是我们十分熟知的二维平面与三维立体空间的自然推广.

n 个数组成的有序数组 $(a_1, a_2, \cdots, a_n)$ 称为 n **维向量**, a_i 称为该向量的第 i 个分量. 一般用直黑体小写字母 $\boldsymbol{\alpha}, \boldsymbol{\beta}, \boldsymbol{x}, \boldsymbol{y}, \cdots$ 表示向量, 称 $\begin{pmatrix} a_1 \\ a_2 \\ \vdots \\ a_n \end{pmatrix}$ 为列向量, 称 $(a_1, a_2, \cdots, a_n)$ 为行向量. 通常我们谈到的向量都是指列向量.

例 10.3.1 矩阵的每一个行与列都是向量. 若矩阵

$$\boldsymbol{A} = \begin{pmatrix} a_{11} & a_{12} & \cdots & a_{1n} \\ a_{21} & a_{22} & \cdots & a_{2n} \\ \vdots & \vdots & & \vdots \\ a_{m1} & a_{m2} & \cdots & a_{mn} \end{pmatrix},$$

它的每一行 $(a_{i1}, a_{i2}, \cdots, a_{in})(i = 1, 2, \cdots, m)$ 是一个 n 维行向量, 每一列 $\begin{pmatrix} a_{1j} \\ a_{2j} \\ \vdots \\ a_{mj} \end{pmatrix}$ $(j = 1, 2, \cdots, n)$ 是一个 m 维列向量.

向量可以看成只有一行或者一列的矩阵, 因此, 关于矩阵的定义与记号在这里都是适用的. 也就是说, 两个向量相等当且仅当它们有相同的维数且对应分量各自相等; 零向量是所有分量都是零的向量, 记作 $\mathbf{0}$; 一个向量的负向量是所有分量都取相反数得到的向量; 向量求和是两个维数一样的向量对应分量之和组成的向量; 向量求差是两个维数一样的向量对应分量之差组成的向量; 数与向量的乘积是把数乘到向量的每一个分量上去; 行向量的转置是列向量, 而列向量的转置是行向量. 也就是说, 若列向量

$$\boldsymbol{\alpha} = (a_1, a_2, \cdots, a_n)^{\mathrm{T}}, \quad \boldsymbol{\beta} = (b_1, b_2, \cdots, b_n)^{\mathrm{T}},$$

则我们定义

$$\boldsymbol{\alpha} = \boldsymbol{\beta} \Leftrightarrow a_i = b_i, i = 1, 2, \cdots, n;$$

$$-\boldsymbol{\alpha} = (-a_1, -a_2, \cdots, -a_n)^{\mathrm{T}};$$

$$\boldsymbol{\alpha} \pm \boldsymbol{\beta} = (a_1 \pm b_1, a_2 \pm b_2, \cdots, a_n \pm b_n)^{\mathrm{T}};$$

$$\lambda\boldsymbol{\alpha}=(\lambda a_1,\lambda a_2,\cdots,\lambda a_n)^{\mathrm{T}}.$$

需要注意的是, 列向量与行向量是不同的, 除非它们的维数都是 1 才有可能! 另外, 两个维数不同的向量是不能相提并论的!

通常把所有 n 维向量的集合记为 $\mathbb{R}^n$, 并称 $\mathbb{R}^n$ 为 n 维向量空间, 它是指在 $\mathbb{R}^n$ 中定义了加法及数乘这两种运算, 并且这两种运算满足八条运算规律. 对任意的向量 $\boldsymbol{\alpha},\boldsymbol{\beta},\boldsymbol{\gamma}\in\mathbb{R}^n$ 以及实数 $k,l\in\mathbb{R}$, 都有下面八条性质成立:

(i) $\boldsymbol{\alpha}+\boldsymbol{\beta}=\boldsymbol{\beta}+\boldsymbol{\alpha}$;

(ii) $\boldsymbol{\alpha}+(\boldsymbol{\beta}+\boldsymbol{\gamma})=(\boldsymbol{\alpha}+\boldsymbol{\beta})+\boldsymbol{\gamma}$;

(iii) $\boldsymbol{\alpha}+\mathbf{0}=\mathbf{0}+\boldsymbol{\alpha}=\boldsymbol{\alpha}$;

(iv) $\boldsymbol{\alpha}+(-\boldsymbol{\alpha})=(-\boldsymbol{\alpha})+\boldsymbol{\alpha}=\mathbf{0}$;

(v) $k(\boldsymbol{\alpha}+\boldsymbol{\beta})=k\boldsymbol{\alpha}+k\boldsymbol{\beta}$;

(vi) $(k+l)\boldsymbol{\alpha}=k\boldsymbol{\alpha}+l\boldsymbol{\alpha}$;

(vii) $k(l\boldsymbol{\alpha})=(kl)\boldsymbol{\alpha}$;

(viii) $1\boldsymbol{\alpha}=\boldsymbol{\alpha}$.

例 10.3.2 设 $\boldsymbol{\alpha},\boldsymbol{\beta},\boldsymbol{\gamma}$ 均为三维向量, 且 $2\boldsymbol{\alpha}-\boldsymbol{\beta}+3\boldsymbol{\gamma}=\mathbf{0}$, 其中 $\boldsymbol{\alpha}=\begin{pmatrix}2\\2\\1\end{pmatrix},\boldsymbol{\beta}=\begin{pmatrix}-1\\2\\-2\end{pmatrix}$, 求向量 $\boldsymbol{\gamma}$.

解 由于 $2\boldsymbol{\alpha}-\boldsymbol{\beta}+3\boldsymbol{\gamma}=\mathbf{0}$, 移项解出 $\boldsymbol{\gamma}$ 得到

$$\boldsymbol{\gamma}=\frac{1}{3}(\boldsymbol{\beta}-2\boldsymbol{\alpha})=\frac{1}{3}\begin{pmatrix}-1\\2\\-2\end{pmatrix}-\frac{2}{3}\begin{pmatrix}2\\2\\1\end{pmatrix}=\frac{1}{3}\begin{pmatrix}-5\\-2\\-4\end{pmatrix}.$$

习 题 10.3

1. 已知向量 $\boldsymbol{\alpha}_1=(1,-1,2)^{\mathrm{T}},\boldsymbol{\alpha}_2=(3,1,-5)^{\mathrm{T}},\boldsymbol{\alpha}_3=(4,-7,0)^{\mathrm{T}}$, 计算

(1) $\boldsymbol{\alpha}_1+2\boldsymbol{\alpha}_2-\boldsymbol{\alpha}_3$;

(2) $(\boldsymbol{\alpha}_1+\boldsymbol{\alpha}_2)+2(\boldsymbol{\alpha}_2+\boldsymbol{\alpha}_3)-3(\boldsymbol{\alpha}_3+\boldsymbol{\alpha}_1)$;

(3) $(\boldsymbol{\alpha}_1-\boldsymbol{\alpha}_2)+(\boldsymbol{\alpha}_2-\boldsymbol{\alpha}_3)+(\boldsymbol{\alpha}_3-\boldsymbol{\alpha}_1)$.

2. 已知向量 $\boldsymbol{\alpha}=(3,5,7)^{\mathrm{T}},\boldsymbol{\beta}=(2,4,6)^{\mathrm{T}}$, 且 $2\boldsymbol{\alpha}-5\boldsymbol{\beta}+3\boldsymbol{\gamma}=\mathbf{0}$, 求向量 $\boldsymbol{\gamma}$.

10.4 向量的线性关系

10.4.1 向量的线性表示

向量的加法和数乘运算通常称为向量的线性运算, 我们研究向量在线性运算下的关系.

设 $\boldsymbol{\alpha}_1,\boldsymbol{\alpha}_2,\cdots,\boldsymbol{\alpha}_s,\boldsymbol{\beta}$ 是一组 n 维向量, 若存在一组实数 $k_1,k_2,\cdots,k_s$ 使得

$$\boldsymbol{\beta}=k_1\boldsymbol{\alpha}_1+k_2\boldsymbol{\alpha}_2+\cdots+k_s\boldsymbol{\alpha}_s,$$

则称向量 $\boldsymbol{\beta}$ 是向量组 $\boldsymbol{\alpha}_1,\boldsymbol{\alpha}_2,\cdots,\boldsymbol{\alpha}_s$ 的一个**线性组合**. 这时也称向量 $\boldsymbol{\beta}$ **可由向量组 $\boldsymbol{\alpha}_1,\boldsymbol{\alpha}_2,\cdots,\boldsymbol{\alpha}_s$ 线性表示**.

例 10.4.1 设向量 $\boldsymbol{\alpha}_1=\begin{pmatrix}1\\2\\3\end{pmatrix},\boldsymbol{\alpha}_2=\begin{pmatrix}2\\0\\1\end{pmatrix},\boldsymbol{\beta}=\begin{pmatrix}5\\2\\5\end{pmatrix}$, 则有 $\boldsymbol{\beta}=\boldsymbol{\alpha}_1+2\boldsymbol{\alpha}_2$. 这表明 $\boldsymbol{\beta}$ 能由 $\boldsymbol{\alpha}_1,\boldsymbol{\alpha}_2$ 线性表示.

例 10.4.2 设向量组

$$\boldsymbol{\varepsilon}_1=\begin{pmatrix}1\\0\\\vdots\\0\end{pmatrix},\boldsymbol{\varepsilon}_2=\begin{pmatrix}0\\1\\\vdots\\0\end{pmatrix},\cdots,\boldsymbol{\varepsilon}_n=\begin{pmatrix}0\\0\\\vdots\\1\end{pmatrix},$$

则对任意的 n 维向量 $\boldsymbol{\alpha}=\begin{pmatrix}a_1\\a_2\\\vdots\\a_n\end{pmatrix}$ 均有

$$\boldsymbol{\alpha}=a_1\boldsymbol{\varepsilon}_1+a_2\boldsymbol{\varepsilon}_2+\cdots+a_n\boldsymbol{\varepsilon}_n.$$

这表明任意一个 n 维向量 $\boldsymbol{\alpha}$ 均可由向量组 $\boldsymbol{\varepsilon}_1,\boldsymbol{\varepsilon}_2,\cdots,\boldsymbol{\varepsilon}_n$ 线性表示. $\boldsymbol{\varepsilon}_1,\boldsymbol{\varepsilon}_2,\cdots,\boldsymbol{\varepsilon}_n$ 通常称为 n 维**单位坐标向量组**.

若记

$$\boldsymbol{\alpha}_1=\begin{pmatrix}a_{11}\\a_{21}\\\vdots\\a_{m1}\end{pmatrix},\boldsymbol{\alpha}_2=\begin{pmatrix}a_{12}\\a_{22}\\\vdots\\a_{m2}\end{pmatrix},\cdots,\boldsymbol{\alpha}_n=\begin{pmatrix}a_{1n}\\a_{2n}\\\vdots\\a_{mn}\end{pmatrix},\boldsymbol{\beta}=\begin{pmatrix}b_1\\b_2\\\vdots\\b_m\end{pmatrix},$$

则线性方程组 (10.1) 可以表示为向量形式

$$x_1\boldsymbol{\alpha}_1+x_2\boldsymbol{\alpha}_2+\cdots+x_n\boldsymbol{\alpha}_n=\boldsymbol{\beta}.$$

于是线性方程组 (10.1) 有解, 就等价于向量 $\boldsymbol{\beta}$ 可由向量组 $\boldsymbol{\alpha}_1,\boldsymbol{\alpha}_2,\cdots,\boldsymbol{\alpha}_n$ 线性表示. 方程组 (10.1) 有唯一解就是向量 $\boldsymbol{\beta}$ 由向量组 $\boldsymbol{\alpha}_1,\boldsymbol{\alpha}_2,\cdots,\boldsymbol{\alpha}_n$ 线性表示的表示法唯一.

定理 10.4 向量 $\boldsymbol{\beta}$ 可由向量组 $\boldsymbol{\alpha}_1,\boldsymbol{\alpha}_2,\cdots,\boldsymbol{\alpha}_n$ 线性表示的充分必要条件是线性方程组

$$x_1\boldsymbol{\alpha}_1+x_2\boldsymbol{\alpha}_2+\cdots+x_n\boldsymbol{\alpha}_n=\boldsymbol{\beta}$$

有解.

证 充分性. 若方程组有解, 设 $k_1,k_2,\cdots,k_n$ 为一组解, 则有

$$k_1\boldsymbol{\alpha}_1+k_2\boldsymbol{\alpha}_2+\cdots+k_n\boldsymbol{\alpha}_n=\boldsymbol{\beta},$$

即向量 $\boldsymbol{\beta}$ 可由向量组 $\boldsymbol{\alpha}_1,\boldsymbol{\alpha}_2,\cdots,\boldsymbol{\alpha}_n$ 线性表示.

必要性. 若向量 $\boldsymbol{\beta}$ 可由向量组 $\boldsymbol{\alpha}_1,\boldsymbol{\alpha}_2,\cdots,\boldsymbol{\alpha}_n$ 线性表示, 则存在一组数 k_1, $k_2,\cdots,k_n$ 使得

$$k_1\boldsymbol{\alpha}_1+k_2\boldsymbol{\alpha}_2+\cdots+k_n\boldsymbol{\alpha}_n=\boldsymbol{\beta},$$

所以 $k_1,k_2,\cdots,k_n$ 是方程组 $x_1\boldsymbol{\alpha}_1+x_2\boldsymbol{\alpha}_2+\cdots+x_n\boldsymbol{\alpha}_n=\boldsymbol{\beta}$ 的一组解. 证毕.

推论 向量 $\boldsymbol{\beta}$ 可由向量组 $\boldsymbol{\alpha}_1,\boldsymbol{\alpha}_2,\cdots,\boldsymbol{\alpha}_n$ 线性表示的充分必要条件是以 $\boldsymbol{\alpha}_1,\boldsymbol{\alpha}_2,\cdots,\boldsymbol{\alpha}_n$ 为列向量的矩阵与以 $\boldsymbol{\alpha}_1,\boldsymbol{\alpha}_2,\cdots,\boldsymbol{\alpha}_s,\boldsymbol{\beta}$ 为列向量的矩阵有相同的秩.

例 10.4.3 设有四个向量

$$\boldsymbol{\alpha}_1=(1,2,-3)^{\mathrm{T}},\quad \boldsymbol{\alpha}_2=(-3,4,7)^{\mathrm{T}},\quad \boldsymbol{\alpha}_3=(7,-3,2)^{\mathrm{T}},\quad \boldsymbol{\beta}=(2,-1,3)^{\mathrm{T}},$$

问向量 $\boldsymbol{\beta}$ 能否由向量组 $\boldsymbol{\alpha}_1,\boldsymbol{\alpha}_2,\boldsymbol{\alpha}_3$ 线性表示? 若能, 写出表示式.

解 考虑线性方程组 $x_1\boldsymbol{\alpha}_1+x_2\boldsymbol{\alpha}_2+x_3\boldsymbol{\alpha}_3=\boldsymbol{\beta}$, 即

$$\begin{cases} x_1-3x_2+7x_3=2, \\ 2x_1+4x_2-3x_3=-1, \\ -3x_1+7x_2+2x_3=3. \end{cases}$$

由于系数行列式非零, 方程组有唯一解, 其解为

$$x_1=-\frac{27}{98},\quad x_2=\frac{19}{98},\quad x_3=\frac{20}{49},$$

所以 $\boldsymbol{\beta}$ 可由 $\boldsymbol{\alpha}_1,\boldsymbol{\alpha}_2,\boldsymbol{\alpha}_3$ 线性表示, 且

$$\boldsymbol{\beta}=-\frac{27}{98}\boldsymbol{\alpha}_1+\frac{19}{98}\boldsymbol{\alpha}_2+\frac{20}{49}\boldsymbol{\alpha}_3.$$

例 10.4.4 试判断向量

$$\boldsymbol{\beta}_1=(4,3,-1,11)^{\mathrm{T}},\quad \boldsymbol{\beta}_2=(4,3,0,11)^{\mathrm{T}}$$

是否分别为向量组

$$\boldsymbol{\alpha}_1=(1,2,-1,5)^{\mathrm{T}},\quad \boldsymbol{\alpha}_2=(2,-1,1,1)^{\mathrm{T}}$$

的线性组合? 若是, 写出表示式.

解 (1) 若 $k_1\boldsymbol{\alpha}_1+k_2\boldsymbol{\alpha}_2=\boldsymbol{\beta}_1$, 对矩阵 $(\boldsymbol{\alpha}_1,\boldsymbol{\alpha}_2,\boldsymbol{\beta}_1)$ 施以初等行变换

$$\begin{pmatrix}1&2&4\\2&-1&3\\-1&1&-1\\5&1&11\end{pmatrix}\to\begin{pmatrix}1&2&4\\0&-5&-5\\0&3&3\\0&-9&-9\end{pmatrix}\to\begin{pmatrix}1&2&4\\0&1&1\\0&0&0\\0&0&0\end{pmatrix}\to\begin{pmatrix}1&0&2\\0&1&1\\0&0&0\\0&0&0\end{pmatrix},$$

显然有 $r(\boldsymbol{\alpha}_1,\boldsymbol{\alpha}_2,\boldsymbol{\beta}_1)=r(\boldsymbol{\alpha}_1,\boldsymbol{\alpha}_2)=2$, 因此 $\boldsymbol{\beta}_1$ 可由 $\boldsymbol{\alpha}_1,\boldsymbol{\alpha}_2$ 线性表示, 且由上面的计算结果可知 $k_1=2,k_2=1$ 使得 $2\boldsymbol{\alpha}_1+\boldsymbol{\alpha}_2=\boldsymbol{\beta}_1$.

(2) 类似地, 对 $(\boldsymbol{\alpha}_1,\boldsymbol{\alpha}_2,\boldsymbol{\beta}_2)$ 施以初等行变换得到

$$\begin{pmatrix}1&2&4\\2&-1&3\\-1&1&0\\5&1&11\end{pmatrix}\to\begin{pmatrix}1&2&4\\0&-5&-5\\0&3&4\\0&-9&-9\end{pmatrix}\to\begin{pmatrix}1&2&4\\0&1&1\\0&0&1\\0&0&0\end{pmatrix},$$

显然有 $r(\boldsymbol{\alpha}_1,\boldsymbol{\alpha}_2,\boldsymbol{\beta}_1)=3$, 但是 $r(\boldsymbol{\alpha}_1,\boldsymbol{\alpha}_2)=2$, 因此 $\boldsymbol{\beta}_2$ 不能由 $\boldsymbol{\alpha}_1,\boldsymbol{\alpha}_2$ 线性表示.

10.4.2 向量的线性相关性

定义 10.1 设 $\boldsymbol{\alpha}_1,\boldsymbol{\alpha}_2,\cdots,\boldsymbol{\alpha}_s$ 是一组向量, 若存在不全为零的一组实数 k_1, $k_2,\cdots,k_s$ 使得

$$k_1\boldsymbol{\alpha}_1+k_2\boldsymbol{\alpha}_2+\cdots+k_s\boldsymbol{\alpha}_s=\mathbf{0}.$$

则称向量组 $\boldsymbol{\alpha}_1,\boldsymbol{\alpha}_2,\cdots,\boldsymbol{\alpha}_s$ **线性相关**, 否则, 就称为**线性无关**. 一个向量 $\boldsymbol{\alpha}$ 构成的向量组线性无关的充分必要条件是 $\boldsymbol{\alpha}\neq\mathbf{0}$.

例 10.4.5 设向量组 $\boldsymbol{\alpha}_1=\begin{pmatrix}1\\2\\3\end{pmatrix},\boldsymbol{\alpha}_2=\begin{pmatrix}2\\0\\1\end{pmatrix},\boldsymbol{\alpha}_3=\begin{pmatrix}5\\2\\5\end{pmatrix}$, 由于存在不全为零的一组数 $1,2,-1$, 使得 $\boldsymbol{\alpha}_1+2\boldsymbol{\alpha}_2-\boldsymbol{\alpha}_3=\mathbf{0}$, 根据定义向量组 $\boldsymbol{\alpha}_1,\boldsymbol{\alpha}_2,\boldsymbol{\alpha}_3$ 线性相关.

例 10.4.6 证明下列命题.

(1) 若向量组中含有零向量, 则向量组线性相关.

(2) 若向量组中有两个向量相同, 则向量组线性相关.

证 (1) 设向量组 $\boldsymbol{\alpha}_1,\boldsymbol{\alpha}_2,\cdots,\boldsymbol{\alpha}_s$ 含有零向量, 不妨设 $\boldsymbol{\alpha}_1=\mathbf{0}$, 选择一组不全为零的实数 $1,0,\cdots,0$, 则 $1\boldsymbol{\alpha}_1+0\boldsymbol{\alpha}_2+\cdots+0\boldsymbol{\alpha}_s=\mathbf{0}$, 根据定义得知向量组 $\boldsymbol{\alpha}_1,\boldsymbol{\alpha}_2,\cdots,\boldsymbol{\alpha}_s$ 线性相关.

(2) 设向量组 $\boldsymbol{\alpha}_1,\boldsymbol{\alpha}_2,\cdots,\boldsymbol{\alpha}_s$ 中有两个向量相同, 不妨设 $\boldsymbol{\alpha}_1=\boldsymbol{\alpha}_2$, 选择不全为零的一组实数 $1,-1,0,\cdots,0$, 则显然 $1\boldsymbol{\alpha}_1+(-1)\boldsymbol{\alpha}_2+0\boldsymbol{\alpha}_3+\cdots+0\boldsymbol{\alpha}_s=\mathbf{0}$, 根据定义向量组 $\boldsymbol{\alpha}_1,\boldsymbol{\alpha}_2,\cdots,\boldsymbol{\alpha}_s$ 线性相关.

定理 10.5 向量组 $\boldsymbol{\alpha}_1,\boldsymbol{\alpha}_2,\cdots,\boldsymbol{\alpha}_s(s\geqslant 2)$ 线性相关的充分必要条件是其中至少存在一个向量可由其余的 $s-1$ 个向量线性表示.

证 必要性. 若向量组 $\boldsymbol{\alpha}_1,\boldsymbol{\alpha}_2,\cdots,\boldsymbol{\alpha}_s$ 线性相关, 则存在不全为零的一组数 $k_1,k_2,\cdots,k_s$ 使得

$$k_1\boldsymbol{\alpha}_1+k_2\boldsymbol{\alpha}_2+\cdots+k_s\boldsymbol{\alpha}_s=\mathbf{0},$$

由于 $k_1,k_2,\cdots,k_s$ 中至少有一个不为零, 不妨设 $k_i\neq 0$, 则有

$$\boldsymbol{\alpha}_i=-\frac{k_1}{k_i}\boldsymbol{\alpha}_1-\cdots-\frac{k_{i-1}}{k_i}\boldsymbol{\alpha}_{i-1}-\frac{k_{i+1}}{k_i}\boldsymbol{\alpha}_{i+1}-\cdots-\frac{k_s}{k_i}\boldsymbol{\alpha}_s.$$

即存在向量 $\boldsymbol{\alpha}_i$ 可由其余的向量线性表示.

充分性. 若向量组 $\boldsymbol{\alpha}_1,\boldsymbol{\alpha}_2,\cdots,\boldsymbol{\alpha}_s$ 中有一个向量可由其余的 $s-1$ 个向量线性表示, 设 $\boldsymbol{\alpha}_i$ 可由其余的向量线性表示, 则

$$\boldsymbol{\alpha}_i=k_1\boldsymbol{\alpha}_1+\cdots+k_{i-1}\boldsymbol{\alpha}_{i-1}+k_{i+1}\boldsymbol{\alpha}_{i+1}+\cdots+k_s\boldsymbol{\alpha}_s,$$

从而

$$k_1\boldsymbol{\alpha}_1+\cdots+k_{i-1}\boldsymbol{\alpha}_{i-1}+(-1)\boldsymbol{\alpha}_i+k_{i+1}\boldsymbol{\alpha}_{i+1}+\cdots+k_s\boldsymbol{\alpha}_s=\mathbf{0}.$$

由于数 $k_1,\cdots,k_{i-1},-1,k_{i+1},\cdots,k_s$ 不全为零, 根据定义向量组 $\boldsymbol{\alpha}_1,\boldsymbol{\alpha}_2,\cdots,\boldsymbol{\alpha}_s$ 线性相关. 证毕.

例 10.4.7 证明 n 维单位坐标向量组 $\boldsymbol{\varepsilon}_1,\boldsymbol{\varepsilon}_2,\cdots,\boldsymbol{\varepsilon}_n$ 线性无关.

证 若存在数 $k_1,k_2,\cdots,k_n$ 使得 $k_1\boldsymbol{\varepsilon}_1+k_2\boldsymbol{\varepsilon}_2+\cdots+k_n\boldsymbol{\varepsilon}_n=\mathbf{0}$, 于是

$$\begin{pmatrix}k_1\\k_2\\\vdots\\k_n\end{pmatrix}=k_1\begin{pmatrix}1\\0\\\vdots\\0\end{pmatrix}+k_2\begin{pmatrix}0\\1\\\vdots\\0\end{pmatrix}+\cdots+k_n\begin{pmatrix}0\\0\\\vdots\\1\end{pmatrix}=\begin{pmatrix}0\\0\\\vdots\\0\end{pmatrix},$$

所以 $k_1=k_2=\cdots=k_s=0$, 故向量组 $\boldsymbol{\varepsilon}_1,\boldsymbol{\varepsilon}_2,\cdots,\boldsymbol{\varepsilon}_n$ 线性无关.

例 10.4.8 判断向量组

$$\boldsymbol{\alpha}_1=\begin{pmatrix}1\\2\\3\end{pmatrix},\quad \boldsymbol{\alpha}_2=\begin{pmatrix}2\\0\\1\end{pmatrix},\quad \boldsymbol{\alpha}_3=\begin{pmatrix}5\\2\\1\end{pmatrix}$$

的线性相关性.

解 若实数组 k_1,k_2,k_3 使得线性组合 $k_1\boldsymbol{\alpha}_1+k_2\boldsymbol{\alpha}_2+k_3\boldsymbol{\alpha}_3=\mathbf{0}$, 即

$$k_1\begin{pmatrix}1\\2\\3\end{pmatrix}+k_2\begin{pmatrix}2\\0\\1\end{pmatrix}+k_3\begin{pmatrix}5\\2\\1\end{pmatrix}=\begin{pmatrix}0\\0\\0\end{pmatrix},$$

也即

$$\begin{cases}k_1+2k_2+5k_3=0,\\2k_1+2k_3=0,\\3k_1+k_2+k_3=0,\end{cases}$$

这是三个未知数三个方程的齐次线性方程组, 由于该方程组的系数行列式等于 -18, 不等于零, 故该方程组只有零解, 没有非零解, 所以向量组 $\boldsymbol{\alpha}_1,\boldsymbol{\alpha}_2,\boldsymbol{\alpha}_3$ 线性无关.

一般地, 对于向量组

$$\boldsymbol{\alpha}_1=\begin{pmatrix}a_{11}\\a_{21}\\\vdots\\a_{m1}\end{pmatrix},\boldsymbol{\alpha}_2=\begin{pmatrix}a_{12}\\a_{22}\\\vdots\\a_{m2}\end{pmatrix},\cdots,\boldsymbol{\alpha}_n=\begin{pmatrix}a_{1n}\\a_{2n}\\\vdots\\a_{mn}\end{pmatrix}$$

作齐次线性方程组

$$x_1\begin{pmatrix}a_{11}\\a_{21}\\\vdots\\a_{m1}\end{pmatrix}+x_2\begin{pmatrix}a_{12}\\a_{22}\\\vdots\\a_{m2}\end{pmatrix}+\cdots+x_n\begin{pmatrix}a_{1n}\\a_{2n}\\\vdots\\a_{mn}\end{pmatrix}=\begin{pmatrix}0\\0\\\vdots\\0\end{pmatrix},$$

即 $x_1\boldsymbol{\alpha}_1+x_2\boldsymbol{\alpha}_2+\cdots+x_s\boldsymbol{\alpha}_s=\mathbf{0}$, 我们有如下定理.

定理 10.6 向量组 $\boldsymbol{\alpha}_1,\boldsymbol{\alpha}_2,\cdots,\boldsymbol{\alpha}_s$ 线性相关的充分必要条件是齐次线性方程组

$$x_1\boldsymbol{\alpha}_1+x_2\boldsymbol{\alpha}_2+\cdots+x_s\boldsymbol{\alpha}_s=\mathbf{0}$$

有非零解.

推论 向量组 $\boldsymbol{\alpha}_1,\boldsymbol{\alpha}_2,\cdots,\boldsymbol{\alpha}_s$ 线性无关的充分必要条件是齐次线性方程组

$$x_1\boldsymbol{\alpha}_1+x_2\boldsymbol{\alpha}_2+\cdots+x_s\boldsymbol{\alpha}_s=\mathbf{0}$$

只有零解.

定理 10.7 设

$$\boldsymbol{\alpha}_1=(a_{11},a_{21},\cdots,a_{m1})^{\mathrm{T}},\boldsymbol{\alpha}_2=(a_{12},a_{22},\cdots,a_{m2})^{\mathrm{T}},\cdots,\boldsymbol{\alpha}_n=(a_{1n},a_{2n},\cdots,a_{mn})^{\mathrm{T}}$$

是矩阵 $\boldsymbol{A}=(\boldsymbol{\alpha}_1,\boldsymbol{\alpha}_2,\cdots,\boldsymbol{\alpha}_n)$ 的全部列向量组成的向量组. 那么这个向量组线性相关的充要条件的秩 $r(\boldsymbol{A})<n$, 线性无关的充要条件是 $r(\boldsymbol{A})=n$.

证 由定义知, m 维向量组 $\boldsymbol{\alpha}_1,\boldsymbol{\alpha}_2,\cdots,\boldsymbol{\alpha}_n$ 的线性关系如何完全取决于线性方程组

$$x_1\boldsymbol{\alpha}_1+x_2\boldsymbol{\alpha}_2+\cdots+x_n\boldsymbol{\alpha}_n=\mathbf{0}$$

是否只有零解.

将上述线性方程组改写成矩阵形式 $\boldsymbol{Ax}=\mathbf{0}$. 这是一个齐次线性方程组, 由定理 10.2 知, 齐次线性方程组有非零解的充要条件是 $r(\boldsymbol{A})<n$, 只有零解的充要条件是 $r(\boldsymbol{A})=n$. 证毕.

特别当 $m=n$ 时, $\boldsymbol{A}$ 为 n 阶方阵, 因此 n 元向量组 $\boldsymbol{\alpha}_1,\boldsymbol{\alpha}_2,\cdots,\boldsymbol{\alpha}_n$ 线性无关的充要条件是 $|\boldsymbol{A}|\neq 0$.

例 10.4.9 设向量组 $\boldsymbol{\alpha}_1,\boldsymbol{\alpha}_2,\boldsymbol{\alpha}_3$ 线性无关, 且向量

$$\boldsymbol{\beta}_1=3\boldsymbol{\alpha}_1+2\boldsymbol{\alpha}_2,\quad \boldsymbol{\beta}_2=\boldsymbol{\alpha}_2-\boldsymbol{\alpha}_3,\quad \boldsymbol{\beta}_3=4\boldsymbol{\alpha}_3-5\boldsymbol{\alpha}_1.$$

证明：向量组 $\boldsymbol{\beta}_1,\boldsymbol{\beta}_2,\boldsymbol{\beta}_3$ 线性无关.

证 设有一组实数 k_1,k_2,k_3 使得 $\boldsymbol{\beta}_1,\boldsymbol{\beta}_2,\boldsymbol{\beta}_3$ 的线性组合 $k_1\boldsymbol{\beta}_1+k_2\boldsymbol{\beta}_2+k_3\boldsymbol{\beta}_3=\mathbf{0}$, 于是有

$$k_1(3\boldsymbol{\alpha}_1+2\boldsymbol{\alpha}_2)+k_2(\boldsymbol{\alpha}_2-\boldsymbol{\alpha}_3)+k_3(4\boldsymbol{\alpha}_3-5\boldsymbol{\alpha}_1)=\mathbf{0},$$

重新整理得到

$$(3k_1-5k_3)\,\boldsymbol{\alpha}_1+(2k_1+k_2)\,\boldsymbol{\alpha}_2+(-k_2+4k_3)\,\boldsymbol{\alpha}_3=\mathbf{0}.$$

由于 $\boldsymbol{\alpha}_1,\boldsymbol{\alpha}_2,\boldsymbol{\alpha}_3$ 线性无关, 因此它们的组合系数都是零, 也就是

$$\begin{cases}3k_1 \qquad -5k_3=0,\\ 2k_1+k_2 \qquad =0,\\ \qquad -k_2+4k_3=0.\end{cases}$$

计算这个线性方程组的系数行列式得到 $\begin{vmatrix}3&0&-5\\2&1&0\\0&-1&4\end{vmatrix}=22\neq 0$, 从而方程组只有唯一解零解, $k_1=k_2=k_3=0$, 所以向量组 $\boldsymbol{\beta}_1,\boldsymbol{\beta}_2,\boldsymbol{\beta}_3$ 线性无关. 证毕.

定理 10.8 若向量组 $\boldsymbol{\alpha}_1,\boldsymbol{\alpha}_2,\cdots,\boldsymbol{\alpha}_s$ 线性无关, 向量组 $\boldsymbol{\alpha}_1,\boldsymbol{\alpha}_2,\cdots,\boldsymbol{\alpha}_s,\boldsymbol{\beta}$ 线性相关, 则向量 $\boldsymbol{\beta}$ 可由向量组 $\boldsymbol{\alpha}_1,\boldsymbol{\alpha}_2,\cdots,\boldsymbol{\alpha}_s$ 线性表示, 且表示法唯一.

证 由于向量组 $\boldsymbol{\alpha}_1,\boldsymbol{\alpha}_2,\cdots,\boldsymbol{\alpha}_s,\boldsymbol{\beta}$ 线性相关, 因此由线性相关的定义知道一定存在一组不全为零的实数 $k_1,k_2,\cdots,k_s,k$ 使得 $k_1\boldsymbol{\alpha}_1+k_2\boldsymbol{\alpha}_2+\cdots+k_s\boldsymbol{\alpha}_s+k\boldsymbol{\beta}=\mathbf{0}$.

这时必有 $k\neq 0$. 如若不然, $k=0$, 则 $k_1,k_2,\cdots,k_s$ 不全为零且有 $k_1\boldsymbol{\alpha}_1+k_2\boldsymbol{\alpha}_2+\cdots+k_s\boldsymbol{\alpha}_s=\mathbf{0}$. 这与条件向量组 $\boldsymbol{\alpha}_1,\boldsymbol{\alpha}_2,\cdots,\boldsymbol{\alpha}_s$ 线性无关相矛盾.

在 $k\neq 0$ 时, 可以变形得到 $\boldsymbol{\beta}=-\dfrac{k_1}{k}\boldsymbol{\alpha}_1-\dfrac{k_2}{k}\boldsymbol{\alpha}_2-\cdots-\dfrac{k_s}{k}\boldsymbol{\alpha}_s$, 即 $\boldsymbol{\beta}$ 可由向量组 $\boldsymbol{\alpha}_1,\boldsymbol{\alpha}_2,\cdots,\boldsymbol{\alpha}_s$ 线性表示.

再证表示法唯一, 设

$$\boldsymbol{\beta}=l_1\boldsymbol{\alpha}_1+l_2\boldsymbol{\alpha}_2+\cdots+l_s\boldsymbol{\alpha}_s,\quad \boldsymbol{\beta}=m_1\boldsymbol{\alpha}_1+m_2\boldsymbol{\alpha}_2+\cdots+m_s\boldsymbol{\alpha}_s$$

是两种由向量组 $\boldsymbol{\alpha}_1,\boldsymbol{\alpha}_2,\cdots,\boldsymbol{\alpha}_s$ 表示向量 $\boldsymbol{\beta}$ 的方法, 两式相减得到

$$(l_1-m_1)\boldsymbol{\alpha}_1+(l_2-m_2)\boldsymbol{\alpha}_2+\cdots+(l_s-m_s)\boldsymbol{\alpha}_s=\mathbf{0}.$$

由于 $\boldsymbol{\alpha}_1,\boldsymbol{\alpha}_2,\cdots,\boldsymbol{\alpha}_s$ 线性无关, 所以 $l_1-m_1=0,l_2-m_2=0,\cdots,l_s-m_s=0$, 即

$$l_1=m_1,l_2=m_2,\cdots,l_s=m_s,$$

这说明表示法唯一. 证毕.

习 题 10.4

1. 下列向量组是否线性相关? 为什么?

(1) $\boldsymbol{\alpha}_1^{\mathrm{T}}=(1,-1,3),\boldsymbol{\alpha}_2^{\mathrm{T}}=(4,2,-1),\boldsymbol{\alpha}_3^{\mathrm{T}}=(0,0,0)$;

(2) $\boldsymbol{\alpha}_1^{\mathrm{T}}=(1,2,3),\boldsymbol{\alpha}_2^{\mathrm{T}}=(4,5,6),\boldsymbol{\alpha}_3^{\mathrm{T}}=(3,3,3)$;

(3) $\boldsymbol{\alpha}_1^{\mathrm{T}}=(1,2,3),\boldsymbol{\alpha}_2^{\mathrm{T}}=(4,5,6),\boldsymbol{\alpha}_3^{\mathrm{T}}=(5,7,8)$.

2. 设向量组 $\boldsymbol{\alpha}_1,\boldsymbol{\alpha}_2,\boldsymbol{\alpha}_3$ 线性无关, 证明: 向量组 $\boldsymbol{\alpha}_1+\boldsymbol{\alpha}_2,\boldsymbol{\alpha}_2+\boldsymbol{\alpha}_3,\boldsymbol{\alpha}_3+\boldsymbol{\alpha}_1$ 线性无关; 向量组 $\boldsymbol{\alpha}_1-\boldsymbol{\alpha}_2,\boldsymbol{\alpha}_2-\boldsymbol{\alpha}_3,\boldsymbol{\alpha}_3-\boldsymbol{\alpha}_1$ 线性相关.

3. 证明: 如果向量组 $\boldsymbol{\alpha},\boldsymbol{\beta},\boldsymbol{\gamma}$ 线性无关, 则向量组 $\boldsymbol{\alpha}+\boldsymbol{\beta},\boldsymbol{\beta}+\boldsymbol{\gamma},\boldsymbol{\gamma}+\boldsymbol{\alpha}$ 也线性无关.

4. 设向量组 $\boldsymbol{\alpha}_1,\boldsymbol{\alpha}_2,\boldsymbol{\alpha}_3$, 定义向量组

$$\boldsymbol{\beta}_1=\boldsymbol{\alpha}_1+\boldsymbol{\alpha}_2+\boldsymbol{\alpha}_3,\quad \boldsymbol{\beta}_2=\boldsymbol{\alpha}_1+2\boldsymbol{\alpha}_2+4\boldsymbol{\alpha}_3,\quad \boldsymbol{\beta}_3=\boldsymbol{\alpha}_1+3\boldsymbol{\alpha}_2+9\boldsymbol{\alpha}_3.$$

证明: 向量组 $\boldsymbol{\alpha}_1,\boldsymbol{\alpha}_2,\boldsymbol{\alpha}_3$ 线性无关的充分必要条件是向量组 $\boldsymbol{\beta}_1,\boldsymbol{\beta}_2,\boldsymbol{\beta}_3$ 线性无关.

10.5 向量组的秩

若向量组 $\boldsymbol{A}$ 的一个部分组 $\boldsymbol{\alpha}_1,\boldsymbol{\alpha}_2,\cdots,\boldsymbol{\alpha}_r$ 满足条件

(1) 向量组 $\boldsymbol{\alpha}_1,\boldsymbol{\alpha}_2,\cdots,\boldsymbol{\alpha}_r$ 线性无关;

(2) 向量组 $\boldsymbol{A}$ 中的任意向量均可由 $\boldsymbol{\alpha}_1,\boldsymbol{\alpha}_2,\cdots,\boldsymbol{\alpha}_r$ 线性表示,

则称向量组 $\boldsymbol{\alpha}_1,\boldsymbol{\alpha}_2,\cdots,\boldsymbol{\alpha}_r$ 为向量组 $\boldsymbol{A}$ 的一个**极大线性无关组**.

例 10.5.1 设向量组 $\boldsymbol{A}$ 为

$$\boldsymbol{\alpha}_1=\begin{pmatrix}1\\1\\1\\1\end{pmatrix},\quad \boldsymbol{\alpha}_2=\begin{pmatrix}1\\1\\-1\\-1\end{pmatrix},\quad \boldsymbol{\alpha}_3=\begin{pmatrix}1\\1\\0\\0\end{pmatrix},$$

由于 $\boldsymbol{\alpha}_1,\boldsymbol{\alpha}_2$ 线性无关, 且 $\boldsymbol{\alpha}_3=\dfrac{1}{2}\boldsymbol{\alpha}_1+\dfrac{1}{2}\boldsymbol{\alpha}_2$, 所以 $\boldsymbol{\alpha}_1,\boldsymbol{\alpha}_2$ 是向量组 $\boldsymbol{A}$ 的一个极大线性无关组, 事实上 $\boldsymbol{\alpha}_1,\boldsymbol{\alpha}_3$ 与 $\boldsymbol{\alpha}_2,\boldsymbol{\alpha}_3$ 均为向量组 $\boldsymbol{A}$ 的极大线性无关组.

例 10.5.1 表明一个向量组的极大线性无关组不一定是唯一的, 但是可以证明向量组的极大线性无关组所含向量的个数都是相同的.

定义 10.2 向量组的极大线性无关组所含向量的个数称为该向量组的**秩**.

在全体 n 维向量构成的向量组 $\mathbb{R}^n$ 中, 向量组 $\boldsymbol{\varepsilon}_1,\boldsymbol{\varepsilon}_2,\cdots,\boldsymbol{\varepsilon}_n$ 线性无关, 且 $\mathbb{R}^n$ 中任何一个向量均可由 $\boldsymbol{\varepsilon}_1,\boldsymbol{\varepsilon}_2,\cdots,\boldsymbol{\varepsilon}_n$ 线性表示, 所以 $\boldsymbol{\varepsilon}_1,\boldsymbol{\varepsilon}_2,\cdots,\boldsymbol{\varepsilon}_n$ 是 $\mathbb{R}^n$ 的一个极大线性无关组, 且秩为 n.

在第 9 章中, 我们用矩阵在初等变换下的标准形定义了矩阵的秩, 本节中将通过向量组的秩进一步研究矩阵的秩, 并讨论矩阵的秩与向量组的秩之间的关系.

设 $\boldsymbol{A}$ 为 $m\times n$ 矩阵, 矩阵 $\boldsymbol{A}$ 的行向量组由 m 个 n 维行向量组成. 矩阵 $\boldsymbol{A}$ 的列向量组由 n 个 m 维列向量组成.

矩阵 $\boldsymbol{A}$ 的行向量组的秩称为矩阵 $\boldsymbol{A}$ 的**行秩**, 矩阵 $\boldsymbol{A}$ 的列向量组的秩称为矩阵 $\boldsymbol{A}$ 的**列秩**.

例 10.5.2 求矩阵 $\boldsymbol{A}$ 的行秩与列秩, 其中 $\boldsymbol{A}=\begin{pmatrix}1&0&2&3\\0&1&3&4\\1&1&5&7\end{pmatrix}$.

解 $\boldsymbol{A}$ 的行向量组为 $\boldsymbol{\alpha}_1^{\mathrm{T}}=(1,0,2,3),\boldsymbol{\alpha}_2^{\mathrm{T}}=(0,1,3,4),\boldsymbol{\alpha}_3^{\mathrm{T}}=(1,1,5,7)$. 由于 $\boldsymbol{\alpha}_1^{\mathrm{T}},\boldsymbol{\alpha}_2^{\mathrm{T}}$ 线性无关, 而 $\boldsymbol{\alpha}_3^{\mathrm{T}}=\boldsymbol{\alpha}_1^{\mathrm{T}}+\boldsymbol{\alpha}_2^{\mathrm{T}}$, 所以向量组 $\boldsymbol{\alpha}_1^{\mathrm{T}},\boldsymbol{\alpha}_2^{\mathrm{T}},\boldsymbol{\alpha}_3^{\mathrm{T}}$ 的秩为 2 , 矩阵 $\boldsymbol{A}$ 的行秩为 2 . 矩阵 $\boldsymbol{A}$ 的列向量组为 $\boldsymbol{\beta}_1=\begin{pmatrix}1\\0\\1\end{pmatrix},\boldsymbol{\beta}_2=\begin{pmatrix}0\\1\\1\end{pmatrix},\boldsymbol{\beta}_3=\begin{pmatrix}2\\3\\5\end{pmatrix},\boldsymbol{\beta}_4=\begin{pmatrix}3\\4\\7\end{pmatrix}$.

由于 $\boldsymbol{\beta}_1,\boldsymbol{\beta}_2$ 线性无关, 而 $\boldsymbol{\beta}_3=2\boldsymbol{\beta}_1+3\boldsymbol{\beta}_2,\boldsymbol{\beta}_4=3\boldsymbol{\beta}_1+4\boldsymbol{\beta}_2$, 从而向量组 $\boldsymbol{\beta}_1,\boldsymbol{\beta}_2,\boldsymbol{\beta}_3,\boldsymbol{\beta}_4$ 的秩为 2, 矩阵 $\boldsymbol{A}$ 的列秩为 2.

定理 10.9 矩阵 $\boldsymbol{A}$ 的**列秩**等于**矩阵的秩** $r(\boldsymbol{A})$.

推论 矩阵 $\boldsymbol{A}$ 的行秩等于矩阵 $\boldsymbol{A}$ 的秩, 也等于矩阵 $\boldsymbol{A}$ 的列秩.

这样可以通过矩阵的秩求向量组的秩.

例 10.5.3 求下列向量组的秩.

$$\boldsymbol{\alpha}_1=\begin{pmatrix}5\\2\\7\\5\end{pmatrix},\quad \boldsymbol{\alpha}_2=\begin{pmatrix}6\\3\\9\\9\end{pmatrix},\quad \boldsymbol{\alpha}_3=\begin{pmatrix}-2\\-1\\-3\\-3\end{pmatrix},\quad \boldsymbol{\alpha}_4=\begin{pmatrix}7\\4\\5\\1\end{pmatrix}.$$

解 令向量为列向量构造矩阵 $\boldsymbol{A}=(\boldsymbol{\alpha}_1,\boldsymbol{\alpha}_2,\boldsymbol{\alpha}_3,\boldsymbol{\alpha}_4)$, 对矩阵进行初等行变换,

$$\boldsymbol{A}=\begin{pmatrix}5&6&-2&7\\2&3&-1&4\\7&9&-3&5\\5&9&-3&1\end{pmatrix}\to\begin{pmatrix}1&0&0&-1\\2&3&-1&4\\7&9&-3&5\\5&9&-3&1\end{pmatrix}$$
$$\to\begin{pmatrix}1&0&0&-1\\0&3&-1&6\\0&9&-3&12\\0&9&-3&6\end{pmatrix}\to\begin{pmatrix}1&0&0&-1\\0&3&-1&6\\0&0&0&-6\\0&0&0&0\end{pmatrix},$$

由于矩阵的秩为 3, 所以列向量组的秩即向量组 $\boldsymbol{\alpha}_1,\boldsymbol{\alpha}_2,\boldsymbol{\alpha}_3,\boldsymbol{\alpha}_4$ 的秩为 3.

例 10.5.4 设向量组为

$$\boldsymbol{\alpha}_1=\begin{pmatrix}1\\-1\\0\\1\end{pmatrix},\quad \boldsymbol{\alpha}_2=\begin{pmatrix}2\\-2\\0\\2\end{pmatrix},\quad \boldsymbol{\alpha}_3=\begin{pmatrix}1\\0\\0\\2\end{pmatrix},$$
$$\boldsymbol{\alpha}_4=\begin{pmatrix}7\\-3\\0\\11\end{pmatrix},\quad \boldsymbol{\alpha}_5=\begin{pmatrix}-1\\1\\1\\0\end{pmatrix},\quad \boldsymbol{\alpha}_6=\begin{pmatrix}-3\\5\\5\\4\end{pmatrix},$$

求向量组的秩.

解 以向量组的向量为列向量组构造矩阵 $\boldsymbol{A}=(\boldsymbol{\alpha}_1,\boldsymbol{\alpha}_2,\boldsymbol{\alpha}_3,\boldsymbol{\alpha}_4,\boldsymbol{\alpha}_5,\boldsymbol{\alpha}_6)$, 对 $\boldsymbol{A}$ 进行初等行变换

$$\boldsymbol{A}=\begin{pmatrix}1&2&1&7&-1&-3\\-1&-2&0&-3&1&5\\0&0&0&0&1&5\\1&2&2&11&0&4\end{pmatrix}\to\begin{pmatrix}1&2&1&7&-1&-3\\0&0&1&4&0&2\\0&0&0&0&1&5\\0&0&0&0&0&0\end{pmatrix}$$
$$\to\begin{pmatrix}1&2&0&3&0&0\\0&0&1&4&0&2\\0&0&0&0&1&5\\0&0&0&0&0&0\end{pmatrix},$$

因此向量组 $\boldsymbol{\alpha}_1,\boldsymbol{\alpha}_2,\boldsymbol{\alpha}_3,\boldsymbol{\alpha}_4,\boldsymbol{\alpha}_5,\boldsymbol{\alpha}_6$ 的秩为 3.

习 题 10.5

1. 求下列矩阵的秩.

(1) $\begin{pmatrix}1&2&-3&4\\2&4&-6&8\end{pmatrix}$; (2) $\begin{pmatrix}2&-1&3&-2&4\\4&-2&5&1&7\\2&-1&1&8&2\end{pmatrix}$;

(3) $\begin{pmatrix}3&2&-1&-3&-1\\2&-1&3&1&-3\\2&0&5&1&8\\5&1&2&-2&-4\end{pmatrix}$.

2. 求下列向量组的秩与一个极大线性无关组.

(1) $\boldsymbol{\alpha}_1=(1,0,0)^{\mathrm{T}},\boldsymbol{\alpha}_2=(0,1,0)^{\mathrm{T}},\boldsymbol{\alpha}_3=(2,-3,0)^{\mathrm{T}},\boldsymbol{\alpha}_4=(0,0,0)^{\mathrm{T}}$;

(2) $\boldsymbol{\alpha}_1=(1,0,0)^{\mathrm{T}},\boldsymbol{\alpha}_2=(0,1,0)^{\mathrm{T}},\boldsymbol{\alpha}_3=(2,-3,4)^{\mathrm{T}},\boldsymbol{\alpha}_4=(0,0,5)^{\mathrm{T}}$.

3. 求向量组 $\boldsymbol{\alpha}_1,\boldsymbol{\alpha}_2,\boldsymbol{\alpha}_3,\boldsymbol{\alpha}_4,\boldsymbol{\alpha}_5$ 的一个极大线性无关组与秩, 并将其余向量用该极大线性无关组表示, 其中

$$\boldsymbol{\alpha}_1=\begin{pmatrix}1\\-1\\2\\4\end{pmatrix},\quad\boldsymbol{\alpha}_2=\begin{pmatrix}3\\0\\7\\4\end{pmatrix},\quad\boldsymbol{\alpha}_3=\begin{pmatrix}0\\3\\1\\-8\end{pmatrix},\quad\boldsymbol{\alpha}_4=\begin{pmatrix}2\\1\\5\\6\end{pmatrix},\quad\boldsymbol{\alpha}_5=\begin{pmatrix}2\\-2\\4\\8\end{pmatrix}.$$

10.6 线性方程组解的结构

对于线性方程组 (10.1), 定理 10.2 指出当 $r(\boldsymbol{A},\boldsymbol{b})=r(\boldsymbol{A})=r<n$ 时, 线性方程组必然会有无穷多组解, 并且有一个通过对增广矩阵施行初等行变换找到全

部解的方法. 但是, 自由未知量的个数一定是 $n-r$ 吗? 如果线性方程组的两个解表达形式不同, 怎么判断它们的本质相同呢? 本节就来讨论线性方程组的解的结构问题.

10.6.1 齐次线性方程组解的结构

首先, 我们把注意力放在求解齐次线性方程组的问题上. 设齐次线性方程组为

$$\begin{cases} a_{11}x_1+a_{12}x_2+a_{13}x_3+\cdots+a_{1n}x_n=0, \\ a_{21}x_1+a_{22}x_2+a_{23}x_3+\cdots+a_{2n}x_n=0, \\ \qquad\cdots\cdots \\ a_{m1}x_1+a_{m2}x_2+a_{m3}x_3+\cdots+a_{mn}x_n=0, \end{cases} \tag{10.14}$$

记 (10.14) 的系数矩阵为 $\boldsymbol{A}=(a_{ij})_{mn}$, 变量 $\boldsymbol{x}=(x_1,x_2,\cdots,x_n)^{\mathrm{T}}$, 列向量组 $\boldsymbol{\alpha}_j=(a_{1j},a_{2j},\cdots,a_{mj})^{\mathrm{T}}$, $j=1,2,\cdots,n$. 那么齐次线性方程组 (10.14) 还有两个形式, 即矩阵形式 (10.15) 与向量形式 (10.16),

$$\boldsymbol{A}\boldsymbol{x}=\mathbf{0}, \tag{10.15}$$

$$x_1\boldsymbol{\alpha}_1+x_2\boldsymbol{\alpha}_2+x_3\boldsymbol{\alpha}_3+\cdots+x_n\boldsymbol{\alpha}_n=\mathbf{0}, \tag{10.16}$$

这里, (10.14) 式—(10.16) 式的齐次线性方程组是同一个方程组的不同形式, 故我们不加区分.

引理 齐次线性方程组 (10.15) 的解有如下性质:

(1) 如果 $\boldsymbol{\xi}_1,\boldsymbol{\xi}_2$ 都是方程组 (10.15) 的解, 则 $\boldsymbol{\xi}_1+\boldsymbol{\xi}_2$ 也是 (10.15) 的解;

(2) 如果 $\boldsymbol{\xi}$ 是方程组 (10.15) 的解, k 为任意常数, 则 $k\boldsymbol{\xi}$ 也是 (10.15) 的解;

(3) 如果 $\boldsymbol{\xi}_1,\boldsymbol{\xi}_2,\cdots,\boldsymbol{\xi}_t$ 都是方程组 (10.15) 的解, 则 $k_1\boldsymbol{\xi}_1+k_2\boldsymbol{\xi}_2+\cdots+k_t\boldsymbol{\xi}_t$ 也是方程组 (10.15) 的解.

证 (1) 由条件知道 $\boldsymbol{A}\boldsymbol{\xi}_1=\mathbf{0}$ 且 $\boldsymbol{A}\boldsymbol{\xi}_2=\mathbf{0}$, 相加就得到 $\boldsymbol{A}(\boldsymbol{\xi}_1+\boldsymbol{\xi}_2)=\boldsymbol{A}\boldsymbol{\xi}_1+\boldsymbol{A}\boldsymbol{\xi}_2=\mathbf{0}$, 即 $\boldsymbol{\xi}_1+\boldsymbol{\xi}_2$ 是方程组 (10.15) 的解.

(2) 由条件知道 $\boldsymbol{A}\boldsymbol{\xi}=\mathbf{0}$, 故 $\boldsymbol{A}(k\boldsymbol{\xi})=k\boldsymbol{A}\boldsymbol{\xi}=\mathbf{0}$, 所以 $k\boldsymbol{\xi}$ 也是方程组 (10.15) 的解.

(3) 这是 (1), (2) 的推论. 证毕.

由此可知, 如果一个齐次线性方程组有一组非零解, 则它就有无穷多组解, 这无穷多组解就构成了一个向量组. 如果能求出这个向量组的一个极大无关组, 就能用它的线性组合来表示它的全部解.

定义 10.3 如果向量组 $\boldsymbol{\xi}_1,\boldsymbol{\xi}_2,\cdots,\boldsymbol{\xi}_s$ 是齐次线性方程组 (10.15) 的解向量组的一个极大无关组, 则称 $\boldsymbol{\xi}_1,\boldsymbol{\xi}_2,\cdots,\boldsymbol{\xi}_s$ 是方程组 (10.15) 的一个基础解系.

定理 10.10 设 $\boldsymbol{A}=(a_{ij})_{m\times n}$ 是 $m\times n$ 矩阵, 且 $r(\boldsymbol{A})=r$, 则齐次线性方程组 (10.15) 的基础解系由 $n-r$ 个向量构成.

证 由于 $r(\boldsymbol{A})=r$, 所以 $\boldsymbol{A}$ 中有 r 阶子式非零, 不妨设左上角的 r 阶子式非零, 则矩阵 $\boldsymbol{A}$ 的前 r 行是行向量组的极大线性无关组. 设 $\boldsymbol{A}$ 的行向量组为 $\boldsymbol{\beta}_1^{\mathrm{T}},\cdots,\boldsymbol{\beta}_r^{\mathrm{T}},\cdots,\boldsymbol{\beta}_m^{\mathrm{T}}$, 即

$$\boldsymbol{A}=\begin{pmatrix}\boldsymbol{\beta}_1^{\mathrm{T}}\\ \vdots\\ \boldsymbol{\beta}_r^{\mathrm{T}}\\ \vdots\\ \boldsymbol{\beta}_m^{\mathrm{T}}\end{pmatrix}.$$

由于 $\boldsymbol{\beta}_j^{\mathrm{T}}(j>r)$ 可由 $\boldsymbol{\beta}_1^{\mathrm{T}},\cdots,\boldsymbol{\beta}_r^{\mathrm{T}}$ 线性表示, 所以矩阵 $\boldsymbol{A}$ 经初等行变换可化为

$$\boldsymbol{A}\to\begin{pmatrix}\boldsymbol{\beta}_1^{\mathrm{T}}\\ \vdots\\ \boldsymbol{\beta}_r^{\mathrm{T}}\\ 0\\ \vdots\\ 0\end{pmatrix}=\boldsymbol{B},$$

从而方程组

$$\begin{cases}a_{11}x_1+a_{12}x_2+\cdots+a_{1n}x_n=0,\\ a_{21}x_1+a_{22}x_2+\cdots+a_{2n}x_n=0,\\ \qquad\cdots\cdots\\ a_{r1}x_1+a_{r2}x_2+\cdots+a_{rn}x_n=0,\\ \qquad\cdots\cdots\\ a_{m1}x_1+a_{m2}x_2+\cdots+a_{mn}x_n=0\end{cases}$$

与方程组

$$\begin{cases}a_{11}x_1+a_{12}x_2+\cdots+a_{1n}x_n=0,\\ a_{21}x_1+a_{22}x_2+\cdots+a_{2n}x_n=0,\\ \qquad\cdots\cdots\\ a_{r1}x_1+a_{r2}x_2+\cdots+a_{rn}x_n=0\end{cases}\tag{10.17}$$

同解. 方程组 (10.17) 可改写为

$$\begin{cases}a_{11}x_1+a_{12}x_2+\cdots+a_{1r}x_r=-a_{1r+1}x_{r+1}-\cdots-a_{1n}x_n,\\ a_{21}x_1+a_{22}x_2+\cdots+a_{2r}x_r=-a_{2r+1}x_{r+1}-\cdots-a_{2n}x_n,\\ \qquad\cdots\cdots\\ a_{r1}x_1+a_{r2}x_2+\cdots+a_{rr}x_r=-a_{rr+1}x_{r+1}-\cdots-a_{rn}x_n,\end{cases}\tag{10.18}$$

若 $r=n$, 方程组 (10.18) 的右端全为零, 由克拉默法则知方程组 (10.18) 只有零解.

若 $r<n$, 方程组 (10.18) 有 $n-r$ 个自由未知量, 对变量 $x_{r+1},\cdots,x_n$ 的任意一组赋值, 根据克拉默法则, 由方程组 (10.18) 可以唯一确定一组 $x_1,\cdots,x_r$ 的值, 从而得到方程组 (10.18) 的一组解. 现设自由未知量分别取为

$$\begin{pmatrix} x_{r+1} \\ x_{r+2} \\ \vdots \\ x_n \end{pmatrix}=\begin{pmatrix} 1 \\ 0 \\ \vdots \\ 0 \end{pmatrix},\begin{pmatrix} 0 \\ 1 \\ \vdots \\ 0 \end{pmatrix},\cdots,\begin{pmatrix} 0 \\ 0 \\ \vdots \\ 1 \end{pmatrix},$$

得方程组 (10.18) 的一组解

$$\boldsymbol{\xi}_1=\begin{pmatrix} c_{1,r+1} \\ c_{2,r+1} \\ \vdots \\ c_{r,r+1} \\ 1 \\ 0 \\ \vdots \\ 0 \end{pmatrix},\quad \boldsymbol{\xi}_2=\begin{pmatrix} c_{1,r+2} \\ c_{2,r+2} \\ \vdots \\ c_{r,r+2} \\ 0 \\ 1 \\ \vdots \\ 0 \end{pmatrix},\quad \cdots,\quad \boldsymbol{\xi}_{n-r}=\begin{pmatrix} c_{1,n} \\ c_{2,n} \\ \vdots \\ c_{r,n} \\ 0 \\ 0 \\ \vdots \\ 1 \end{pmatrix}.$$

显然, 这组解 $\boldsymbol{\xi}_1,\boldsymbol{\xi}_2,\cdots,\boldsymbol{\xi}_{n-r}$ 是线性无关的. 现设 $\boldsymbol{\xi}=(k_1,\cdots,k_r,k_{r+1},\cdots,k_n)^{\mathrm{T}}$ 是方程组 (10.18) 的任一解, 令 $\boldsymbol{\zeta}=k_{r+1}\boldsymbol{\xi}_1+k_{r+2}\boldsymbol{\xi}_2+\cdots+k_n\boldsymbol{\xi}_{n-r}$, 则 $\boldsymbol{\zeta}$ 也是方程组 (10.18) 的解. 由于向量 $\boldsymbol{\xi}$ 与 $\boldsymbol{\zeta}$ 都是方程组 (10.18) 的解, 因此 $\boldsymbol{\xi}-\boldsymbol{\zeta}$ 也是方程组 (10.18) 的解, 但是 $\boldsymbol{\xi}-\boldsymbol{\zeta}$ 的分量 $x_{r+1},\cdots,x_n$ 都是零, 从 (10.18) 又可以看出此时必有 $\boldsymbol{\xi}-\boldsymbol{\zeta}=\mathbf{0}$, 因此 $\boldsymbol{\xi}=\boldsymbol{\zeta}=k_{r+1}\boldsymbol{\xi}_1+k_{r+2}\boldsymbol{\xi}_2+\cdots+k_n\boldsymbol{\xi}_{n-r}$, 即方程组 (10.18) 的任一解均可由 $\boldsymbol{\xi}_1,\boldsymbol{\xi}_2,\cdots,\boldsymbol{\xi}_{n-r}$ 线性表示. 所以 $\boldsymbol{\xi}_1,\boldsymbol{\xi}_2,\cdots,\boldsymbol{\xi}_{n-r}$ 是方程组 (10.18) 的基础解系, 也就是 (10.15) 的基础解系. 这时方程组的通解为 $c_1\boldsymbol{\xi}_1+c_2\boldsymbol{\xi}_2+\cdots+c_{n-r}\boldsymbol{\xi}_{n-r}$, $c_1,c_2,\cdots,c_{n-r}$ 都是任意常数. 证毕.

定理 10.10 不但证明了基础解系的存在性, 还给出了求基础解系的具体方法.

例 10.6.1 求下列齐次线性方程组的基础解系与通解.

$$\begin{cases} 3x_1+6x_2+2x_3+12x_4-x_5=0, \\ -2x_1-4x_2-x_3-5x_4+x_5=0, \\ 2x_1+4x_2+2x_3+19x_4+x_5=0, \\ 6x_1+12x_2+6x_3+47x_4+x_5=0. \end{cases}$$

解 对系数矩阵 $\boldsymbol{A}$ 进行初等行变换, 化为阶梯形矩阵, 计算过程如下

$$\boldsymbol{A}=\begin{pmatrix}3&6&2&12&-1\\-2&-4&-1&-5&1\\2&4&2&19&1\\6&12&6&47&1\end{pmatrix}\to\begin{pmatrix}1&2&1&7&0\\-2&-4&-1&-5&1\\2&4&2&19&1\\6&12&6&47&1\end{pmatrix}$$

$$\to\begin{pmatrix}1&2&1&7&0\\0&0&1&9&1\\0&0&0&5&1\\0&0&0&5&1\end{pmatrix}\to\begin{pmatrix}1&2&1&7&0\\0&0&1&9&1\\0&0&0&5&1\\0&0&0&0&0\end{pmatrix}$$

$$\to\begin{pmatrix}1&2&1&7&0\\0&0&1&4&0\\0&0&0&5&1\\0&0&0&0&0\end{pmatrix}\to\begin{pmatrix}1&2&0&3&0\\0&0&1&4&0\\0&0&0&5&1\\0&0&0&0&0\end{pmatrix},$$

由于系数矩阵的秩 $r(\boldsymbol{A})=3$, 未知量的个数 $n=5$, 所以基础解系由 $n-r=2$ 个向量组成, 取 x_2,x_4 为自由未知量, 得同解方程组为 $\begin{cases}x_1=-2x_2-3x_4,\\x_3=-4x_4,\\x_5=-5x_4.\end{cases}$

取自由未知量 $\begin{pmatrix}x_2\\x_4\end{pmatrix}=\begin{pmatrix}1\\0\end{pmatrix},\begin{pmatrix}0\\1\end{pmatrix}$, 可以得到方程组的两个线性无关解

$$\boldsymbol{\xi}_1=\begin{pmatrix}-2\\1\\0\\0\\0\end{pmatrix},\quad \boldsymbol{\xi}_2=\begin{pmatrix}-3\\0\\-4\\1\\-5\end{pmatrix}.$$

$\boldsymbol{\xi}_1,\boldsymbol{\xi}_2$ 即组成方程组的基础解系, 因此, 方程组的通解为 $k_1\boldsymbol{\xi}_1+k_2\boldsymbol{\xi}_2(k_1,k_2$ 为任意常数).

自由未知量的选取方法不是唯一的. 通常系数矩阵化成阶梯形矩阵后, 取非零行第一个非零元所在的列对应的变量作为被解出的未知量, 其余的未知量则选作自由未知量. 在例 10.6.1 中, 我们选取 x_2,x_4 为自由未知量解出方程组. 实际上, 也可以选择 x_2,x_5 为自由未知量解出方程组.

10.6.2 非齐次线性方程组

若 $\boldsymbol{A}$ 是 $m\times n$ 矩阵, $\boldsymbol{b}$ 是 m 维向量, 我们来研究线性方程组 $\boldsymbol{Ax}=\boldsymbol{b}$ 的解法. 称齐次线性方程组 $\boldsymbol{Ax}=\boldsymbol{0}$ 为非齐次线性方程组 $\boldsymbol{Ax}=\boldsymbol{b}$ 的导出组或相应的齐次线性方程组.

引理 设有非齐次线性方程组 $\boldsymbol{Ax}=\boldsymbol{b}$ 及其导出组 $\boldsymbol{Ax}=\boldsymbol{0}$. 那么

(1) 如果 $\boldsymbol{\eta}_1,\boldsymbol{\eta}_2$ 是方程组 $\boldsymbol{Ax}=\boldsymbol{b}$ 的解, 则 $\boldsymbol{\eta}_1-\boldsymbol{\eta}_2$ 是导出组 $\boldsymbol{Ax}=\boldsymbol{0}$ 的解;

(2) 如果 $\boldsymbol{\eta}$ 是方程组 $\boldsymbol{Ax}=\boldsymbol{b}$ 的解, $\boldsymbol{\xi}$ 是导出组 $\boldsymbol{Ax}=\boldsymbol{0}$ 的解, 则 $\boldsymbol{\eta}+\boldsymbol{\xi}$ 是方程组 $\boldsymbol{Ax}=\boldsymbol{b}$ 的解.

证 (1) 由条件有 $\boldsymbol{A\eta}_1=\boldsymbol{b},\boldsymbol{A\eta}_2=\boldsymbol{b}$, 相减即得 $\boldsymbol{A}(\boldsymbol{\eta}_1-\boldsymbol{\eta}_2)=\boldsymbol{0}$. 所以 $\boldsymbol{\eta}_1-\boldsymbol{\eta}_2$ 是导出组 $\boldsymbol{Ax}=\boldsymbol{0}$ 的解.

(2) 由条件 $\boldsymbol{A\eta}=\boldsymbol{b}$ 且 $\boldsymbol{A\xi}=\boldsymbol{0}$, 两式相加即得 $\boldsymbol{A}(\boldsymbol{\eta}+\boldsymbol{\xi})=\boldsymbol{b}$, 所以 $\boldsymbol{\eta}+\boldsymbol{\xi}$ 是方程组 $\boldsymbol{Ax}=\boldsymbol{b}$ 的解. 证毕.

定理 10.11 设 $\boldsymbol{A}$ 为 $m\times n$ 矩阵, $\boldsymbol{b}$ 是 m 维列向量, $r(\boldsymbol{A},\boldsymbol{b})=r(\boldsymbol{A})=r$, 若 $\boldsymbol{\eta}^*$ 是非齐次线性方程组 $\boldsymbol{Ax}=\boldsymbol{b}$ 的一个特解, $\boldsymbol{\xi}_1,\cdots,\boldsymbol{\xi}_{n-r}$ 是导出组 $\boldsymbol{Ax}=\boldsymbol{0}$ 的基础解系, 则方程组 $\boldsymbol{Ax}=\boldsymbol{b}$ 的通解为 $\boldsymbol{\eta}=\boldsymbol{\eta}^*+k_1\boldsymbol{\xi}_1+k_2\boldsymbol{\xi}_2+\cdots+k_{n-r}\boldsymbol{\xi}_{n-r}$, 其中 $k_1,k_2,\cdots,k_{n-r}$ 为任意常数.

证 由于 $\boldsymbol{\eta}^*$ 是方程组 $\boldsymbol{Ax}=\boldsymbol{b}$ 的解, $k_1\boldsymbol{\xi}_1+k_2\boldsymbol{\xi}_2+\cdots+k_{n-r}\boldsymbol{\xi}_{n-r}$ 是导出组 $\boldsymbol{Ax}=\boldsymbol{0}$ 的解, 根据引理知 $\boldsymbol{\eta}=\boldsymbol{\eta}^*+k_1\boldsymbol{\xi}_1+k_2\boldsymbol{\xi}_2+\cdots+k_{n-r}\boldsymbol{\xi}_{n-r}$ 是方程组 $\boldsymbol{Ax}=\boldsymbol{b}$ 的解.

另一方面, 对于方程组 $\boldsymbol{Ax}=\boldsymbol{b}$ 的任一解 $\boldsymbol{\eta}_1$, 由于 $\boldsymbol{\eta}_1-\boldsymbol{\eta}^*$ 是 $\boldsymbol{Ax}=\boldsymbol{0}$ 的解, 可由其基础解系 $\boldsymbol{\xi}_1,\cdots,\boldsymbol{\xi}_{n-r}$ 线性表示, 故存在实数 $k_1,k_2,\cdots,k_{n-r}$ 使得 $\boldsymbol{\eta}_1-\boldsymbol{\eta}^*=k_1\boldsymbol{\xi}_1+k_2\boldsymbol{\xi}_2+\cdots+k_{n-r}\boldsymbol{\xi}_{n-r}$, 即有 $\boldsymbol{\eta}_1=\boldsymbol{\eta}^*+k_1\boldsymbol{\xi}_1+k_2\boldsymbol{\xi}_2+\cdots+k_{n-r}\boldsymbol{\xi}_{n-r}$.

综合上述, 方程组的通解为 $\boldsymbol{\eta}=\boldsymbol{\eta}^*+k_1\boldsymbol{\xi}_1+k_2\boldsymbol{\xi}_2+\cdots+k_{n-r}\boldsymbol{\xi}_{n-r}$, 其中 $k_1,k_2,\cdots,k_{n-r}$ 为任意常数.

例 10.6.2 求线性方程组 $\begin{cases} x_1-2x_2+2x_3+5x_4=-3, \\ -x_1+2x_2-x_3-x_4=1, \\ 2x_1-4x_2+2x_3+2x_4=-2, \\ 3x_1-6x_2+6x_3+15x_4=-9 \end{cases}$ 的通解.

解 对方程组的增广矩阵进行初等行变换变为阶梯形矩阵

$$\left(\begin{array}{cccc:c} 1 & -2 & 2 & 5 & -3 \\ -1 & 2 & -1 & -1 & 1 \\ 2 & -4 & 2 & 2 & -2 \\ 3 & -6 & 6 & 15 & -9 \end{array}\right) \to \left(\begin{array}{cccc:c} 1 & -2 & 2 & 5 & -3 \\ 0 & 0 & 1 & 4 & -2 \\ 0 & 0 & -2 & -8 & 4 \\ 0 & 0 & 0 & 0 & 0 \end{array}\right)$$

$$\rightarrow\left(\begin{array}{cccc:c}1&-2&2&5&-3\\0&0&1&4&-2\\0&0&0&0&0\\0&0&0&0&0\end{array}\right)\rightarrow\left(\begin{array}{cccc:c}1&-2&0&-3&1\\0&0&1&4&-2\\0&0&0&0&0\\0&0&0&0&0\end{array}\right).$$

由于系数矩阵的秩与增广矩阵的秩均为 2 , 所以方程组有解, 同解方程组为

$$\begin{cases}x_1-2x_2-3x_4=1,\\x_3+4x_4=-2,\end{cases}$$

即

$$\begin{cases}x_1=2x_2+3x_4+1,\\x_3=-4x_4-2.\end{cases}$$

选择 x_2,x_4 作为自由未知量. 令自由未知量 $x_2=0,x_4=0$, 可得 $x_1=1,x_3=-2$, 从而得到方程组的特解 $\boldsymbol{\eta}^*=\begin{pmatrix}1\\0\\-2\\0\end{pmatrix}$.

现在求导出组的基础解系, 导出组的同解方程组为 $\begin{cases}x_1=2x_2+3x_4,\\x_3=-4x_4.\end{cases}$ 令自由未知量 $x_2=1,x_4=0$, 可得 $x_1=2,x_3=0$; 再令 $x_2=0,x_4=1$, 可得 $x_1=3,x_3=-4$. 这样得到导出组的一个基础解系为 $\boldsymbol{\xi}_1=\begin{pmatrix}2\\1\\0\\0\end{pmatrix},\boldsymbol{\xi}_2=\begin{pmatrix}3\\0\\-4\\1\end{pmatrix}$. 所以原方程的通解为 $\boldsymbol{\eta}=\boldsymbol{\eta}^*+k_1\boldsymbol{\xi}_1+k_2\boldsymbol{\xi}_2$, k_1,k_2 为任意常数.

例 10.6.3 求解方程组 $\begin{cases}x_1-2x_2+2x_3+5x_4=-3,\\-x_1+2x_2-x_3-x_4=1,\\2x_1-4x_2+2x_3+2x_4=2.\end{cases}$

解 对方程组的增广矩阵进行初等行变换

$$\left(\begin{array}{cccc:c}1&-2&2&5&-3\\-1&2&-1&-1&1\\2&-4&2&2&2\end{array}\right)\rightarrow\left(\begin{array}{cccc:c}1&-2&2&5&-3\\0&0&1&4&-2\\0&0&-2&-8&8\end{array}\right)$$

$$\rightarrow\left(\begin{array}{cccc:c}1&-2&2&5&-3\\0&0&1&4&-2\\0&0&0&0&4\end{array}\right).$$

由于 $r(\boldsymbol{A})=2\neq r(\boldsymbol{A},\boldsymbol{b})=3$, 所以方程组无解.

习 题 10.6

1. 求下列方程组的通解.

(1) $\begin{cases} 2x_1+3x_2+x_3=0, \\ -5x_1+7x_2+x_4=0; \end{cases}$ (2) $\begin{cases} x_1+2x_2+3x_3-x_4=0, \\ 3x_1+2x_2+x_3+x_4=0; \end{cases}$

(3) $\begin{cases} 3x_1+4x_2-7x_3+x_4=0, \\ 2x_1+x_2-6x_3=0, \\ -x_1+2x_2+5x_3+x_4=0; \end{cases}$ (4) $\begin{cases} 3x_1+5x_2+2x_3=0, \\ 4x_1+5x_2+7x_3=0, \\ x_1+x_2-4x_3=0, \\ 2x_1+9x_2+6x_3=0. \end{cases}$

2. 设线性方程组 $\begin{cases} x_1+x_2+ax_3=0, \\ -x_1+ax_2+x_3=0, \\ x_1-x_2+2x_3=0, \end{cases}$ 当 a 为何值时, 方程组有非零解? 并求出通解.

3. 求解下列方程组.

(1) $\begin{cases} x_1+x_2-x_3=-1, \\ 2x_1-5x_2+3x_3=2, \\ 7x_1-7x_2+2x_3=1; \end{cases}$ (2) $\begin{cases} 2x_1+x_2+3x_3+3x_4=1, \\ x_1+x_2+x_3+2x_4=0, \\ x_1-2x_2+4x_3+x_4=4; \end{cases}$

(3) $\begin{cases} 2x_1-3x_2+x_3+2x_4=2, \\ 3x_1-x_2-x_3+3x_4=4, \\ x_1-2x_2-3x_3+5x_4=1, \\ 4x_1+3x_2-x_3-3x_4=3; \end{cases}$ (4) $\begin{cases} x_1+x_2+x_3+x_4=1, \\ 3x_1+2x_2+x_3+x_4=-3, \\ x_2+2x_3+2x_4=6, \\ 5x_1+4x_2+3x_3+3x_4=-1. \end{cases}$

小结·知识点

小结

本章的核心内容是线性方程组的解法——消元法. 向量的运算结构是刻画线性方程组的解的结构的有力工具, 本章介绍了向量组的线性相关性以及向量组的秩的概念, 并将这些概念应用于线性方程组的解的讨论. 从方程组的解法角度看, 消元法是求解线性方程组的有效的算法.

知识点

1. 线性方程组有一般的代数形式、向量形式和矩阵形式. 与之相关的两个重要矩阵是系数矩阵和增广矩阵.

2. 对线性方程组 $\boldsymbol{Ax}=\boldsymbol{b}$, 若将增广矩阵 $(\boldsymbol{A},\boldsymbol{b})$ 用矩阵的初等行变换化为 $(\boldsymbol{U},\boldsymbol{v})$, 则线性方程组 $\boldsymbol{Ax}=\boldsymbol{b}$ 与 $\boldsymbol{Ux}=\boldsymbol{v}$ 是同解方程组.

3. 线性方程组有解的充分必要条件是其系数矩阵与增广矩阵有相等的秩.

4. 齐次线性方程组有非零解的充分必要条件是 $r(\boldsymbol{A})<n$.

5. 设 $\boldsymbol{\alpha}_1,\boldsymbol{\alpha}_2,\cdots,\boldsymbol{\alpha}_s,\boldsymbol{\beta}$ 是 n 维向量, 若存在一组实数 $k_1,k_2,\cdots,k_s$ 使得 $\boldsymbol{\beta}=k_1\boldsymbol{\alpha}_1+k_2\boldsymbol{\alpha}_2+\cdots+k_s\boldsymbol{\alpha}_s$, 则称向量 $\boldsymbol{\beta}$ 是向量组 $\boldsymbol{\alpha}_1,\boldsymbol{\alpha}_2,\cdots,\boldsymbol{\alpha}_s$ 的一个线性组合. 这时也称向量 $\boldsymbol{\beta}$ 可由向量组 $\boldsymbol{\alpha}_1,\boldsymbol{\alpha}_2,\cdots,\boldsymbol{\alpha}_s$ 线性表示.

6. 向量 $\boldsymbol{\beta}$ 可由向量组 $\boldsymbol{\alpha}_1,\boldsymbol{\alpha}_2,\cdots,\boldsymbol{\alpha}_n$ 线性表示的充要条件是线性方程组 $x_1\boldsymbol{\alpha}_1+x_2\boldsymbol{\alpha}_2+\cdots+x_n\boldsymbol{\alpha}_n=\boldsymbol{\beta}$ 有解.

7. 向量 $\boldsymbol{\beta}$ 可由向量组 $\boldsymbol{\alpha}_1,\boldsymbol{\alpha}_2,\cdots,\boldsymbol{\alpha}_n$ 线性表示的充分必要条件是以 $\boldsymbol{\alpha}_1,\boldsymbol{\alpha}_2,\cdots,\boldsymbol{\alpha}_n$ 为列向量的矩阵与以 $\boldsymbol{\alpha}_1,\boldsymbol{\alpha}_2,\cdots,\boldsymbol{\alpha}_s,\boldsymbol{\beta}$ 为列向量的矩阵有相同的秩.

8. 设 $\boldsymbol{\alpha}_1,\boldsymbol{\alpha}_2,\cdots,\boldsymbol{\alpha}_s$ 是一组向量, 若存在不全为零的实数 $k_1,k_2,\cdots,k_s$ 使得 $k_1\boldsymbol{\alpha}_1+k_2\boldsymbol{\alpha}_2+\cdots+k_s\boldsymbol{\alpha}_s=\mathbf{0}$. 则称向量组 $\boldsymbol{\alpha}_1,\boldsymbol{\alpha}_2,\cdots,\boldsymbol{\alpha}_s$ 线性相关, 否则, 就称为线性无关.

9. 一个向量 $\boldsymbol{\alpha}$ 构成的向量组线性无关的充分必要条件是 $\boldsymbol{\alpha}\neq\mathbf{0}$.

10. 向量组 $\boldsymbol{\alpha}_1,\boldsymbol{\alpha}_2,\cdots,\boldsymbol{\alpha}_s(s\geqslant 2)$ 线性相关的充分必要条件是其中至少存在一个向量可由其余的 $s-1$ 个向量线性表示.

11. 向量组 $\boldsymbol{\alpha}_1,\boldsymbol{\alpha}_2,\cdots,\boldsymbol{\alpha}_s$ 线性相关的充分必要条件是齐次线性方程组 $x_1\boldsymbol{\alpha}_1+x_2\boldsymbol{\alpha}_2+\cdots+x_s\boldsymbol{\alpha}_s=\mathbf{0}$ 有非零解.

12. 向量组 $\boldsymbol{\alpha}_1,\boldsymbol{\alpha}_2,\cdots,\boldsymbol{\alpha}_s$ 线性无关的充分必要条件是齐次线性方程组 $x_1\boldsymbol{\alpha}_1+x_2\boldsymbol{\alpha}_2+\cdots+x_s\boldsymbol{\alpha}_s=\mathbf{0}$ 只有零解.

13. 设 $\boldsymbol{\alpha}_1=(a_{11},a_{21},\cdots,a_{m1})^{\mathrm{T}},\boldsymbol{\alpha}_2=(a_{12},a_{22},\cdots,a_{m2})^{\mathrm{T}},\cdots,\boldsymbol{\alpha}_n=(a_{1n},a_{2n},\cdots,a_{mn})^{\mathrm{T}}$ 是矩阵 $\boldsymbol{A}=(\boldsymbol{\alpha}_1,\boldsymbol{\alpha}_2,\cdots,\boldsymbol{\alpha}_n)$ 的全部列向量组成的向量组. 那么这个向量组线性相关的充要条件的秩 $r(\boldsymbol{A})<n$, 线性无关的充要条件是 $r(\boldsymbol{A})=n$.

14. 若向量组 $\boldsymbol{\alpha}_1,\boldsymbol{\alpha}_2,\cdots,\boldsymbol{\alpha}_s$ 线性无关, 向量组 $\boldsymbol{\alpha}_1,\boldsymbol{\alpha}_2,\cdots,\boldsymbol{\alpha}_s,\boldsymbol{\beta}$ 线性相关, 则向量 $\boldsymbol{\beta}$ 可由向量组 $\boldsymbol{\alpha}_1,\boldsymbol{\alpha}_2,\cdots,\boldsymbol{\alpha}_s$ 线性表示, 且表示法唯一.

15. 向量组 $\boldsymbol{A}$ 的一个部分组 $\boldsymbol{\alpha}_1,\boldsymbol{\alpha}_2,\cdots,\boldsymbol{\alpha}_r$ 满足条件: ① 向量组 $\boldsymbol{\alpha}_1,\boldsymbol{\alpha}_2,\cdots,\boldsymbol{\alpha}_r$ 线性无关; ② 向量组 $\boldsymbol{A}$ 中的任意向量均可由 $\boldsymbol{\alpha}_1,\boldsymbol{\alpha}_2,\cdots,\boldsymbol{\alpha}_r$ 线性表示, 则称向量组 $\boldsymbol{\alpha}_1,\boldsymbol{\alpha}_2,\cdots,\boldsymbol{\alpha}_r$ 为向量组 $\boldsymbol{A}$ 的一个极大线性无关组.

16. 向量组的极大线性无关组所含向量的个数称为该向量组的秩.

17. 矩阵 $\boldsymbol{A}$ 的行向量组的秩称为矩阵 $\boldsymbol{A}$ 的行秩, 矩阵 $\boldsymbol{A}$ 的列向量组的秩称为矩阵 $\boldsymbol{A}$ 的列秩.

18. 矩阵 $\boldsymbol{A}$ 的秩与其行秩、列秩都相等.

19. 齐次线性方程组的解有如下性质: 如果 $\boldsymbol{\xi}_1,\boldsymbol{\xi}_2$ 都是方程组的解, 则 $\boldsymbol{\xi}_1+\boldsymbol{\xi}_2$ 也是的解; 如果 $\boldsymbol{\xi}$ 是方程组的解, k 为任意常数, 则 $k\boldsymbol{\xi}$ 也是解.

20. 向量组 $\boldsymbol{\xi}_1,\boldsymbol{\xi}_2,\cdots,\boldsymbol{\xi}_s$ 是齐次线性方程组的解向量组的一个极大无关组, 则称 $\boldsymbol{\xi}_1,\boldsymbol{\xi}_2,\cdots,\boldsymbol{\xi}_s$ 是方程组的一个基础解系.

21. 设 $\boldsymbol{A}=(a_{ij})_{m\times n}$ 是 $m\times n$ 矩阵, 且 $r(\boldsymbol{A})=r$, 则齐次线性方程组的基础解系由 $n-r$ 个向量构成.

22. 设有非齐次线性方程组 $\boldsymbol{Ax}=\boldsymbol{b}$ 及其导出组 $\boldsymbol{Ax}=\boldsymbol{0}$. 那么① 如果 $\boldsymbol{\eta}_1,\boldsymbol{\eta}_2$ 是方程组 $\boldsymbol{Ax}=\boldsymbol{b}$ 的解, 则 $\boldsymbol{\eta}_1-\boldsymbol{\eta}_2$ 是导出组 $\boldsymbol{Ax}=\boldsymbol{0}$ 的解; ② 如果 $\boldsymbol{\eta}$ 是方程组 $\boldsymbol{Ax}=\boldsymbol{b}$ 的解, $\boldsymbol{\xi}$ 是导出组 $\boldsymbol{Ax}=\boldsymbol{0}$ 的解, 则 $\boldsymbol{\eta}+\boldsymbol{\xi}$ 是方程组 $\boldsymbol{Ax}=\boldsymbol{b}$ 的解.

23. 设 $\boldsymbol{A}$ 为 $m\times n$ 矩阵, $\boldsymbol{b}$ 是 m 维列向量, $r(\boldsymbol{A},\boldsymbol{b})=r(\boldsymbol{A})=r$, 若 $\boldsymbol{\eta}^*$ 是非齐次线性方程组 $\boldsymbol{Ax}=\boldsymbol{b}$ 的一个特解, $\boldsymbol{\xi}_1,\cdots,\boldsymbol{\xi}_{n-r}$ 是导出组 $\boldsymbol{Ax}=\boldsymbol{0}$ 的基础解系, 则方程组 $\boldsymbol{Ax}=\boldsymbol{b}$ 的通解为 $\boldsymbol{\eta}=\boldsymbol{\eta}^*+k_1\boldsymbol{\xi}_1+k_2\boldsymbol{\xi}_2+\cdots+k_{n-r}\boldsymbol{\xi}_{n-r}$, 其中 $k_1,k_2,\cdots,k_{n-r}$ 为任意常数.

无处不在的 e

e 的出现非常意外.

如果你在银行存钱的话, 我们假设一年的利息是 100%, 这好像不可能, 但是没有关系, 我们只是为了算起来方便一些而已. 那么到年底, 你的 1 元钱将变成 2 元. 如果你过了半年把钱取了出来, 但是, 你没有使用这笔钱, 又全部存回银行. 那么, 年底你的 1 元钱将变成 2.25 元. 计算方法是 $1\times\left(1+\dfrac{100\%}{2}\right)\times\left(1+\dfrac{100\%}{2}\right)$. 如果在一年中你取钱 n 次, 全部存回, 那么年底你将拿回多少钱呢? 这里我们假定取钱在一年中是平均的. 这是一个很简单的问题, 答案是

$$\left(1+\frac{100\%}{n}\right)^n=\left(1+\frac{1}{n}\right)^n.$$

如果你非常不厌其烦地取钱, 存钱, 取钱, 存钱, …… 那么 …… 对! 年底你的每 1 元钱将拿回 e 元,

$$\mathrm{e}=\lim_{n\to+\infty}\left(1+\frac{1}{n}\right)^n=2.718281828459045\cdots.$$

e 称为自然对数的底数, 关于这个名字的来由有很多理不清头绪的故事. 不谈也罢.

欧拉在 1728 年的一篇论文中引入了这个自然对数的底数, 后人用 e 表示这个数是为了纪念欧拉. 但是, 这篇文章欧拉生前并没有发表. 1737 年左右欧拉已经证明 e 及其平方 e^2 都是无理数, 也就是都不能表示成两个整数的比. 1873 年埃尔米特 (Hermite) 证明 e 是超越数, 即 e 不是任何整系数多项式的根.

设想一个群体, 诸如一堆放射性元素, 一个生物种群, 一个细菌菌群 …… 群体的数量 $x(t)$ 随时间变化, 其变化率与群体当前数量成比例, 我们希望了解这个

群体. 假设比例系数是常数 k, 那么

$$x' = kx.$$

这是一个最简单的常微分方程. 你看出它和 e 的联系了吗? $x = c\mathrm{e}^{kt}$! 不经意间, 我们又一次与 e 不期而遇了. 回忆刚才的复利计算, 这次的不期而遇好像应该是意料之中的事情呢! 世界纷繁复杂, 变化无穷, 下一次与 e 的相遇在哪里呢? e 的无穷级数表示式为

$$\mathrm{e} = 1 + \frac{1}{1!} + \frac{1}{2!} + \frac{1}{3!} + \cdots + \frac{1}{n!} + \cdots,$$

这是一个完美的公式, 所有的自然数都出现在右边了.

欧拉发现了一个最优美的数学公式:

$$\mathrm{e}^{\mathrm{i}\pi} + 1 = 0,$$

这是一个奇妙的联系. 很难理解它为什么会存在, 欧拉为什么会找到它.

在初等数学中, 我们从未与 e 谋面, 甚至不会设想它的存在. 但是在高等数学中, 我们何时能够离开它呢? 毫无疑问, e 属于高等数学.

第 11 章 Chapter 11 矩阵的对角化

第11章课件

11.1 特征值与特征向量

11.1.1 特征值与特征向量的概念及求法

定义 11.1 设 $\boldsymbol{A}$ 是 n 阶方阵, 如果存在数 λ 和 n 维列向量 $\boldsymbol{x} \neq \boldsymbol{0}$, 使得等式

$$\boldsymbol{Ax} = \lambda \boldsymbol{x} \tag{11.1}$$

成立, 则称 λ 为矩阵 $\boldsymbol{A}$ 的一个**特征值**, 非零向量 $\boldsymbol{x}$ 称为矩阵 $\boldsymbol{A}$ 的属于特征值 λ 的**特征向量**.

例 11.1.1 若二阶矩阵 $\boldsymbol{A} = \begin{pmatrix} 1 & 3 \\ 4 & 2 \end{pmatrix}$, 取 $\lambda = 5$, $\boldsymbol{x} = \begin{pmatrix} 3 \\ 4 \end{pmatrix}$, 则

$$\boldsymbol{Ax} = \begin{pmatrix} 1 & 3 \\ 4 & 2 \end{pmatrix} \begin{pmatrix} 3 \\ 4 \end{pmatrix} = \begin{pmatrix} 15 \\ 20 \end{pmatrix} = 5 \begin{pmatrix} 3 \\ 4 \end{pmatrix} = 5\boldsymbol{x},$$

因此, $\lambda = 5$ 是矩阵的 $\boldsymbol{A}$ 的特征值, $\boldsymbol{x} = \begin{pmatrix} 3 \\ 4 \end{pmatrix}$ 是矩阵 $\boldsymbol{A}$ 的属于特征值 $\lambda = 5$ 的特征向量.

下面讨论如何求出矩阵的特征值及特征向量. 从定义 11.1 可以知道, 对于 n 阶方阵 $\boldsymbol{A}$, 要求出它的特征值和特征向量, 也就是要找到一个数 λ 和一个非零向量 $\boldsymbol{x}$, 使得 (11.1) 式成立, 即 $\boldsymbol{Ax} = \lambda \boldsymbol{x}$, 注意到等式 $\boldsymbol{x} = \boldsymbol{Ex}$, 其中 $\boldsymbol{E}$ 是 n 阶单位阵, 就有 $\boldsymbol{Ax} = \lambda \boldsymbol{Ex}$, 简单变形之后得到

$$(\lambda \boldsymbol{E} - \boldsymbol{A})\boldsymbol{x} = \boldsymbol{0}. \tag{11.2}$$

这说明, 要解决所提出的问题, 就是要找到数 λ, 使得齐次线性方程组 (11.2) 有非零解. 方程组 (11.2) 有非零解的充分必要条件是它的系数行列式 $|\lambda \boldsymbol{E} - \boldsymbol{A}| = 0$.

若记 $\boldsymbol{A}=(a_{ij})_{n\times n}$, 那么

$$|\lambda\boldsymbol{E}-\boldsymbol{A}|=\begin{vmatrix}\lambda-a_{11} & -a_{12} & \cdots & -a_{1n}\\ -a_{21} & \lambda-a_{22} & \cdots & -a_{2n}\\ \vdots & \vdots & & \vdots\\ -a_{n1} & -a_{n2} & \cdots & \lambda-a_{nn}\end{vmatrix}, \tag{11.3}$$

由行列式的定义可以知道, (11.3) 式是一个关于变量 λ 的 n 次多项式, 通常我们把这一多项式称为矩阵 $\boldsymbol{A}$ 的特征多项式, 记作 $f_{\boldsymbol{A}}(\lambda)$ 或 $f(\lambda)$, 即 $f_{\boldsymbol{A}}(\lambda)=|\lambda\boldsymbol{E}-\boldsymbol{A}|$, 而 $\boldsymbol{A}$ 的特征值恰是 $\boldsymbol{A}$ 的特征多项式 $f_{\boldsymbol{A}}(\lambda)$ 的根. 由于 n 次多项式恰好有 n 个复根, 所以, 任意一个 n 阶方阵恰有 n 个特征值 (可能有重根).

如果 λ_0 是矩阵 $\boldsymbol{A}$ 的特征值, 则由前面的分析知道, 属于特征值 λ_0 的特征向量应是齐次线性方程组 $(\lambda_0\boldsymbol{E}-\boldsymbol{A})\boldsymbol{x}=\boldsymbol{0}$ 的非零解. 这样就可以找到 $\boldsymbol{A}$ 的全部特征值及相应的特征向量.

由上述讨论可以得到, 计算矩阵 $\boldsymbol{A}$ 的特征值和特征向量的方法及步骤:

(1) 计算矩阵 $\boldsymbol{A}$ 的特征多项式 $f_{\boldsymbol{A}}(\lambda)=|\lambda\boldsymbol{E}-\boldsymbol{A}|$;

(2) 计算出 $f_{\boldsymbol{A}}(\lambda)=0$ 的全部根, 它们就是矩阵 $\boldsymbol{A}$ 的全部特征值;

(3) 对每一个特征值 λ_0, 求出齐次线性方程组 $(\lambda_0\boldsymbol{E}-\boldsymbol{A})x=\boldsymbol{0}$ 的基础解系 $\boldsymbol{\alpha}_1,\boldsymbol{\alpha}_2,\cdots,\boldsymbol{\alpha}_t$, 则矩阵 $\boldsymbol{A}$ 的属于特征值 λ_0 的全部特征向量为 $k_1\boldsymbol{\alpha}_1+k_2\boldsymbol{\alpha}_2+\cdots+k_t\boldsymbol{\alpha}_t$, 其中 $k_1,k_2,\cdots,k_t$ 是不全为零的任意常数.

例 11.1.2 求出二阶方阵 $\boldsymbol{A}=\begin{pmatrix}-3 & 1\\ 1 & -3\end{pmatrix}$ 的全部特征值和相应的特征向量.

解 方阵 $\boldsymbol{A}$ 的特征多项式为

$$f_{\boldsymbol{A}}(\lambda)=|\lambda\boldsymbol{E}-\boldsymbol{A}|=\begin{vmatrix}\lambda+3 & -1\\ -1 & \lambda+3\end{vmatrix}=\lambda^2+6\lambda+8=(\lambda+2)(\lambda+4),$$

所以, 方阵 $\boldsymbol{A}$ 有两个特征值 $\lambda_1=-2$, $\lambda_2=-4$.

对于特征值 $\lambda_1=-2$, 解齐次线性方程组 $(\lambda_1\boldsymbol{E}-\boldsymbol{A})\,\boldsymbol{x}=\boldsymbol{0}$, 即

$$\begin{pmatrix}1 & -1\\ -1 & 1\end{pmatrix}\begin{pmatrix}x_1\\ x_2\end{pmatrix}=\boldsymbol{0},$$

求得基础解系 $\boldsymbol{\alpha}_1=\begin{pmatrix}1\\ 1\end{pmatrix}$, 所以矩阵 $\boldsymbol{A}$ 的属于特征值 $\lambda_1=-2$ 的全部特征向量是 $k\boldsymbol{\alpha}_1=\begin{pmatrix}k\\ k\end{pmatrix}$, $k\neq 0$.

对于特征值 $\lambda_2=-4$, 解齐次线性方程组 $(\lambda_2\boldsymbol{E}-\boldsymbol{A})\boldsymbol{x}=\boldsymbol{0}$, 即

$$\begin{pmatrix}-1&-1\\-1&-1\end{pmatrix}\begin{pmatrix}x_1\\x_2\end{pmatrix}=\boldsymbol{0},$$

求得基础解系 $\boldsymbol{\alpha}_2=\begin{pmatrix}1\\-1\end{pmatrix}$, 所以矩阵 $\boldsymbol{A}$ 的属于特征值 $\lambda_2=-4$ 的全部特征向量是 $k\boldsymbol{\alpha}_2=\begin{pmatrix}k\\-k\end{pmatrix}$, $k\neq 0$.

例 11.1.3 求出三阶方阵 $\boldsymbol{A}=\begin{pmatrix}1&-1&1\\1&3&-1\\1&1&1\end{pmatrix}$ 的全部特征值和相应的特征向量.

解 三阶方阵 $\boldsymbol{A}$ 的特征多项式为

$$f_{\boldsymbol{A}}(\lambda)=|\lambda\boldsymbol{E}-\boldsymbol{A}|=\begin{vmatrix}\lambda-1&1&-1\\-1&\lambda-3&1\\-1&-1&\lambda-1\end{vmatrix}=(\lambda-1)(\lambda-2)^2,$$

所以, $\boldsymbol{A}$ 有三个特征值 $\lambda_1=1$, $\lambda_2=\lambda_3=2$.

对于特征值 $\lambda_1=1$, 解齐次线性方程组 $(\lambda_1\boldsymbol{E}-\boldsymbol{A})\boldsymbol{x}=\boldsymbol{0}$, 即

$$\begin{pmatrix}0&1&-1\\-1&-2&1\\-1&-1&0\end{pmatrix}\boldsymbol{x}=\boldsymbol{0},$$

求得基础解系 $\boldsymbol{\alpha}_1=\begin{pmatrix}-1\\1\\1\end{pmatrix}$, 所以矩阵 $\boldsymbol{A}$ 的属于特征值 $\lambda_1=1$ 的全部特征向量为 $k\boldsymbol{\alpha}_1$, $k\neq 0$.

对于特征值 $\lambda_{2,3}=2$, 解齐次线性方程组 $(\lambda_2\boldsymbol{E}-\boldsymbol{A})\boldsymbol{x}=\boldsymbol{0}$, 即

$$\begin{pmatrix}1&1&-1\\-1&-1&1\\-1&-1&1\end{pmatrix}\boldsymbol{x}=\boldsymbol{0},$$

求得基础解系 $\boldsymbol{\alpha}_2=\begin{pmatrix}1\\0\\1\end{pmatrix}$, $\boldsymbol{\alpha}_3=\begin{pmatrix}0\\1\\1\end{pmatrix}$, 所以矩阵 $\boldsymbol{A}$ 的属于特征值 $\lambda_{2,3}=2$ 的全部特征向量为 $k_2\boldsymbol{\alpha}_2+k_3\boldsymbol{\alpha}_3$, k_2,k_3 不同时为零.

11.1.2 特征值与特征向量的性质

定理 11.1 方阵 $\boldsymbol{A}$ 的属于不同特征值的特征向量是线性无关的.

证 若 λ_1, λ_2 是方阵 $\boldsymbol{A}$ 的不同特征值, 即 $\lambda_1 \neq \lambda_2$, 而 $\boldsymbol{x}_1$, $\boldsymbol{x}_2$ 分别是属于 λ_1, λ_2 的特征向量, 则有 $\boldsymbol{A}\boldsymbol{x}_1 = \lambda_1\boldsymbol{x}_1$, $\boldsymbol{A}\boldsymbol{x}_2 = \lambda_2\boldsymbol{x}_2$.

对于向量 $\boldsymbol{x}_1$, $\boldsymbol{x}_2$ 的线性组合

$$k_1\boldsymbol{x}_1 + k_2\boldsymbol{x}_2 = \boldsymbol{0}, \tag{11.4}$$

用矩阵 $\boldsymbol{A}$ 左乘等式两边得

$$\boldsymbol{A}(k_1\boldsymbol{x}_1 + k_2\boldsymbol{x}_2) = k_1\lambda_1\boldsymbol{x}_1 + k_2\lambda_2\boldsymbol{x}_2 = \boldsymbol{0}, \tag{11.5}$$

由 (11.4), (11.5) 两式消去向量 $\boldsymbol{x}_2$, 得到 $k_1(\lambda_2-\lambda_1)\boldsymbol{x}_1 = \boldsymbol{0}$. 由于 $\lambda_1 \neq \lambda_2$, $\boldsymbol{x}_1 \neq \boldsymbol{0}$ 所以 $k_1 = 0$. 将 $k_1 = 0$ 代入 (11.4) 式得到 $k_2 = 0$. 由线性无关的定义, 可知 $\boldsymbol{x}_1$, $\boldsymbol{x}_2$ 是线性无关的.

定理 11.2 设 $\lambda_1,\lambda_2,\cdots,\lambda_m$ 是方阵 $\boldsymbol{A}$ 的 m 个特征值, $\boldsymbol{x}_1,\boldsymbol{x}_2,\cdots,\boldsymbol{x}_m$ 是依次与之对应的特征向量. 如果 $\lambda_1,\lambda_2,\cdots,\lambda_m$ 是互不相同的, 那么 $\boldsymbol{x}_1,\boldsymbol{x}_2,\cdots,\boldsymbol{x}_m$ 线性无关.

定理 11.3 设 $\lambda_1,\lambda_2,\cdots,\lambda_n$ 是 n 阶方阵 $\boldsymbol{A} = (a_{ij})_n$ 的全体特征值. 则

(1) $\sum\limits_{i=1}^{n}\lambda_i = a_{11} + a_{22} + \cdots + a_{nn} = \sum\limits_{i=1}^{n} a_{ii}$;

(2) $\prod\limits_{i=1}^{n}\lambda_i = |\boldsymbol{A}|$.

其中 $\sum\limits_{i=1}^{n} a_{ii}$ 称为矩阵 $\boldsymbol{A}$ 的迹, 记作 $\operatorname{tr}(\boldsymbol{A})$.

证 首先计算特征多项式 $f(\lambda)$,

$$|\lambda\boldsymbol{E}-\boldsymbol{A}| = \begin{vmatrix} \lambda-a_{11} & -a_{12} & \cdots & -a_{1n} \\ -a_{21} & \lambda-a_{22} & \cdots & -a_{2n} \\ \vdots & \vdots & & \vdots \\ -a_{n1} & -a_{n2} & \cdots & \lambda-a_{nn} \end{vmatrix}$$

的行列式展开式中, 主对角线上元素的乘积 $(\lambda-a_{11})(\lambda-a_{22})\cdots(\lambda-a_{nn})$ 是行列式中的一项, 由行列式定义, 展开式中的其余各项至多包含 $n-2$ 个主对角线上的元素, 因此特征多项式中 λ^n 和 λ^{n-1} 的项只能在主对角线元素乘积项中出现. 特征多项式 $f(\lambda) = |\lambda\boldsymbol{E}-\boldsymbol{A}|$ 的常数项为 $f(0) = (-1)^n\,|\boldsymbol{A}|$, 从而有

$$f(\lambda) = |\lambda\boldsymbol{E}-\boldsymbol{A}| = \lambda^n - (a_{11}+a_{22}+\cdots+a_{nn})\lambda^{n-1} + \cdots + (-1)^n|\boldsymbol{A}|, \tag{11.6}$$

另一方面, $\lambda_1,\lambda_2,\cdots,\lambda_n$ 为 $\boldsymbol{A}$ 的 n 个特征值, 特征多项式 $f(\lambda)$ 又可表示为

$$\begin{aligned}|\lambda\boldsymbol{E}-\boldsymbol{A}|&=(\lambda-\lambda_1)(\lambda-\lambda_2)\cdots(\lambda-\lambda_n)\\&=\lambda^n-(\lambda_1+\lambda_2+\cdots+\lambda_n)\lambda^{n-1}+\cdots+(-1)^n\lambda_1\lambda_2\cdots\lambda_n,\end{aligned}\quad(11.7)$$

比较 (11.6) 与 (11.7) 两式可知

$$\lambda_1+\lambda_2+\cdots+\lambda_n=a_{11}+a_{22}+\cdots+a_{nn},$$

$$\lambda_1\lambda_2\cdots\lambda_n=|\boldsymbol{A}|.$$

证毕.

推论 n 阶方阵 $\boldsymbol{A}$ 可逆的充分必要条件是 $\boldsymbol{A}$ 的特征值均非零.

习 题 11.1

1. 求出下列方阵的特征值及特征向量.

(1) $\begin{pmatrix}0&1\\1&0\end{pmatrix}$;　　(2) $\begin{pmatrix}11&25\\-4&-9\end{pmatrix}$;

(3) $\begin{pmatrix}3&6&6\\0&2&0\\-3&-12&-6\end{pmatrix}$;　　(4) $\begin{pmatrix}3&-2&0\\-1&3&-1\\-5&7&-1\end{pmatrix}$;

(5) $\begin{pmatrix}1&1&1\\1&1&1\\1&1&1\end{pmatrix}$;　　(6) $\begin{pmatrix}4&-2&-1\\5&-2&-1\\-2&1&1\end{pmatrix}$.

2. $\boldsymbol{A}$ 是可逆方阵, λ 是 $\boldsymbol{A}$ 的特征值, 证明 $\dfrac{1}{\lambda}$ 是 $\boldsymbol{A}^{-1}$ 的特征值.

11.2 相 似 矩 阵

若 $\boldsymbol{A},\boldsymbol{B}$ 都是 n 阶方阵, 如果存在 n 阶可逆矩阵 $\boldsymbol{P}$, 使得 $\boldsymbol{P}^{-1}\boldsymbol{A}\boldsymbol{P}=\boldsymbol{B}$, 则称矩阵 $\boldsymbol{A}$ 与 $\boldsymbol{B}$ 相似, 记作 $\boldsymbol{A}\sim\boldsymbol{B}$.

例如, $\boldsymbol{A}=\begin{pmatrix}-2&3\\5&-7\end{pmatrix}$, $\boldsymbol{B}=\begin{pmatrix}2&7\\-3&-11\end{pmatrix}$, 取 $\boldsymbol{P}=\begin{pmatrix}3&2\\2&1\end{pmatrix}$, 则 $\boldsymbol{P}^{-1}=\begin{pmatrix}-1&2\\2&-3\end{pmatrix}$, 简单计算可知 $\boldsymbol{P}^{-1}\boldsymbol{A}\boldsymbol{P}=\boldsymbol{B}$, 按定义矩阵 $\boldsymbol{A}$ 与 $\boldsymbol{B}$ 相似.

定理 11.4 相似的矩阵有相同的特征多项式, 进而有相同的特征值.

证 若矩阵 $\boldsymbol{A}$ 与 $\boldsymbol{B}$ 相似, 那么一定存在可逆矩阵 $\boldsymbol{P}$, 使得 $\boldsymbol{P}^{-1}\boldsymbol{A}\boldsymbol{P}=\boldsymbol{B}$. 于是

$$\begin{aligned}f_{\boldsymbol{B}}(\lambda)&=|\lambda\boldsymbol{E}-\boldsymbol{B}|=\left|\boldsymbol{P}^{-1}(\lambda\boldsymbol{E})\boldsymbol{P}-\boldsymbol{P}^{-1}\boldsymbol{A}\boldsymbol{P}\right|=\left|\boldsymbol{P}^{-1}(\lambda\boldsymbol{E}-\boldsymbol{A})\boldsymbol{P}\right|\\&=|\lambda\boldsymbol{E}-\boldsymbol{A}|=f_{\boldsymbol{A}}(\lambda).\end{aligned}$$

例 11.2.1 若方阵 $\boldsymbol{A}$ 与 $\boldsymbol{B}$ 相似, $\boldsymbol{P}$ 是可逆矩阵, 且 $\boldsymbol{P}^{-1}\boldsymbol{A}\boldsymbol{P}=\boldsymbol{B}$. 如果 $\boldsymbol{x}_0$ 是 $\boldsymbol{B}$ 的属于特征值 λ_0 的特征向量, 则 $\boldsymbol{P}\boldsymbol{x}_0$ 是 $\boldsymbol{A}$ 的属于特征值 λ_0 的特征向量.

证 由题意有, $\boldsymbol{B}\boldsymbol{x}_0=\lambda_0\boldsymbol{x}_0$ 及 $\boldsymbol{P}^{-1}\boldsymbol{A}\boldsymbol{P}=\boldsymbol{B}$, 可得 $\boldsymbol{A}\boldsymbol{P}=\boldsymbol{P}\boldsymbol{B}$, 右乘 $\boldsymbol{x}_0$, 得到

$$\boldsymbol{A}(\boldsymbol{P}\boldsymbol{x}_0)=\boldsymbol{P}\boldsymbol{B}\boldsymbol{x}_0=\lambda_0\boldsymbol{P}\boldsymbol{x}_0.$$

相似矩阵具有如下性质: 若方阵 $\boldsymbol{A}$ 与 $\boldsymbol{B}$ 相似, 则有

(1) $r(\boldsymbol{A})=r(\boldsymbol{B})$;

(2) $|\boldsymbol{A}|=|\boldsymbol{B}|$;

(3) 若 $\boldsymbol{A}$ 可逆, 则 $\boldsymbol{B}$ 也可逆, 且 $\boldsymbol{A}^{-1}$ 与 $\boldsymbol{B}^{-1}$ 也相似.

如果方阵 $\boldsymbol{A}$ 与一个对角矩阵相似, 则说 $\boldsymbol{A}$ 是可以对角化的, 否则, 称为不可对角化的. 由于对角矩阵在计算上是比较简单的, 因此, 矩阵的对角化有重要应用.

如果 n 阶矩阵 $\boldsymbol{A}$ 是可以对角化的, 根据定义一定存在 n 阶可逆矩阵 $\boldsymbol{P}$, 使得

$$\boldsymbol{P}^{-1}\boldsymbol{A}\boldsymbol{P}=\begin{pmatrix}a_1&&&\\&a_2&&\\&&\ddots&\\&&&a_n\end{pmatrix}.$$

在等式两端左乘矩阵 $\boldsymbol{P}$, 且把 $\boldsymbol{P}$ 按列分块为 $(\boldsymbol{x}_1,\boldsymbol{x}_2,\cdots,\boldsymbol{x}_n)$, 得

$$\boldsymbol{A}(\boldsymbol{x}_1,\boldsymbol{x}_2,\cdots,\boldsymbol{x}_n)=(\boldsymbol{x}_1,\boldsymbol{x}_2,\cdots,\boldsymbol{x}_n)\begin{pmatrix}a_1&&&\\&a_2&&\\&&\ddots&\\&&&a_n\end{pmatrix},$$

即 $(\boldsymbol{A}\boldsymbol{x}_1,\boldsymbol{A}\boldsymbol{x}_2,\cdots,\boldsymbol{A}\boldsymbol{x}_n)=(a_1\boldsymbol{x}_1,a_2\boldsymbol{x}_2,\cdots,a_n\boldsymbol{x}_n)$. 这样就有 $\boldsymbol{A}\boldsymbol{x}_i=a_i\boldsymbol{x}_i,1\leqslant i\leqslant n$. 由特征值与特征向量的定义, 可以知道, a_i 是 $\boldsymbol{A}$ 的特征值, $\boldsymbol{x}_i$ 恰是 a_i 的一个特征向量, $1\leqslant i\leqslant n$. 因此, 矩阵 $\boldsymbol{A}$ 有 n 个线性无关的特征向量, 而与 $\boldsymbol{A}$ 相似的对角阵恰是由 $\boldsymbol{A}$ 的全部特征值为对角线元素的矩阵.

反之, 如果 n 阶矩阵 $\boldsymbol{A}$ 有 n 个线性无关的特征向量 $\boldsymbol{x}_1,\boldsymbol{x}_2,\cdots,\boldsymbol{x}_n$, 它们相应的特征值依次为 $\lambda_1,\lambda_2,\cdots,\lambda_n$, 则有 $\boldsymbol{A}\boldsymbol{x}_i=\lambda_i\boldsymbol{x}_i$, $1\leqslant i\leqslant n$, 于是

$$(\boldsymbol{A}\boldsymbol{x}_1, \boldsymbol{A}\boldsymbol{x}_2, \cdots, \boldsymbol{A}\boldsymbol{x}_n) = (\lambda_1\boldsymbol{x}_1, \lambda_2\boldsymbol{x}_2, \cdots, \lambda_n\boldsymbol{x}_n),$$

等式左边提出因子 $\boldsymbol{A}$ 得到

$$\boldsymbol{A}(\boldsymbol{x}_1, \boldsymbol{x}_2, \cdots, \boldsymbol{x}_n) = (\boldsymbol{x}_1, \boldsymbol{x}_2, \cdots, \boldsymbol{x}_n)\begin{pmatrix} \lambda_1 & & & \\ & \lambda_2 & & \\ & & \ddots & \\ & & & \lambda_n \end{pmatrix}.$$

记 $\boldsymbol{P} = (\boldsymbol{x}_1, \boldsymbol{x}_2, \cdots, \boldsymbol{x}_n)$, 则 $\boldsymbol{P}$ 可逆, 且有

$$\boldsymbol{A}\boldsymbol{P} = \boldsymbol{P}\begin{pmatrix} \lambda_1 & & & \\ & \lambda_2 & & \\ & & \ddots & \\ & & & \lambda_n \end{pmatrix},$$

移项就得到

$$\boldsymbol{P}^{-1}\boldsymbol{A}\boldsymbol{P} = \begin{pmatrix} \lambda_1 & & & \\ & \lambda_2 & & \\ & & \ddots & \\ & & & \lambda_n \end{pmatrix} = \operatorname{diag}(\lambda_1, \lambda_2, \cdots, \lambda_n).$$

称对角矩阵 $\operatorname{diag}(\lambda_1, \lambda_2, \cdots, \lambda_n)$ 为矩阵 $\boldsymbol{A}$ 的相似标准形. 这样, 就有如下定理.

定理 11.5 n 阶方阵 $\boldsymbol{A}$ 可以对角化的充分必要条件是 $\boldsymbol{A}$ 有 n 个线性无关的特征向量.

推论 如果 n 阶方阵 $\boldsymbol{A}$ 有 n 个互不相同的特征值, 则 $\boldsymbol{A}$ 一定可以对角化.

例 11.2.2 求 $\boldsymbol{A} = \begin{pmatrix} -3 & 1 \\ 1 & -3 \end{pmatrix}$ 的相似标准形.

解 $\boldsymbol{A}$ 的特征值为 $-2, -4$, 对应的特征向量是 $\begin{pmatrix} 1 \\ 1 \end{pmatrix}, \begin{pmatrix} 1 \\ -1 \end{pmatrix}$. 取可逆矩阵 $\boldsymbol{P} = \begin{pmatrix} 1 & 1 \\ 1 & -1 \end{pmatrix}$, 则有 $\boldsymbol{P}^{-1}\boldsymbol{A}\boldsymbol{P} = \operatorname{diag}(-2, -4)$.

习 题 11.2

1. 设矩阵 $\boldsymbol{A} = \begin{pmatrix} -3 & 1 \\ 1 & -3 \end{pmatrix}$, 计算 $\boldsymbol{A}^n$.

2. 对下列矩阵 $\boldsymbol{A}$, 求出可逆矩阵 $\boldsymbol{P}$ 使得 $\boldsymbol{P}^{-1}\boldsymbol{A}\boldsymbol{P}$ 是对角形矩阵.

(1) $\begin{pmatrix} 1 & -1 \\ 2 & 4 \end{pmatrix}$;　　(2) $\begin{pmatrix} -2 & 2 \\ -1 & -5 \end{pmatrix}$;

(3) $\begin{pmatrix} 5 & -3 & 2 \\ 6 & -4 & 4 \\ 4 & -4 & 5 \end{pmatrix}$;　　(4) $\begin{pmatrix} 7 & -12 & 6 \\ 10 & -19 & 10 \\ 12 & -24 & 13 \end{pmatrix}$.

11.3 实对称矩阵的对角化

在经济计量学和一些经济数学模型中, 经常遇到实对称矩阵, 实对称矩阵的特征值和特征向量有许多特殊而有用的性质.

对任意列向量 $\boldsymbol{\alpha}$, 都容易看到 $\boldsymbol{\alpha}^{\mathrm{T}}\boldsymbol{\alpha} \geqslant 0$, 这使得我们可以顺利地引入向量长度的概念. 对 $\mathbb{R}^n$ 中的任一向量 $\boldsymbol{\alpha} = (a_1, a_2, \cdots, a_n)^{\mathrm{T}}$, 定义其**长度**为

$$||\boldsymbol{\alpha}|| = \sqrt{\boldsymbol{\alpha}^{\mathrm{T}}\boldsymbol{\alpha}} = \sqrt{a_1^2 + a_2^2 + \cdots + a_n^2}.$$

向量的长度也称为向量的**范数**.

长度为 1 的向量称为**单位向量**, 用非零向量 $\boldsymbol{\alpha}$ 的长度去除向量 $\boldsymbol{\alpha}$ 就得到一个单位向量, 这个做法通常称为把向量 $\boldsymbol{\alpha}$ 单位化.

如果两个向量 $\boldsymbol{\alpha}$ 与 $\boldsymbol{\beta}$ 的内积等于零, 即 $\boldsymbol{\alpha}^{\mathrm{T}}\boldsymbol{\beta} = 0$, 则称向量 $\boldsymbol{\alpha}$ 与 $\boldsymbol{\beta}$ **正交**.

例 11.3.1 零向量与任何向量的内积都为零, 因此零向量与任意向量正交.

例 11.3.2 $\mathbb{R}^n$ 中的单位向量组 $\boldsymbol{\varepsilon}_1, \boldsymbol{\varepsilon}_2, \cdots, \boldsymbol{\varepsilon}_n$ 是两两正交的, $\boldsymbol{\varepsilon}_i^{\mathrm{T}}\boldsymbol{\varepsilon}_j = 0$ $(i \neq j)$.

如果 $\mathbb{R}^n$ 中的非零向量组 $\boldsymbol{\alpha}_1, \boldsymbol{\alpha}_2, \cdots, \boldsymbol{\alpha}_s$ 两两正交, 即 $\boldsymbol{\alpha}_i^{\mathrm{T}}\boldsymbol{\alpha}_j = 0(i \neq j)$, 则称该向量组为正交向量组. 如果一个方阵的行向量组或者列向量组是正交向量组, 那么这个方阵是很值得研究的.

如果一个方阵 $\boldsymbol{P}$ 满足条件 $\boldsymbol{P}^{\mathrm{T}}\boldsymbol{P} = \boldsymbol{P}\boldsymbol{P}^{\mathrm{T}} = \boldsymbol{E}$, 那么就称 $\boldsymbol{P}$ 是一个正交矩阵. 对于正交矩阵 $\boldsymbol{P}$ 来说, 其逆矩阵与转置矩阵相等, 即 $\boldsymbol{P}^{-1} = \boldsymbol{P}^{\mathrm{T}}$.

定理 11.6 实对称矩阵的特征值都是实数.

证 设复数 λ 是实对称矩阵 $\boldsymbol{A}$ 的特征值, 则存在非零向量 $\boldsymbol{x}$ 使得 $\boldsymbol{A}\boldsymbol{x} = \lambda\boldsymbol{x}$, 且 $\boldsymbol{A}^{\mathrm{T}} = \boldsymbol{A}$, $\overline{\boldsymbol{A}} = \boldsymbol{A}$, 从而

$$\begin{aligned}\lambda\left(\overline{\boldsymbol{x}}^{\mathrm{T}}\boldsymbol{x}\right) &= \overline{\boldsymbol{x}}^{\mathrm{T}}(\lambda\boldsymbol{x}) = \overline{\boldsymbol{x}}^{\mathrm{T}}(\boldsymbol{A}\boldsymbol{x}) = \overline{\boldsymbol{x}}^{\mathrm{T}}\boldsymbol{A}^{\mathrm{T}}\boldsymbol{x} = (\boldsymbol{A}\overline{\boldsymbol{x}})^{\mathrm{T}}\boldsymbol{x} \\ &= (\overline{\boldsymbol{A}}\overline{\boldsymbol{x}})^{\mathrm{T}}\boldsymbol{x} = (\overline{\boldsymbol{A}\boldsymbol{x}})^{\mathrm{T}}\boldsymbol{x} = (\overline{\lambda\boldsymbol{x}})^{\mathrm{T}}\boldsymbol{x} = (\overline{\lambda}\overline{\boldsymbol{x}})^{\mathrm{T}}\boldsymbol{x} = \overline{\lambda}(\overline{\boldsymbol{x}}^{\mathrm{T}}\boldsymbol{x}),\end{aligned}$$

由此可见 $(\lambda - \overline{\lambda})\overline{\boldsymbol{x}}^{\mathrm{T}}\boldsymbol{x} = 0$. 又 $\boldsymbol{x} \neq \boldsymbol{0}$, 于是 $\overline{\boldsymbol{x}}^{\mathrm{T}}\boldsymbol{x} \neq 0$, 故 $\lambda = \overline{\lambda}$, 即 λ 是实数. 证毕.

定理 11.7 实对称矩阵属于不同特征值的特征向量一定是正交的.

证 设 λ_1,λ_2 是对称矩阵 $\boldsymbol{A}$ 的两个不同的特征值, $\boldsymbol{x}_1,\boldsymbol{x}_2$ 分别是属于这两个特征值的特征向量, 则有 $\boldsymbol{A}\boldsymbol{x}_1=\lambda_1\boldsymbol{x}_1$, $\boldsymbol{A}\boldsymbol{x}_2=\lambda_2\boldsymbol{x}_2$. 那么

$$\begin{aligned}\lambda_1(\boldsymbol{x}_1^{\mathrm{T}}\boldsymbol{x}_2)&=(\lambda_1\boldsymbol{x}_1)^{\mathrm{T}}\boldsymbol{x}_2=(\boldsymbol{A}\boldsymbol{x}_1)^{\mathrm{T}}\boldsymbol{x}_2=\boldsymbol{x}_1^{\mathrm{T}}\boldsymbol{A}^{\mathrm{T}}\boldsymbol{x}_2=\boldsymbol{x}_1^{\mathrm{T}}(\boldsymbol{A}\boldsymbol{x}_2)\\&=\boldsymbol{x}_1^{\mathrm{T}}(\lambda_2\boldsymbol{x}_2)=\lambda_2\boldsymbol{x}_1^{\mathrm{T}}\boldsymbol{x}_2.\end{aligned}$$

由于 $\lambda_1\neq\lambda_2$, 所以 $\boldsymbol{x}_1^{\mathrm{T}}\boldsymbol{x}_2=0$, 即 $\boldsymbol{x}_1$ 与 $\boldsymbol{x}_2$ 正交. 证毕.

定理 11.8 对任意的 n 阶实对称矩阵 $\boldsymbol{A}$, 一定存在 n 阶正交矩阵 $\boldsymbol{Q}$, 使得

$$\boldsymbol{Q}^{-1}\boldsymbol{A}\boldsymbol{Q}=\operatorname{diag}(\lambda_1,\lambda_2,\cdots,\lambda_n)=\begin{pmatrix}\lambda_1&&&\\&\lambda_2&&\\&&\ddots&\\&&&\lambda_n\end{pmatrix},$$

这里 $\lambda_i(1\leqslant i\leqslant n)$ 是 $\boldsymbol{A}$ 的全部特征值.

这一定理说明, 实对称矩阵一定正交相似于一个实对角矩阵, 其对角线上元素为实对称矩阵的全部特征值.

已知 $\mathbb{R}^n$ 中的线性无关向量组 $\boldsymbol{\alpha}_1,\boldsymbol{\alpha}_2,\cdots,\boldsymbol{\alpha}_s$, 则可以生成一个正交向量组 $\boldsymbol{\beta}_1,\boldsymbol{\beta}_2,\cdots,\boldsymbol{\beta}_s$, 并且使得向量组 $\boldsymbol{\alpha}$ 与向量组 $\boldsymbol{\beta}$ 之间具有很好的联系. 这一过程称为将向量组正交化, 常用的正交化方法是**施密特正交化方法**, 其步骤如下:

对 $\mathbb{R}^n$ 中的线性无关向量组 $\boldsymbol{\alpha}_1,\boldsymbol{\alpha}_2,\cdots,\boldsymbol{\alpha}_s$, 令

$$\begin{aligned}&\boldsymbol{\beta}_1=\boldsymbol{\alpha}_1;\\&\boldsymbol{\beta}_2=\boldsymbol{\alpha}_2-\frac{\boldsymbol{\alpha}_2^{\mathrm{T}}\boldsymbol{\beta}_1}{\boldsymbol{\beta}_1^{\mathrm{T}}\boldsymbol{\beta}_1}\boldsymbol{\beta}_1;\\&\boldsymbol{\beta}_3=\boldsymbol{\alpha}_3-\frac{\boldsymbol{\alpha}_3^{\mathrm{T}}\boldsymbol{\beta}_1}{\boldsymbol{\beta}_1^{\mathrm{T}}\boldsymbol{\beta}_1}\boldsymbol{\beta}_1-\frac{\boldsymbol{\alpha}_3^{\mathrm{T}}\boldsymbol{\beta}_2}{\boldsymbol{\beta}_2^{\mathrm{T}}\boldsymbol{\beta}_2}\boldsymbol{\beta}_2;\\&\cdots\cdots\\&\boldsymbol{\beta}_s=\boldsymbol{\alpha}_s-\sum_{i=1}^{s-1}\frac{\boldsymbol{\alpha}_s^{\mathrm{T}}\boldsymbol{\beta}_i}{\boldsymbol{\beta}_i^{\mathrm{T}}\boldsymbol{\beta}_i}\boldsymbol{\beta}_i\quad(i=1,2,\cdots,s).\end{aligned}$$

例 11.3.3 设线性无关的向量组 $\boldsymbol{\alpha}_1=(1,1,1,1)^{\mathrm{T}},\boldsymbol{\alpha}_2=(3,3,-1,-1)^{\mathrm{T}}$, $\boldsymbol{\alpha}_3=(-2,0,6,8)^{\mathrm{T}}$, 用施密特正交化方法将其正交化.

解 利用施密特正交化方法, 令

$\boldsymbol{\beta}_1=\boldsymbol{\alpha}_1=(1,1,1,1)^{\mathrm{T}}$,

$$\boldsymbol{\beta}_2=\boldsymbol{\alpha}_2-\frac{\boldsymbol{\alpha}_2^{\mathrm{T}}\boldsymbol{\beta}_1}{\boldsymbol{\beta}_1^{\mathrm{T}}\boldsymbol{\beta}_1}\boldsymbol{\beta}_1=(3,3,-1,-1)^{\mathrm{T}}-\frac{4}{4}(1,1,1,1)^{\mathrm{T}}=(2,2,-2,-2)^{\mathrm{T}},$$

$$\begin{aligned}\boldsymbol{\beta}_3&=\boldsymbol{\alpha}_3-\frac{\boldsymbol{\alpha}_3^{\mathrm{T}}\boldsymbol{\beta}_1}{\boldsymbol{\beta}_1^{\mathrm{T}}\boldsymbol{\beta}_1}\boldsymbol{\beta}_1-\frac{\boldsymbol{\alpha}_3^{\mathrm{T}}\boldsymbol{\beta}_2}{\boldsymbol{\beta}_2^{\mathrm{T}}\boldsymbol{\beta}_2}\boldsymbol{\beta}_2\\&=(-2,0,6,8)^{\mathrm{T}}-\frac{12}{4}(1,1,1,1)^{\mathrm{T}}-\frac{-32}{16}(2,2,-2,-2)^{\mathrm{T}}\\&=(-1,1,-1,1)^{\mathrm{T}}.\end{aligned}$$

例 11.3.4 设 $\boldsymbol{A}=\begin{pmatrix}-1&-2&-2\\-2&-1&-2\\-2&-2&-1\end{pmatrix}$, 求正交矩阵 $\boldsymbol{P}$, 使得 $\boldsymbol{P}^{\mathrm{T}}\boldsymbol{A}\boldsymbol{P}$ 为对角阵.

解 矩阵 $\boldsymbol{A}$ 的特征多项式为

$$f_{\boldsymbol{A}}(\lambda)=|\lambda\boldsymbol{E}-\boldsymbol{A}|=\begin{vmatrix}\lambda+1&2&2\\2&\lambda+1&2\\2&2&\lambda+1\end{vmatrix}=(\lambda-1)^2(\lambda+5),$$

所以 $\boldsymbol{A}$ 的特征值为 $\lambda_1=\lambda_2=1$, $\lambda_3=-5$.

对于特征值 $\lambda_1=\lambda_2=1$, 求解方程组 $(\lambda_1\boldsymbol{E}-\boldsymbol{A})\boldsymbol{x}=\boldsymbol{0}$, 其中 $\boldsymbol{x}=(x_1,x_2,x_3)^{\mathrm{T}}$, 亦即求解方程组 $\begin{cases}2x_1+2x_2+2x_3=0,\\2x_1+2x_2+2x_3=0,\\2x_1+2x_2+2x_3=0,\end{cases}$ 得到两个线性无关的特征向量 $\boldsymbol{\alpha}_1=\begin{pmatrix}-1\\1\\0\end{pmatrix},\boldsymbol{\alpha}_2=\begin{pmatrix}-1\\0\\1\end{pmatrix}$. 用施密特正交化方法将 $\boldsymbol{\alpha}_1,\boldsymbol{\alpha}_2$ 正交化得到向量组

$$\boldsymbol{\beta}_1=\boldsymbol{\alpha}_1=\begin{pmatrix}-1\\1\\0\end{pmatrix},\quad \boldsymbol{\beta}_2=\boldsymbol{\alpha}_2-\frac{\boldsymbol{\alpha}_2^{\mathrm{T}}\boldsymbol{\beta}_1}{\boldsymbol{\beta}_1^{\mathrm{T}}\boldsymbol{\beta}_1}\boldsymbol{\beta}_1=\begin{pmatrix}-1\\0\\1\end{pmatrix}-\frac{1}{2}\begin{pmatrix}-1\\1\\0\end{pmatrix}=\frac{1}{2}\begin{pmatrix}-1\\-1\\2\end{pmatrix},$$

再单位化 $\boldsymbol{\beta}_1,\boldsymbol{\beta}_2$ 得到 $\boldsymbol{p}_1=\dfrac{1}{\sqrt{2}}\begin{pmatrix}-1\\1\\0\end{pmatrix},\boldsymbol{p}_2=\dfrac{1}{\sqrt{6}}\begin{pmatrix}-1\\-1\\2\end{pmatrix}$.

对于特征值 $\lambda_3=-5$, 求解方程组 $(\lambda_3\boldsymbol{E}-\boldsymbol{A})\boldsymbol{x}=\boldsymbol{0}$, 其中 $\boldsymbol{x}=(x_1,x_2,x_3)^{\mathrm{T}}$,

亦即求解方程组 $\begin{cases} -4x_1+2x_2+2x_3=0, \\ 2x_1-4x_2+2x_3=0, \\ 2x_1+2x_2-4x_3=0, \end{cases}$ 得到一个特征向量为 $\boldsymbol{\alpha}_3=\begin{pmatrix}1\\1\\1\end{pmatrix}$,

单位化为 $\boldsymbol{p}_3=\dfrac{1}{\sqrt{3}}\begin{pmatrix}1\\1\\1\end{pmatrix}$.

取三阶方阵 $\boldsymbol{P}=(\boldsymbol{p}_1,\boldsymbol{p}_2,\boldsymbol{p}_3)$, 则 $\boldsymbol{P}$ 为正交矩阵, 且 $\boldsymbol{P}^{\mathrm{T}}\boldsymbol{AP}=\mathrm{diag}\,(1,1,-5)=\begin{pmatrix}1&&\\&1&\\&&-5\end{pmatrix}$.

用正交矩阵将实对称矩阵对角化的步骤如下:

(1) 求出实对称矩阵 $\boldsymbol{A}$ 的全部不同的特征值 $\lambda_1,\lambda_2,\cdots,\lambda_s$.

(2) 对每一个特征值 $\lambda_i\ (i=1,2,\cdots,s)$, 求出 $(\lambda_i\boldsymbol{E}-\boldsymbol{A})\boldsymbol{x}=\boldsymbol{0}$ 的基础解系 $\boldsymbol{\alpha}_{i1},\boldsymbol{\alpha}_{i2},\cdots,\boldsymbol{\alpha}_{in_i}$, 并将基础解系正交化、单位化得正交向量组 $\boldsymbol{p}_{i1},\boldsymbol{p}_{i2},\cdots,\boldsymbol{p}_{in_i}$.

(3) 令矩阵 $\boldsymbol{P}=(\boldsymbol{p}_{11},\cdots,\boldsymbol{p}_{1n_1},\boldsymbol{p}_{21},\cdots,\boldsymbol{p}_{2n_2},\cdots,\boldsymbol{p}_{s1},\cdots,\boldsymbol{p}_{sn_{si}})$, 则 $\boldsymbol{P}$ 为正交矩阵, 且 $\boldsymbol{P}^{-1}\boldsymbol{AP}=\boldsymbol{P}^{\mathrm{T}}\boldsymbol{AP}$ 为对角形矩阵, 对角线上的元素为对称矩阵 $\boldsymbol{A}$ 的全部特征值.

例 11.3.5 设 $\boldsymbol{A}=\begin{pmatrix}3&2&4\\2&0&2\\4&2&3\end{pmatrix}$, 求正交矩阵 $\boldsymbol{P}$, 使得 $\boldsymbol{P}^{\mathrm{T}}\boldsymbol{AP}$ 是对角形阵.

解 首先计算矩阵 $\boldsymbol{A}$ 的特征多项式为

$$f_{\boldsymbol{A}}(\lambda)=|\lambda\boldsymbol{E}-\boldsymbol{A}|=\begin{vmatrix}\lambda-3&-2&-4\\-2&\lambda&-2\\-4&-2&\lambda-3\end{vmatrix}=(\lambda-8)(\lambda+1)^2.$$

所以, $\boldsymbol{A}$ 的特征值有三个, 依次是 $\lambda_1=8,\lambda_2=\lambda_3=-1$.

对于特征值 $\lambda_1=8$, 解线性方程组 $(8\boldsymbol{E}-\boldsymbol{A})\boldsymbol{x}=\boldsymbol{0}$, 得到基础解系 $\begin{pmatrix}2\\1\\2\end{pmatrix}$,

单位化得 $\boldsymbol{p}_1=\dfrac{1}{3}\begin{pmatrix}2\\1\\2\end{pmatrix}$.

对于特征值 $\lambda_{2,3}=-1$, 解线性方程组 $(-\boldsymbol{E}-\boldsymbol{A})\boldsymbol{x}=\boldsymbol{0}$, 得到基础解系

$\begin{pmatrix} 0 \\ -2 \\ 1 \end{pmatrix}, \begin{pmatrix} 1 \\ -2 \\ 0 \end{pmatrix}$, 正交化并单位化得到向量

$$\boldsymbol{p}_2 = \frac{1}{\sqrt{5}}\begin{pmatrix} 0 \\ -2 \\ 1 \end{pmatrix}, \quad \boldsymbol{p}_3 = \frac{1}{3\sqrt{5}}\begin{pmatrix} 5 \\ -2 \\ -4 \end{pmatrix}.$$

作三阶方阵 $\boldsymbol{P} = (\boldsymbol{p}_1, \boldsymbol{p}_2, \boldsymbol{p}_3)$, 则 $\boldsymbol{P}$ 是正交矩阵, 并且有 $\boldsymbol{P}^{\mathrm{T}}\boldsymbol{A}\boldsymbol{P} = \boldsymbol{P}^{-1}\boldsymbol{A}\boldsymbol{P} = \mathrm{diag}\,(8, -1, -1)$.

习 题 11.3

下列矩阵为 $\boldsymbol{A}$, 求正交矩阵 $\boldsymbol{P}$, 使 $\boldsymbol{P}^{-1}\boldsymbol{A}\boldsymbol{P}$ 为对角矩阵.

(1) $\begin{pmatrix} 1 & -2 \\ -2 & 1 \end{pmatrix}$;

(2) $\begin{pmatrix} 0 & -6 & 6 \\ -6 & -3 & 0 \\ 6 & 0 & 3 \end{pmatrix}$;

(3) $\begin{pmatrix} 4 & 2 & 0 \\ 2 & 3 & -2 \\ 0 & -2 & 2 \end{pmatrix}$;

(4) $\begin{pmatrix} 2 & -2 & -2 \\ -2 & 5 & 4 \\ -2 & 4 & 5 \end{pmatrix}$.

11.4 二 次 型

二次型起源于解析几何中对二次曲线 $ax^2 + bxy + cy^2 = d$ 的研究, 当选择适当的坐标旋转变换 $\begin{cases} x = x'\cos\theta - y'\sin\theta, \\ y = x'\sin\theta + y'\cos\theta \end{cases}$ 把二次曲线化为标准形式 $a'x'^2 + c'y'^2 = d'$ 时, 问题所处理的数学对象就是一个二次型. 这样的问题在数学的很多分支以及工程技术问题中也经常碰到.

所谓二次型就是多元二次齐次多项式. 设有 n 个变量 $x_1, x_2, \cdots, x_n$, 这组变量的一个二次齐次多项式

$$\begin{aligned} f(x_1, x_2, \cdots, x_n) = a_{11}x_1^2 + 2a_{12}x_1x_2 + \cdots + 2a_{1n}x_1x_n \\ +a_{22}x_2^2 + \cdots + 2a_{2n}x_2x_n \\ \cdots\cdots \\ +a_{nn}x_n^2 \end{aligned} \tag{11.8}$$

就被称为 n 元**二次型**, 简称二次型.

当系数 a_{ij} 均为实数时, 称为实数域上的 n 元二次型, 简称实二次型, 本书仅讨论实二次型. 为了研究方便, 通常约定当 $i \neq j$ 时, $a_{ij} = a_{ji}$, 这样二次型 (11.8) 式就容易用矩阵形式写出

$$
\begin{aligned}
f(x_1, x_2, \cdots, x_n) =& a_{11}x_1^2 + a_{12}x_1x_2 + \cdots + a_{1n}x_1x_n \\
&+ a_{21}x_2x_1 + a_{22}x_2^2 + \cdots + a_{2n}x_2x_n \\
&\cdots\cdots \\
&+ a_{n1}x_nx_1 + a_{n2}x_nx_2 + \cdots + a_{nn}x_n^2 \\
=& (a_{11}x_1 + a_{12}x_2 + \cdots + a_{1n}x_n)x_1 \\
&+ (a_{21}x_1 + a_{22}x_2 + \cdots + a_{2n}x_n)x_2 \\
&\cdots\cdots \\
&+ (a_{n1}x_1 + a_{n2}x_2 + \cdots + a_{nn}x_n)x_n \\
=& (x_1, x_2, \cdots, x_n)\begin{pmatrix} a_{11}x_1 + a_{12}x_2 + \cdots + a_{1n}x_n \\ a_{21}x_1 + a_{22}x_2 + \cdots + a_{2n}x_n \\ \cdots\cdots \\ a_{n1}x_1 + a_{n2}x_2 + \cdots + a_{nn}x_n \end{pmatrix} \\
=& (x_1, x_2, \cdots, x_n)\begin{pmatrix} a_{11} & a_{12} & \cdots & a_{1n} \\ a_{21} & a_{22} & \cdots & a_{2n} \\ \vdots & \vdots & & \vdots \\ a_{n1} & a_{n2} & \cdots & a_{nn} \end{pmatrix}\begin{pmatrix} x_1 \\ x_2 \\ \vdots \\ x_n \end{pmatrix}.
\end{aligned}
$$

如果记 $\boldsymbol{X} = \begin{pmatrix} x_1 \\ x_2 \\ \vdots \\ x_n \end{pmatrix}$, $\boldsymbol{A} = (a_{ij})_{n\times n} = \begin{pmatrix} a_{11} & a_{12} & \cdots & a_{1n} \\ a_{21} & a_{22} & \cdots & a_{2n} \\ \vdots & \vdots & & \vdots \\ a_{n1} & a_{n2} & \cdots & a_{nn} \end{pmatrix}$, 则上述二次型可以最终写为

$$
f(x_1, x_2, \cdots, x_n) = \sum_{i=1}^{n}\sum_{j=1}^{n} a_{ij}x_ix_j = \boldsymbol{X}^{\mathrm{T}}\boldsymbol{A}\boldsymbol{X}, \tag{11.9}
$$

其中矩阵 $\boldsymbol{A}$ 是一个 n 阶实对称矩阵, 称为二次型 $f(x_1, x_2, \cdots, x_n)$ 的矩阵.

由上述分析可知, 由二次型 (11.8) 可唯一确定 n 阶实对称矩阵 $\boldsymbol{A}$, $\boldsymbol{A}$ 称为二次型的矩阵. 反之, 给定 n 阶实对称矩阵 $\boldsymbol{A}$, 可唯一确定 n 元二次型 $f(x_1, x_2, \cdots, x_n) = \boldsymbol{X}^{\mathrm{T}}\boldsymbol{A}\boldsymbol{X}$, 该二次型的矩阵就是 $\boldsymbol{A}$, 即 n 元二次型与和 n 阶实对称矩阵之间

有一一对应关系. 为了方便讨论, 将对称矩阵 $\boldsymbol{A}$ 叫做二次型 f 的矩阵, 矩阵 $\boldsymbol{A}$ 的秩定义为**二次型的秩**.

例 11.4.1 设二次型 $f(x_1,x_2,x_3)=x_1^2+x_2^2+x_3^2-4x_1x_2-6x_2x_3+2x_3x_1$, 求二次型的矩阵 $\boldsymbol{A}$.

解 所求矩阵为 $\begin{pmatrix} 1 & -2 & 1 \\ -2 & 1 & -3 \\ 1 & -3 & 1 \end{pmatrix}$.

例 11.4.2 求下列二次型的矩阵

(1) 三元二次型 $f(x_1,x_2,x_3)=x_1^2+8x_1x_2-x_2^2$;

(2) 二元二次型 $f(x_1,x_2)=x_1^2+8x_1x_2-x_2^2$.

解 (1) 这是三元二次型, 所求矩阵为三阶对实称矩阵 $\begin{pmatrix} 1 & 4 & 0 \\ 4 & -1 & 0 \\ 0 & 0 & 0 \end{pmatrix}$.

(2) 这是二元二次型, 所求矩阵为二阶实对称矩阵 $\begin{pmatrix} 1 & 4 \\ 4 & -1 \end{pmatrix}$.

例 11.4.3 求 n 元二次型 $f(x_1,x_2,\cdots,x_n)=\sum\limits_{\substack{i\neq j\\ i<j}} x_ix_j$ 的矩阵 $\boldsymbol{A}$.

解 所求矩阵为 $\boldsymbol{A}=\dfrac{1}{2}\begin{pmatrix} 0 & 1 & \cdots & 1 \\ 1 & 0 & \cdots & 1 \\ \vdots & \vdots & & \vdots \\ 1 & 1 & \cdots & 0 \end{pmatrix}$.

习 题 11.4

1. 写出下列二次型的矩阵.

(1) $2x^2-4xy+5y^2$;

(2) $-5x^2+8xy+3y^2$;

(3) $-3x_1^2+x_2^2-2x_3^2+6x_1x_2-14x_3x_1$;

(4) $2x_1^2-x_2^2-5x_3^2+4x_1x_2+8x_2x_3-4x_3x_1$;

(5) $2x_1x_2+2x_2x_3+2x_3x_4+2x_4x_1$;

(6) $x^2+y^2+z^2+w^2-2(xy+xz+xw+yz+yw+zw)$.

2. 写出下列实对称矩阵的二次型.

(1) $\begin{pmatrix} 0 & -2 \\ -2 & 3 \end{pmatrix}$;

(2) $\begin{pmatrix} 7 & 4 \\ 4 & 5 \end{pmatrix}$;

(3) $\begin{pmatrix} -1 & 4 & 6 \\ 4 & 2 & -5 \\ 6 & -5 & -3 \end{pmatrix}$;

(4) $\begin{pmatrix} -6 & 0 & 3 \\ 0 & 7 & 0 \\ 3 & 0 & -2 \end{pmatrix}$.

3. 求下列二次型的秩.

(1) $3x_1^2+4x_1x_2-7x_2^2$;

(2) $5x_1^2+13x_2^2+13x_3^2-8x_1x_2-24x_2x_3+2x_3x_1$.

11.5 二次型的标准形

11.5.1 正交变换化二次型为标准形

对于二次型 $f(x_1,x_2,\cdots,x_n)=\sum\limits_{i=1}^{n}\sum\limits_{j=1}^{n}a_{ij}x_ix_j$, 寻求可逆线性变换

$$\left\{\begin{array}{l} x_1=c_{11}y_1+c_{12}y_2+\cdots+c_{1n}y_n,\\ x_2=c_{21}y_1+c_{22}y_2+\cdots+c_{2n}y_n,\\ \qquad\cdots\cdots\\ x_n=c_{n1}y_1+c_{n2}y_2+\cdots+c_{nn}y_n \end{array}\right. \tag{11.10}$$

使二次型 $f(x_1,x_2,\cdots,x_n)=\sum\limits_{i=1}^{n}\sum\limits_{j=1}^{n}a_{ij}x_ix_j$ 只含平方项, 即将 (11.10) 代入后使得二次型 f 只含有平方项的形式 $f=k_1y_1^2+k_2y_2^2+\cdots+k_ny_n^2$. 这种只含平方项的二次型, 称为**二次型的标准形**.

记 n 阶可逆矩阵 $\boldsymbol{C}=(c_{ij})$, $\boldsymbol{X}=(x_1,x_2,\cdots,x_n)^{\mathrm{T}}$, $\boldsymbol{Y}=(y_1,y_2,\cdots,y_n)^{\mathrm{T}}$, 可逆线性变换 (11.10) 记作 $\boldsymbol{X}=\boldsymbol{CY}$, 代入二次型 $f=\boldsymbol{X}^{\mathrm{T}}\boldsymbol{AX}$ 中, 有

$$f=\boldsymbol{X}^{\mathrm{T}}\boldsymbol{AX}=(\boldsymbol{CY})^{\mathrm{T}}\boldsymbol{A}(\boldsymbol{CY})=\boldsymbol{Y}^{\mathrm{T}}\left(\boldsymbol{C}^{\mathrm{T}}\boldsymbol{AC}\right)\boldsymbol{Y}.$$

容易验证, 矩阵 $\boldsymbol{C}^{\mathrm{T}}\boldsymbol{AC}$ 仍然是一个对称矩阵, 且 $r(\boldsymbol{C}^{\mathrm{T}}\boldsymbol{AC})=r(\boldsymbol{A})$. 因此二次型 f 经线性变换 $\boldsymbol{X}=\boldsymbol{CY}$ 后, 其矩阵由 $\boldsymbol{A}$ 变为 $\boldsymbol{C}^{\mathrm{T}}\boldsymbol{AC}$, 且二次型的秩不变.

设 $\boldsymbol{A},\boldsymbol{B}$ 都是 n 阶矩阵, 如果存在 n 阶可逆矩阵 $\boldsymbol{C}$ 使得 $\boldsymbol{B}=\boldsymbol{C}^{\mathrm{T}}\boldsymbol{AC}$, 则称矩阵 $\boldsymbol{A}$ 与 $\boldsymbol{B}$ 是合同的. 容易验证矩阵的合同关系是一种等价关系, 也具有反身性、对称性以及传递性.

(1) 反身性　矩阵 $\boldsymbol{A}$ 与 $\boldsymbol{A}$ 合同;

(2) 对称性　如果矩阵 $\boldsymbol{A}$ 与 $\boldsymbol{B}$ 是合同的, 则 $\boldsymbol{B}$ 与 $\boldsymbol{A}$ 是合同的;

(3) 传递性　如果矩阵 $\boldsymbol{A}$ 与 $\boldsymbol{B}$ 是合同的, $\boldsymbol{B}$ 与 $\boldsymbol{C}$ 是合同的, 则 $\boldsymbol{A}$ 与 $\boldsymbol{C}$ 是合同的.

要使二次型 $f=\boldsymbol{X}^{\mathrm{T}}\boldsymbol{AX}$ 经可逆线性变换 $\boldsymbol{X}=\boldsymbol{CY}$ 化为标准形, 就是要使

$$f=\boldsymbol{X}^{\mathrm{T}}\boldsymbol{AX}=(\boldsymbol{CY})^{\mathrm{T}}\boldsymbol{A}(\boldsymbol{CY})=\boldsymbol{Y}^{\mathrm{T}}\left(\boldsymbol{C}^{\mathrm{T}}\boldsymbol{AC}\right)\boldsymbol{Y}=k_1y_1^2+k_2y_2^2+\cdots+k_ny_n^2$$

$$=(y_1,y_2,\cdots,y_n)\begin{pmatrix}k_1&&&\\&k_2&&\\&&\ddots&\\&&&k_n\end{pmatrix}\begin{pmatrix}y_1\\y_2\\\vdots\\y_n\end{pmatrix},$$

也就是要使 $\boldsymbol{B}=\boldsymbol{C}^{\mathrm{T}}\boldsymbol{A}\boldsymbol{C}$ 为对角矩阵. 主要问题转化为对实对称矩阵 $\boldsymbol{A}$, 寻求可逆矩阵 $\boldsymbol{C}$, 使 $\boldsymbol{C}^{\mathrm{T}}\boldsymbol{A}\boldsymbol{C}$ 为对角矩阵.

我们知道, 如果实对称矩阵 $\boldsymbol{A}$ 的特征值为 $\lambda_1,\lambda_2,\cdots,\lambda_n$, 则存在正交矩阵 $\boldsymbol{P}$, 使得 $\boldsymbol{P}^{-1}\boldsymbol{A}\boldsymbol{P}=\boldsymbol{P}^{\mathrm{T}}\boldsymbol{A}\boldsymbol{P}=\begin{pmatrix}\lambda_1&&&\\&\lambda_2&&\\&&\ddots&\\&&&\lambda_n\end{pmatrix}$. 于是, 得到对称矩阵在合同关系下的如下结论.

定理 11.9 若实对称矩阵 $\boldsymbol{A}$ 的特征值是 $\lambda_1,\lambda_2,\cdots,\lambda_n$, 则存在正交矩阵 $\boldsymbol{P}$, 使得

$$\boldsymbol{P}^{\mathrm{T}}\boldsymbol{A}\boldsymbol{P}=\mathrm{diag}\,(\lambda_1,\lambda_2,\cdots,\lambda_n)\,.$$

定理 11.9 说明任何对称矩阵都与一个对角形矩阵合同, 此结论用于二次型, 则有:

定理 11.10(主轴定理) 任意实二次型 $f(\boldsymbol{X})=\boldsymbol{X}^{\mathrm{T}}\boldsymbol{A}\boldsymbol{X}$ 都可以经过正交变换 $\boldsymbol{X}=\boldsymbol{P}\boldsymbol{Y}$ 化成标准形 $f=\lambda_1y_1^2+\lambda_2y_2^2+\cdots+\lambda_ny_n^2$, 其中 $\lambda_1,\lambda_2,\cdots,\lambda_n$ 是 f 的矩阵 $\boldsymbol{A}$ 的全部特征值, 正交矩阵 $\boldsymbol{P}$ 的列向量为 $\boldsymbol{A}$ 的对应于特征值 $\lambda_1,\lambda_2,\cdots,\lambda_n$ 的 n 个正交单位特征向量.

例 11.5.1 设四元二次型 $f(x_1,x_2,x_3,x_4)$ 的矩阵为

$$\boldsymbol{A}=\begin{pmatrix}0&1&1&-1\\1&0&-1&1\\1&-1&0&1\\-1&1&1&0\end{pmatrix}.$$

用正交变换将它化成标准形.

解 先求出矩阵 $\boldsymbol{A}$ 的特征值,

$$|\lambda\boldsymbol{E}-\boldsymbol{A}|=\begin{vmatrix}\lambda&-1&-1&1\\-1&\lambda&1&-1\\-1&1&\lambda&-1\\1&-1&-1&\lambda\end{vmatrix}=(\lambda-1)\begin{vmatrix}1&-1&-1&1\\1&\lambda&1&-1\\1&1&\lambda&-1\\1&-1&-1&\lambda\end{vmatrix}$$

$$=(\lambda-1)\begin{vmatrix}1&-1&-1&1\\0&\lambda+1&2&-2\\0&2&\lambda+1&-2\\0&0&0&\lambda-1\end{vmatrix}=(\lambda-1)^2[(\lambda+1)^2-4]$$
$$=(\lambda-1)^3(\lambda+3).$$

于是方阵 $\boldsymbol{A}$ 的四个特征值是 $\lambda_1=-3, \lambda_2=\lambda_3=\lambda_4=1$.

再针对每个特征值计算相应的特征向量.

当特征值 $\lambda_1=-3$ 时, 解线性方程组 $(\lambda_1\boldsymbol{E}-\boldsymbol{A})\boldsymbol{x}=\boldsymbol{0}$,

$$\lambda_1\boldsymbol{E}-\boldsymbol{A}=\begin{pmatrix}-3&-1&-1&1\\-1&-3&1&-1\\-1&1&-3&-1\\1&-1&-1&-3\end{pmatrix}\to\begin{pmatrix}1&-1&-1&-3\\-1&-3&1&-1\\-1&1&-3&-1\\-3&-1&-1&1\end{pmatrix}$$
$$\to\begin{pmatrix}1&-1&-1&-3\\0&-4&0&-4\\0&0&-4&-4\\0&-4&-4&-8\end{pmatrix}\to\begin{pmatrix}1&-1&-1&-3\\0&1&0&1\\0&0&1&1\\0&0&1&1\end{pmatrix}$$
$$\to\begin{pmatrix}1&-1&-1&-3\\0&1&0&1\\0&0&1&1\\0&0&0&0\end{pmatrix}\to\begin{pmatrix}1&0&0&-1\\0&1&0&1\\0&0&1&1\\0&0&0&0\end{pmatrix}$$

于是得到矩阵 $\boldsymbol{A}$ 属于特征值 $\lambda_1=-3$ 的一个特征向量 $\boldsymbol{x}_1=(1,-1,-1,1)^{\mathrm{T}}$, 单位化之后得到 $\boldsymbol{p}_1=\left(\frac{1}{2},-\frac{1}{2},-\frac{1}{2},\frac{1}{2}\right)^{\mathrm{T}}$.

当特征值 $\lambda_{2,3,4}=1$ 时, 解线性方程组 $(\lambda_{2,3,4}\boldsymbol{E}-\boldsymbol{A})\boldsymbol{x}=\boldsymbol{0}$,

$$\lambda\boldsymbol{E}-\boldsymbol{A}=\begin{pmatrix}1&-1&-1&1\\-1&1&1&-1\\-1&1&1&-1\\1&-1&-1&1\end{pmatrix}\to\begin{pmatrix}1&-1&-1&1\\0&0&0&0\\0&0&0&0\\0&0&0&0\end{pmatrix}.$$

于是得到矩阵 $\boldsymbol{A}$ 的属于特征值 $\lambda_{2,3,4}=1$ 的三个线性无关的特征向量是

$$\boldsymbol{x}_2=(1,1,0,0)^{\mathrm{T}},\quad \boldsymbol{x}_3=(0,0,1,1)^{\mathrm{T}},\quad \boldsymbol{x}_4=(1,-1,1,-1)^{\mathrm{T}},$$

注意到它们相互正交, 把它们单位化得到

$$\boldsymbol{p}_2=\left(\frac{1}{\sqrt{2}},\frac{1}{\sqrt{2}},0,0\right)^{\mathrm{T}},\quad \boldsymbol{p}_3=\left(0,0,\frac{1}{\sqrt{2}},\frac{1}{\sqrt{2}}\right)^{\mathrm{T}},\quad \boldsymbol{p}_4=\left(\frac{1}{2},-\frac{1}{2},\frac{1}{2},-\frac{1}{2}\right)^{\mathrm{T}}.$$

作正交矩阵

$$\boldsymbol{P}=(\boldsymbol{p}_1,\boldsymbol{p}_2,\boldsymbol{p}_3,\boldsymbol{p}_4)=\begin{pmatrix} \frac{1}{2} & \frac{\sqrt{2}}{2} & 0 & \frac{1}{2} \\ -\frac{1}{2} & \frac{\sqrt{2}}{2} & 0 & -\frac{1}{2} \\ -\frac{1}{2} & 0 & \frac{\sqrt{2}}{2} & \frac{1}{2} \\ \frac{1}{2} & 0 & \frac{\sqrt{2}}{2} & -\frac{1}{2} \end{pmatrix}.$$

则当 $\boldsymbol{X}=\boldsymbol{PY}$ 时, $f(x_1,x_2,x_3)=-3y_1^2+y_2^2+y_3^2+y_4^2$.

11.5.2 配方法化二次型为标准形

配方法在初等数学里有着广泛的应用, 在高等数学中亦然. 这里介绍利用配方法化二次型为标准形的方法.

例 11.5.2 用配方法化二次型

$$f(x_1,x_2,x_3)=4x_1^2+2x_2^2-x_3^2-4x_1x_2-3x_2x_3+4x_1x_3$$

为标准形.

解 先将含有 x_1 的项配方, 得到

$$\begin{aligned} &f(x_1,x_2,x_3)=4x_1^2+2x_2^2-x_3^2-4x_1x_2-3x_2x_3+4x_1x_3 \\ =&[4x_1^2-4x_1(x_2-x_3)+(x_2-x_3)^2]-(x_2-x_3)^2+2x_2^2-x_3^2-3x_2x_3 \\ =&(2x_1-x_2+x_3)^2+x_2^2-2x_3^2-x_2x_3, \end{aligned}$$

再对后三项中含有 x_2 的项配方, 得到

$$\begin{aligned} f(x_1,x_2,x_3)&=(2x_1-x_2+x_3)^2+x_2^2-x_2x_3+\left(\frac{1}{2}x_3\right)^2-\left(\frac{1}{2}x_3\right)^2-2x_3^2 \\ &=(2x_1-x_2+x_3)^2+\left(x_2-\frac{1}{2}x_3\right)^2-\frac{9}{4}x_3^2. \end{aligned}$$

作可逆线性变换 $\begin{cases} y_1 = 2x_1 - x_2 + x_3, \\ y_2 = x_2 - \frac{1}{2}x_3, \\ y_3 = x_3, \end{cases}$ 即 $\begin{cases} x_1 = \frac{1}{2}y_1 + \frac{1}{2}y_2 - \frac{1}{4}y_3, \\ x_2 = y_2 + \frac{1}{2}y_3, \\ x_3 = y_3, \end{cases}$ 可以将二次型 $f(x_1, x_2, x_3)$ 化为标准形 $y_1^2 + y_2^2 - \frac{9}{4}y_3^2$.

例 11.5.3 用配方法化二次型

$$f(x_1, x_2, x_3) = x_1x_2 + x_1x_3 - 3x_2x_3$$

为标准形.

解 由于二次型没有平方项, 因此先作一个可逆线性变换使其出现平方项, 令

$$\begin{cases} x_1 = y_1 + y_2, \\ x_2 = y_1 - y_2, \\ x_3 = y_3, \end{cases} \tag{11.11}$$

可以将二次型变换为 $f = y_1^2 - y_2^2 - 2y_1y_3 + 4y_2y_3$.

再进行配方, 得

$$\begin{aligned} f &= y_1^2 - 2y_1y_3 + y_3^2 - y_3^2 + 4y_2y_3 - y_2^2 \\ &= (y_1 - y_3)^2 - (y_2^2 - 4y_2y_3 + 4y_3^2) + 3y_3^2 \\ &= (y_1 - y_3)^2 - (y_2 - 2y_3)^2 + 3y_3^2. \end{aligned}$$

作变换

$$\begin{cases} z_1 = y_1 - y_3, \\ z_2 = y_2 - 2y_3, \\ z_3 = y_3, \end{cases} \text{即} \begin{cases} y_1 = z_1 + z_3, \\ y_2 = z_2 + 2z_3, \\ y_3 = z_3, \end{cases} \tag{11.12}$$

则有 $f = z_1^2 - z_2^2 + 3z_3^2$, 由 (11.11) 和 (11.12) 式, 所作的可逆线性变换为

$$\begin{pmatrix} x_1 \\ x_2 \\ x_3 \end{pmatrix} = \begin{pmatrix} 1 & 1 & 0 \\ 1 & -1 & 0 \\ 0 & 0 & 1 \end{pmatrix} \begin{pmatrix} y_1 \\ y_2 \\ y_3 \end{pmatrix} = \begin{pmatrix} 1 & 1 & 0 \\ 1 & -1 & 0 \\ 0 & 0 & 1 \end{pmatrix} \begin{pmatrix} 1 & 0 & 1 \\ 0 & 1 & 2 \\ 0 & 0 & 1 \end{pmatrix} \begin{pmatrix} z_1 \\ z_2 \\ z_3 \end{pmatrix}$$

$$= \begin{pmatrix} 1 & 1 & 3 \\ 1 & -1 & -1 \\ 0 & 0 & 1 \end{pmatrix} \begin{pmatrix} z_1 \\ z_2 \\ z_3 \end{pmatrix}.$$

一般地, n 个变量的二次型都可以用配方法化为标准形. 即如果二次型中没有平方项, 先用可逆线性变换使它成为有平方项的二次型; 有了平方项后, 再集中含某一个平方项的变量的所有项, 然后再配方; 对剩下的 $n-1$ 个变量的二次型继续这一做法, 直至将二次型用可逆线性变换化为标准形.

习 题 11.5

1. 用正交变换化下列二次型为标准形, 并写出所作的变换.

(1) $x_1^2+x_2^2-x_1x_2$;

(2) x_1x_2;

(3) $2x_1^2+x_2^2-4x_1x_2-4x_2x_3$;

(4) $x_1^2+4x_2^2+x_3^2-4x_1x_2-8x_1x_3-4x_2x_3$;

(5) $2x_1x_2+2x_2x_3+2x_3x_1$;

(6) $x_1x_4+x_2x_3$.

2. 用配方法化下面二次型为标准形, 并写出所作的变换.

(1) $x_1^2+2x_2^2-x_3^2+2x_1x_2-2x_3x_1$;

(2) $2x_1x_2+2x_2x_3+2x_3x_1$;

(3) $x_1^2+4x_2^2+x_3^2-4x_1x_2-8x_1x_3-4x_2x_3$;

(4) $5x_1^2+13x_2^2+13x_3^2-8x_1x_2-24x_2x_3+2x_3x_1$.

11.6 正定二次型

定义 11.2 设 $f(x_1,x_2,\cdots,x_n)=\boldsymbol{X}^{\mathrm{T}}\boldsymbol{A}\boldsymbol{X}$ 是一个实二次型, 若对任意非零向量 $\boldsymbol{X}$, 都有 $\boldsymbol{X}^{\mathrm{T}}\boldsymbol{A}\boldsymbol{X}>0$, 则二次型称为正定的. 相应的矩阵 $\boldsymbol{A}$ 称为正定矩阵.

定理 11.11 n 元实二次型 $f(x_1,x_2,\cdots,x_n)=d_1x_1^2+d_2x_2^2+\cdots+d_nx_n^2$ 是正定的充分必要条件是 $d_i>0, i=1,2,\cdots,n$.

证 必要性. 二次型 $f(x_1,x_2,\cdots,x_n)$ 的矩阵为 $\boldsymbol{A}=\mathrm{diag}(d_1,d_2,\cdots,d_n)$, 由于二次型是正定的, 对任意的 $\boldsymbol{X}\neq\boldsymbol{0}$, 有 $\boldsymbol{X}^{\mathrm{T}}\boldsymbol{A}\boldsymbol{X}>0$. 特别取 $\boldsymbol{X}_i=(0,\cdots,0,1,0,\cdots,0)^{\mathrm{T}}\neq\boldsymbol{0}$ $(i=1,2,\cdots,n)$, 则有

$$d_i=\boldsymbol{X}_i^{\mathrm{T}}\boldsymbol{A}\boldsymbol{X}_i>0\quad(i=1,2,\cdots,n).$$

充分性. 设 $d_i>0(i=1,2,\cdots,n)$, 对任意的 $\boldsymbol{X}=(x_1,x_2,\cdots,x_n)^{\mathrm{T}}\neq\boldsymbol{0}$, 则有某个 $x_k\neq0$, 于是 $d_kx_k^2>0$, 而其余的 $d_ix_i^2\geqslant0$, 所以

$$f(x_1,x_2,\cdots,x_n)=d_1x_1^2+d_2x_2^2+\cdots+d_nx_n^2>0,$$

于是二次型 $f(x_1,x_2,\cdots,x_n)$ 为正定二次型. 证毕.

若 $\boldsymbol{A}$ 是对称矩阵, 子式 a_{11}, $\begin{vmatrix} a_{11} & a_{12} \\ a_{21} & a_{22} \end{vmatrix}, \cdots, \begin{vmatrix} a_{11} & a_{12} & \cdots & a_{1n} \\ a_{21} & a_{22} & \cdots & a_{2n} \\ \vdots & \vdots & & \vdots \\ a_{n1} & a_{n2} & \cdots & a_{nn} \end{vmatrix}$ 称为 $\boldsymbol{A}$ 的顺序主子式.

定理 11.12 正定矩阵的行列式大于零.

证 若 $\boldsymbol{A}$ 正定, 则存在可逆矩阵 $\boldsymbol{P}$, 使得 $\boldsymbol{A}=\boldsymbol{P}^{\mathrm{T}}\boldsymbol{E}\boldsymbol{P}=\boldsymbol{P}^{\mathrm{T}}\boldsymbol{P}$, 所以 $|\boldsymbol{A}|=|\boldsymbol{P}^{\mathrm{T}}\boldsymbol{P}|=|\boldsymbol{P}|^2>0$.

定理 11.13 设 $\boldsymbol{A}$ 是实对称矩阵, 则 $\boldsymbol{A}$ 正定的充分必要条件是 $\boldsymbol{A}$ 的顺序主子式均大于零.

例 11.6.1 判断实对称矩阵 $\begin{pmatrix} 3 & -1 & -1 \\ -1 & 4 & -1 \\ -1 & -1 & 5 \end{pmatrix}$ 是否正定.

解 由于 $3>0$, $\begin{vmatrix} 3 & -1 \\ -1 & 4 \end{vmatrix}=11>0$, $\begin{vmatrix} 3 & -1 & -1 \\ -1 & 4 & -1 \\ -1 & -1 & 5 \end{vmatrix}=46>0$, 根据定理 11.13 知这个矩阵是正定的.

例 11.6.2 设二次型

$$f(x_1,x_2,x_3)=x_1^2+x_2^2+5x_3^2+2tx_1x_2+4x_2x_3-2x_1x_3,$$

当 t 为何值时, $f(x_1,x_2,x_3)$ 为正定二次型.

解 二次型的矩阵为

$$\boldsymbol{A}=\begin{pmatrix} 1 & t & -1 \\ t & 1 & 2 \\ -1 & 2 & 5 \end{pmatrix},$$

二次型 $f(x_1,x_2,x_3)$ 正定的充分必要条件是 $\boldsymbol{A}$ 的各阶顺序主子式均大于零, 即

$$1>0, \quad \begin{vmatrix} 1 & t \\ t & 1 \end{vmatrix}=(1-t^2)>0, \quad |\boldsymbol{A}|=\begin{vmatrix} 1 & t & -1 \\ t & 1 & 2 \\ -1 & 2 & 5 \end{vmatrix}=-5t^2-4t>0,$$

解得 $-\dfrac{4}{5}<t<0$, 从而 $-\dfrac{4}{5}<t<0$ 时, 二次型 $f(x_1,x_2,x_3)$ 为正定二次型.

习 题 11.6

1. 判断下列二次型的正定性.

(1) $x_1^2+x_2^2+2x_3^2-8x_1x_2-4x_2x_3+2x_3x_1$;

(2) $7x_1^2+8x_2^2+6x_3^2-4x_1x_2-4x_2x_3$;

(3) $99x_1^2+130x_2^2+70x_3^2-12x_1x_2-60x_2x_3+48x_3x_1$;

(4) $10x_1^2+2x_2^2+x_3^2+8x_1x_2-28x_2x_3+24x_3x_1$.

2. 确定参数 t, 使得下面给出的二次型是正定的.

(1) $4x_1^2+x_2^2+tx_3^2-2x_1x_2+4x_1x_3-2x_2x_3$;

(2) $2x_1^2+2x_2^2+x_3^2+2tx_1x_2-2x_1x_3+2x_2x_3$.

3. 若 $\boldsymbol{A}$ 是 n 阶可逆矩阵, 那么 $\boldsymbol{A}^{\mathrm{T}}\boldsymbol{A}$ 一定是正定矩阵.

小结 · 知识点

小结

本章从特征值与特征向量开始介绍了相似矩阵与合同矩阵的概念, 并给出矩阵在相似与合同之下的对角形的计算方法.

知识点

1. $\boldsymbol{A}$ 是 n 阶方阵, 如果存在数 λ 和 n 维列向量 $\boldsymbol{x}\neq\boldsymbol{0}$, 使得等式 $\boldsymbol{A}\boldsymbol{x}=\lambda\boldsymbol{x}$ 成立, 则称 λ 为矩阵 $\boldsymbol{A}$ 的一个特征值, 非零向量 $\boldsymbol{x}$ 称为矩阵 $\boldsymbol{A}$ 的属于特征值 λ 的特征向量.

2. 计算矩阵 $\boldsymbol{A}$ 的特征值和特征向量的方法及步骤:

(1) 计算矩阵 $\boldsymbol{A}$ 的特征多项式 $f_{\boldsymbol{A}}(\lambda)=|\lambda\boldsymbol{E}-\boldsymbol{A}|$;

(2) 计算出 $f_{\boldsymbol{A}}(\lambda)=0$ 的全部根, 它们就是矩阵 $\boldsymbol{A}$ 的全部特征值;

(3) 对每一个特征值 λ_0, 求出齐次线性方程组 $(\lambda_0\boldsymbol{E}-\boldsymbol{A})x=\boldsymbol{0}$ 的基础解系 $\boldsymbol{\alpha}_1,\boldsymbol{\alpha}_2,\cdots,\boldsymbol{\alpha}_t$, 则矩阵 $\boldsymbol{A}$ 的属于特征值 λ_0 的全部特征向量为 $k_1\boldsymbol{\alpha}_1+k_2\boldsymbol{\alpha}_2+\cdots+k_t\boldsymbol{\alpha}_t$, 其中 $k_1,k_2,\cdots,k_t$ 是不全为零的任意常数.

3. 方阵 $\boldsymbol{A}$ 的属于不同特征值的特征向量是线性无关的.

4. 设 $\lambda_1,\lambda_2,\cdots,\lambda_m$ 是方阵 $\boldsymbol{A}$ 的 m 个特征值, $\boldsymbol{x}_1,\boldsymbol{x}_2,\cdots,\boldsymbol{x}_m$ 是依次与之对应的特征向量. 如果 $\lambda_1,\lambda_2,\cdots,\lambda_m$ 是互不相同的, 那么 $\boldsymbol{x}_1,\boldsymbol{x}_2,\cdots,\boldsymbol{x}_m$ 线性无关.

5. 方阵 $\boldsymbol{A}=(a_{ij})_n$ 中 $\displaystyle\sum_{i=1}^{n}a_{ii}$ 称为矩阵 $\boldsymbol{A}$ 的迹, 记作 $\mathrm{tr}\,(\boldsymbol{A})$.

6. 设 $\lambda_1,\lambda_2,\cdots,\lambda_n$ 是 n 阶方阵 $\boldsymbol{A}=(a_{ij})_n$ 的全体特征值. 则

(1) $\sum_{i=1}^{n}\lambda_i=\mathrm{tr}\,(\boldsymbol{A})$;　　(2) $\prod_{i=1}^{n}\lambda_i=|\boldsymbol{A}|$.

7. n 阶方阵 $\boldsymbol{A}$ 可逆的充分必要条件是 $\boldsymbol{A}$ 的特征值均非零.

8. $\boldsymbol{A},\boldsymbol{B}$ 都是 n 阶方阵, 如果存在 n 阶可逆矩阵 $\boldsymbol{P}$, 使得 $\boldsymbol{P}^{-1}\boldsymbol{A}\boldsymbol{P}=\boldsymbol{B}$, 则称矩阵 $\boldsymbol{A}$ 与 $\boldsymbol{B}$ 相似, 记作 $\boldsymbol{A}\sim\boldsymbol{B}$.

9. 若方阵 $\boldsymbol{A}$ 与 $\boldsymbol{B}$ 相似, 则有

(1) $r\,(\boldsymbol{A})=r\,(\boldsymbol{B})$;

(2) $|\boldsymbol{A}|=|\boldsymbol{B}|$;

(3) $\mathrm{tr}\,(\boldsymbol{A})=\mathrm{tr}\,(\boldsymbol{B})$;

(4) 若 $\boldsymbol{A}$ 可逆, 则 $\boldsymbol{B}$ 也可逆, 且 $\boldsymbol{A}^{-1}$ 与 $\boldsymbol{B}^{-1}$ 也相似;

(5) $f_{\boldsymbol{A}}(\lambda)=f_{\boldsymbol{B}}(\lambda)$.

10. 如果方阵 $\boldsymbol{A}$ 与一个对角矩阵相似, 则说 $\boldsymbol{A}$ 是可以对角化的, 否则, 称为不可对角化的.

11. n 阶方阵 $\boldsymbol{A}$ 可以对角化的充分必要条件是 $\boldsymbol{A}$ 有 n 个线性无关的特征向量.

12. 如果 n 阶方阵 $\boldsymbol{A}$ 有 n 个互不相同的特征值, 则 $\boldsymbol{A}$ 一定可以对角化.

13. 对 $\mathbb{R}^n$ 中的任一向量 $\boldsymbol{\alpha}=(a_1,a_2,\cdots,a_n)^{\mathrm{T}}$, 长度为 $||\boldsymbol{\alpha}||=\sqrt{\boldsymbol{\alpha}^{\mathrm{T}}\boldsymbol{\alpha}}=\sqrt{a_1^2+a_2^2+\cdots+a_n^2}$. 长度为 1 的向量称为单位向量.

14. 如果两个向量 $\boldsymbol{\alpha}$ 与 $\boldsymbol{\beta}$ 的内积等于零, 即 $\boldsymbol{\alpha}^{\mathrm{T}}\boldsymbol{\beta}=0$, 则称向量 $\boldsymbol{\alpha}$ 与 $\boldsymbol{\beta}$ 正交.

15. 满足条件 $\boldsymbol{P}^{\mathrm{T}}\boldsymbol{P}=\boldsymbol{P}\boldsymbol{P}^{\mathrm{T}}=\boldsymbol{E}$ 的方阵 $\boldsymbol{P}$ 称作正交矩阵. 正交矩阵的逆矩阵与转置矩阵相等.

16. 实对称矩阵的特征值都是实数.

17. 实对称矩阵属于不同特征值的特征向量一定是正交的.

18. 对任意的 n 阶实对称矩阵 $\boldsymbol{A}$, 一定存在 n 阶正交矩阵 $\boldsymbol{P}$, 使得 $\boldsymbol{P}^{\mathrm{T}}\boldsymbol{A}\boldsymbol{P}=\boldsymbol{P}^{-1}\boldsymbol{A}\boldsymbol{P}=\mathrm{diag}\,(\lambda_1,\lambda_2,\cdots,\lambda_n)$, 这里 $\lambda_i(1\leqslant i\leqslant n)$ 是 $\boldsymbol{A}$ 的全部特征值.

19. 施密特正交化方法　对 $\mathbb{R}^n$ 中的线性无关向量组 $\boldsymbol{\alpha}_1,\boldsymbol{\alpha}_2,\cdots,\boldsymbol{\alpha}_s$, 向量组

$$\boldsymbol{\beta}_1=\boldsymbol{\alpha}_1,\quad \boldsymbol{\beta}_2=\boldsymbol{\alpha}_2-\frac{\boldsymbol{\alpha}_2^{\mathrm{T}}\boldsymbol{\beta}_1}{\boldsymbol{\beta}_1^{\mathrm{T}}\boldsymbol{\beta}_1}\boldsymbol{\beta}_1,\quad \cdots,\quad \boldsymbol{\beta}_s=\boldsymbol{\alpha}_s-\sum_{i=1}^{s-1}\frac{\boldsymbol{\alpha}_s^{\mathrm{T}}\boldsymbol{\beta}_i}{\boldsymbol{\beta}_i^{\mathrm{T}}\boldsymbol{\beta}_i}\boldsymbol{\beta}_i(i=1,2,\cdots,s)$$

是相互正交且与向量组 α 等价的向量组.

20. 用正交矩阵将实对称矩阵对角化的步骤.

(1) 求出实对称矩阵 $\boldsymbol{A}$ 的全部不同的特征值 $\lambda_1,\lambda_2,\cdots,\lambda_s$.

(2) 对每一个特征值 λ_i $(i=1,2,\cdots,s)$, 求出 $(\lambda_i\boldsymbol{E}-\boldsymbol{A})\boldsymbol{x}=\boldsymbol{0}$ 的基础解系 $\boldsymbol{\alpha}_{i1},\boldsymbol{\alpha}_{i2},\cdots,\boldsymbol{\alpha}_{in_i}$, 并将基础解系正交化、单位化得正交向量组 $\boldsymbol{p}_{i1},\boldsymbol{p}_{i2},\cdots,\boldsymbol{p}_{in_i}$.

(3) 令矩阵 $\boldsymbol{P}=(\boldsymbol{p}_{11},\cdots,\boldsymbol{p}_{1n_1},\boldsymbol{p}_{21},\cdots,\boldsymbol{p}_{2n_2},\cdots,\boldsymbol{p}_{s1},\cdots,\boldsymbol{p}_{sn_{si}})$, 则 $\boldsymbol{P}$ 为正交矩阵, 且 $\boldsymbol{P}^{-1}\boldsymbol{A}\boldsymbol{P}=\boldsymbol{P}^{\mathrm{T}}\boldsymbol{A}\boldsymbol{P}$ 为对角形矩阵, 对角线上的元素为对称矩阵 $\boldsymbol{A}$ 的全部特征值.

21. 只含平方项的二次型, 称为二次型的标准形.

22. $\boldsymbol{A},\boldsymbol{B}$ 都是 n 阶矩阵, 如果存在 n 阶可逆矩阵 $\boldsymbol{C}$ 使得 $\boldsymbol{B}=\boldsymbol{C}^{\mathrm{T}}\boldsymbol{A}\boldsymbol{C}$, 则称矩阵 $\boldsymbol{A}$ 与 $\boldsymbol{B}$ 是合同的.

23. 若实对称矩阵 $\boldsymbol{A}$ 的特征值是 $\lambda_1,\lambda_2,\cdots,\lambda_n$, 则存在正交矩阵 $\boldsymbol{P}$, 使得 $\boldsymbol{P}^{\mathrm{T}}\boldsymbol{A}\boldsymbol{P}=\mathrm{diag}\,(\lambda_1,\lambda_2,\cdots,\lambda_n)$.

24. 主轴定理 任意实二次型 $f(\boldsymbol{X})=\boldsymbol{X}^{\mathrm{T}}\boldsymbol{A}\boldsymbol{X}$ 都可以经过正交变换 $\boldsymbol{X}=\boldsymbol{P}\boldsymbol{Y}$ 化成标准形 $f=\lambda_1y_1^2+\lambda_2y_2^2+\cdots+\lambda_ny_n^2$, 其中 $\lambda_1,\lambda_2,\cdots,\lambda_n$ 是 f 的矩阵 $\boldsymbol{A}$ 的全部特征值, 正交矩阵 $\boldsymbol{P}$ 的列向量为 $\boldsymbol{A}$ 的对应于特征值 $\lambda_1,\lambda_2,\cdots,\lambda_n$ 的 n 个正交单位特征向量.

25. 设 $f(x_1,x_2,\cdots,x_n)=\boldsymbol{X}^{\mathrm{T}}\boldsymbol{A}\boldsymbol{X}$ 是一个实二次型, 若对任意非零向量 $\boldsymbol{X}$, 都有 $\boldsymbol{X}^{\mathrm{T}}\boldsymbol{A}\boldsymbol{X}>0$, 则二次型分别称为正定的. 相应的矩阵 $\boldsymbol{A}$ 分别称为正定矩阵.

26. n 元实二次型 $f(x_1,x_2,\cdots,x_n)=d_1x_1^2+d_2x_2^2+\cdots+d_nx_n^2$ 是正定的充分必要条件是 $d_i>0,i=1,2,\cdots,n$.

27. 正定矩阵的行列式大于零.

28. 设 $\boldsymbol{A}$ 是实对称矩阵, 则 $\boldsymbol{A}$ 正定的充分必要条件是 $\boldsymbol{A}$ 的顺序主子式均大于零.

永恒之谜——π

如果只选一个数作为最重要的数的话, 那一定是 π——圆周率!

人类是从什么时候开始认识到 π 的存在的, 这个问题今天已经几不可考. 古代巴比伦文明也许认为 $\pi=3$ 或者 $\pi=3\frac{1}{8}$, 总之它们都在很好地使用. 古埃及文明的圆周率是 $\pi=\left(\frac{16}{9}\right)^2\approx 3.16$. 但是, 我们无从知晓他们是否知道有圆周率这样一个数存在, 上面的数值是从古巴比伦人和古埃及人计算某些特殊图形的面积公式中推算出来的. 古印度文明的圆周率是 $\pi=3.139$. 我们的中华文明则总结出“周三径一”, 并把这句话记录在《周髀算经》中. 结果也许并不精确, 但是, 我们华夏民族的祖先已经知道圆的周长与直径之比是个常数. 在这个问题上, 古希腊文明脱颖而出, 古代社会最伟大的科学家阿基米德利用穷竭法算出 $\pi=3.14$! 古代社会计算圆周率的最高成就就是祖冲之的疏率 $\frac{22}{7}$ 和密率 $\frac{355}{113}$ 了.

当这些远隔万里，相距千年的人类祖先都在不约而同地关心同一个数的时候，你能不认为这个数是最重要的数吗？

虽然人们很早就定义了圆周率，但是，想要给圆周率 π 找一个精确的表达式却不是一件容易的事情.

直到 1593 年，一个叫韦达的数学家才第一次给出 π 的无穷乘积表达式

$$\frac{2}{\pi}=\sqrt{\frac{1}{2}}\sqrt{\frac{1}{2}+\frac{1}{2}\sqrt{\frac{1}{2}}}\sqrt{\frac{1}{2}+\frac{1}{2}\sqrt{\frac{1}{2}+\frac{1}{2}\sqrt{\frac{1}{2}}}}\cdots.$$

自此人类展开才智，找到 π 的五花八门，各种各样的表达式和关系式.

1655 年，瓦利斯 (John Wallis) 在《无穷的算术》一书中给出另一个 π 的无穷乘积表达式，即瓦利斯公式

$$\frac{\pi}{2}=\frac{2\cdot2\cdot4\cdot4\cdot6\cdot6\cdot8\cdot8\cdots}{1\cdot3\cdot3\cdot5\cdot5\cdot7\cdot7\cdot9\cdots}.$$

1674 年，微积分的创立者之一莱布尼茨给出他的 π 的表示式，现今称为莱布尼茨级数的

$$\frac{\pi}{4}=1-\frac{1}{3}+\frac{1}{5}-\frac{1}{7}+\frac{1}{9}-\frac{1}{11}+\cdots.$$

1706 年一个叫 William Jones 的人引入用希腊字母 π 表示圆周率的方法. 同一年，马欣 (John Machin) 利用公式

$$\frac{\pi}{4}=4\arctan\frac{1}{5}-\arctan\frac{1}{239}$$

把圆周率计算到小数点之后 100 位. 这个公式现在称为马欣公式. 这种类型的公式还有

$$\frac{\pi}{4}=\arctan\frac{1}{2}+\arctan\frac{1}{5}+\arctan\frac{1}{8}$$

等等.

1734 年欧拉用一个有缺陷的推导得到

$$\frac{\pi^2}{8}=1+\frac{1}{3^2}+\frac{1}{5^2}+\frac{1}{7^2}+\cdots.$$

从这个等式很容易推出

$$\frac{\pi^2}{6}=1+\frac{1}{2^2}+\frac{1}{3^2}+\frac{1}{4^2}+\cdots.$$

这绝对是一个令人迷惑的结论. 除了数学证明，我们可能永远都不会知道在求自然数平方的倒数和的过程中，π 是在哪里悄然现身的.

关于 π 的性质, 1737 年数学家兰伯特 (Lambert) 证明了 π 是无理数, 1882 年林德曼 (F. Lindemann) 证明了 π 是超越数.

1997 年, D. Bailey, P. Borwein, S. Plouffe 共同报道了一个令人震惊的结果

$$\pi=\sum_{n=0}^{+\infty}\frac{1}{16^n}\left(\frac{4}{8n+1}-\frac{2}{8n+4}-\frac{1}{8n+5}-\frac{1}{8n+6}\right).$$

利用这个公式可以计算 π 的小数点后指定位置的数字是什么, 而无需计算它前面的值. 很遗憾, 这是在十六进制中成立的结论.

人们对 π 的痴迷和热情还会继续下去. 如果说 e 属于高等数学的话, 那么, π 属于数学.

第 12 章 Chapter 12 随机事件及其概率

第12章课件

12.1 随 机 事 件

在自然界与人类社会普遍存在两类现象, 一类是确定性现象, 另一类是随机性现象. 所谓确定性现象是指在一定条件下, 该现象必然发生, 这样人们就可以在事情没有发生之前清楚结果, 例如, 向上抛出一枚硬币, 由于地球引力的作用硬币必然下落. 而随机性现象指的是在相同条件下, 事情的最终结果不确定, 在最终结果出现之前不知道会发生哪个结果. 例如, 抛一枚硬币, 落地后可能是正面朝上, 也可能是反面朝上. 明天的股市可能会上涨, 也可能会下跌. 生产一批产品总会有次品出现, 但是到底哪一件产品是次品是不确定的. 从人群中随机选取一个人, 他或她的生日是哪一天是不确定的.

概率论与数理统计是一门研究随机现象中的规律性及其应用的数学学科, 是近代数学的重要组成部分之一, 同时也是近代经济理论的应用与研究的重要数学工具.

12.1.1 随机试验与样本空间

为了研究随机现象, 就要对客观事物进行观察. 观察的过程称为试验. 概率论里所研究的试验具有下列特点:

(1) 在相同的条件下试验可以重复进行;

(2) 每次试验的结果具有多种可能性, 而且在试验之前可以明确试验的所有可能结果;

(3) 在每次试验之前不能准确地预言该次试验将出现哪一种结果. 具有上述特点的实验称为**随机试验**, 随机试验通常用 E 表示.

例 12.1.1 随机试验的若干例子.

E_1: 抛一枚硬币, 观察正面 H, 反面 T 出现的情况;

E_2: 将一枚硬币连续抛两次, 观察正面 H, 反面 T 出现的情况;

E_3: 将一枚硬币连续抛两次, 观察正面 H 出现的次数;

E_4: 一批灯泡中, 任选一个, 检验其是否合格;

E_5: 记录某超市一天内进入的顾客人数;

E_6: 在一批冰箱中任意抽取一台, 测试其寿命.

对于一个随机试验 E, 由于试验的所有可能结果组成的集合是可以确定地知道的, 因此将随机试验 E 的所有可能结果组成的集合称为**样本空间**, 记为 Ω. 样本空间 Ω 中的元素, 即随机试验 E 的每个结果, 称为**样本点**. 样本点一般用 ω 表示, 于是经常写成 $\Omega=\{\omega\}$. 前面提到的实验 E_1—E_6 所对应的样本空间 $\Omega_1,\cdots,\Omega_6$ 为

$\Omega_1=\{H,T\}$;

$\Omega_2=\{HH,HT,TH,TT\}$;

$\Omega_3=\{0,1,2\}$;

$\Omega_4=\{$合格, 不合格$\}$;

$\Omega_5=\{0,1,2,3,4,\cdots\}$;

$\Omega_6=\{t|t\geqslant 0\}$.

12.1.2 事件及其关系

进行随机试验时, 人们常关心的往往是满足某种条件的样本点所组成的集合. 例如, 如果冰箱的寿命超过 10000 小时为合格品, 则在随机试验 E_6 中最关心的是冰箱的寿命是否大于 10000 小时, 满足这一条件的样本点组成 $\Omega_6=\{t|t\geqslant 0\}$ 的一个子集 $A=\{t|t>10000\}$. 称 A 为随机试验 E_6 的一个随机事件.

一般地, 随机试验 E 的样本空间 Ω 的子集称为 E 的**随机事件**, 简称**事件**. 通常用大写的拉丁字母 $A,B,C,\cdots$ 等表示事件. 设 A 是一事件, 当且仅当试验中出现的样本点 $\omega\in A$ 时, 称事件 A 在该试验中发生. 样本空间中每一个样本点都可以构成一个事件, 称之为基本事件.

例 12.1.2 掷一颗骰子的试验中, 其出现的点数, “1 点”, “2 点”, $\cdots$, “6 点” 都是基本事件. “奇数点” 也是随机事件, 但它不是基本事件, 它是由 “1 点”“3 点”“5 点” 这三个基本事件组成的, 只要这三个基本事件中的一个发生, “奇数点” 这个事件就发生了.

例 12.1.3 8 件产品中, 有 2 件次品, 从中任取 3 件, 观察其中的次品数记为 $\omega_i(i=0,1,2)$, 于是样本空间 $\Omega=\{\omega_0,\omega_1,\omega_2\}$.

在每一次试验中一定发生的事件称为必然事件, 用符号 Ω 表示. 每一次试验中一定不发生的事件称为不可能事件, 用符号 $\varnothing$ 表示. 必然事件与不可能事件有着紧密的联系. 如果每次试验中, 某一个结果必然发生, 那么这个结果的对立情况就一定不发生. 不论必然事件、不可能事件, 还是随机事件, 都是相对于一定的试

验条件而言的, 如果试验的条件变了, 事件的性质也会发生变化. 比如, 掷两颗骰子时, "点数小于 7" 是随机事件, 而掷 8 颗骰子时, "点数小于 7" 就是不可能事件. 也就是说, 脱离开样本空间谈事件是毫无意义的.

概率论所研究的都是随机事件, 但是为了讨论问题方便, 将必然事件 Ω 及不可能事件 $\varnothing$ 作为随机事件的两个极端情况处理一并讨论.

可以看出, 所谓事件其实就是一个集合, 利用集合的关系与运算, 可以方便地表示事件的关系与运算. 直观上, 我们还经常用韦恩图表示事件之间的关系. 一般地, 用平面上某一个方形区域表示必然事件, 该区域内的一个子区域表示事件. 研究事件间的关系和运算, 韦恩图方法直观, 更容易理解. 详细地分析事件之间的各种关系, 不仅有助于进一步认识事件的本质, 而且还为后继计算事件的概率作了必要的准备.

(1) 事件的包含关系.

如果事件 A 发生必然导致事件 B 发生, 即属于 A 的每一个样本点也都属于 B, 则称事件 B **包含**事件 A, 或称事件 A 含于事件 B. 记作 $B \supset A$ 或 $A \subset B$.

(2) 事件的相等关系.

如果事件 A 包含事件 B, 事件 B 也包含事件 A, 称事件 A 与事件 B **相等**, 即 A 与 B 中的样本点完全相同. 记作 $A = B$.

(3) 事件的并 (和) 运算.

两个事件 A, B 中至少有一个发生, 即 "A 或 B" 是一个事件, 称为事件 A 与 B 的**并 (和) 事件**. 它是由属于 A 或 B 的所有样本点构成的集合. 记作 $A + B$ 或 $A \cup B$.

相应地, $A_1 \cup \cdots \cup A_n$ 称为 n 个事件 $A_1, \cdots, A_n$ 的和事件.

(4) 事件的交 (积) 运算.

两个事件 A 与 B 同时发生, 即 "A 且 B" 是一个事件, 称为事件 A 与 B 的**交 (积) 事件**. 它是由既属于 A 又属于 B 的所有公共样本点构成的集合. 记作 AB 或 $A \cap B$.

相应地, $A_1 \cap \cdots \cap A_n$ 称为 n 个事件 $A_1, \cdots, A_n$ 的积事件.

(5) 事件的差运算.

事件 A 发生而事件 B 不发生, 这也是一个事件, 称为事件 A 与 B 的**差事件**. 它是由属于 A 但不属于 B 的那些样本点构成的集合. 记作 $A - B$.

(6) 互不相容事件.

如果事件 A 与 B 不能同时发生, 即 $AB = \varnothing$, 称**事件 A 与 B 互不相容** (或称**互斥**). 互不相容事件 A 与 B 没有公共的样本点. 显然, 基本事件间是互不相容的.

(7) 对立事件.

事件 “非 A” 称为 A 的**对立事件** (或**逆事件**). 它是由样本空间中所有不属于 A 的样本点组成的集合, 记作 $\bar{A}$. 事件 A 的对立事件是一个与事件 A 有密切关系的事件.

利用集合的关系, 可以看到事件 A 与其对立事件 $\bar{A}$ 之间具有关系

$$A\bar{A}=\varnothing,\quad A\cup\bar{A}=\Omega,\quad \bar{A}=\Omega-A,\quad \bar{\bar{A}}=A.$$

(8) 完备事件组.

若事件 $A_1,\cdots,A_n$ 为两两互不相容的事件, 并且 $A_1\cup\cdots\cup A_n=\Omega$, 称 $A_1,\cdots,A_n$ 构成一个**完备事件组**. 事件与其对立事件就构成一个完备事件组.

各事件的关系及运算如图 12.1 中所示.

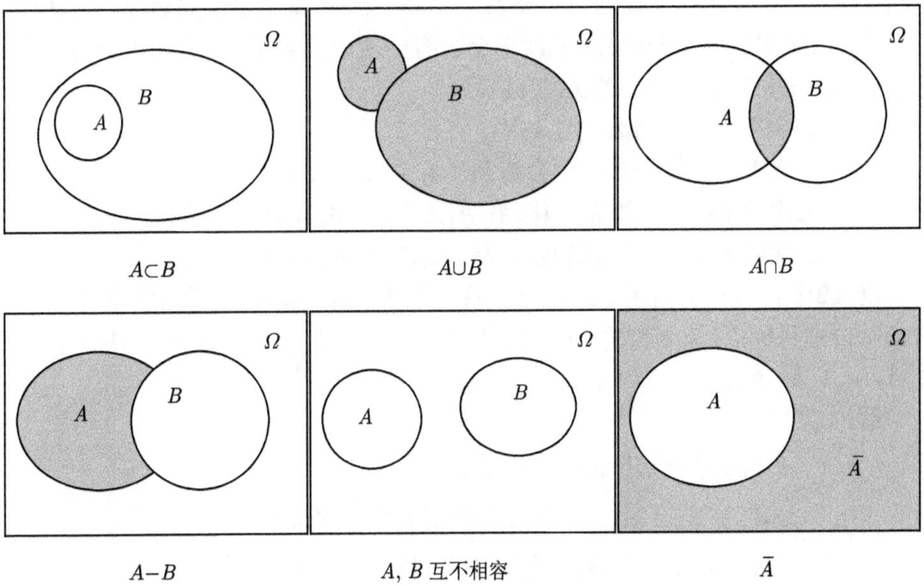

图 12.1

与集合论中集合的运算一样, 事件之间的运算满足下述运算规律:

(1) **交换律** $A\cup B=B\cup A,\quad A\cap B=B\cap A$;

(2) **结合律** $(A\cup B)\cup C=A\cup(B\cup C)$,

$(A\cap B)\cap C=A\cap(B\cap C)$;

(3) **分配律** $A\cup(B\cap C)=(A\cup B)\cap(A\cup C)$,

$A\cap(B\cup C)=(A\cap B)\cup(A\cap C)$;

(4) **对偶律** $\overline{A\cup B}=\bar{A}\cap\bar{B}$, $\overline{A\cap B}=\bar{A}\cup\bar{B}$.

例 12.1.4 掷一颗骰子的试验 E, 观察出现的点数: 事件 A 表示"偶数点"; 事件 B 表示"点数小于 4"; 事件 C 表示"小于 5 的偶数点". 用集合的列举表示法表示下列事件:

$$\Omega, \quad A, \quad B, \quad C, \quad A+B, \quad A-B, \quad B-A, \quad AB, \quad AC, \quad \bar{A}+B.$$

解 这里样本空间是 $\Omega=\{1,2,3,4,5,6\}$. 各个事件依次表示为

$$A=\{2,4,6\}, \quad B=\{1,2,3\}, \quad C=\{2,4\},$$
$$A+B=\{1,2,3,4,6\}, \quad A-B=\{4,6\}, \quad B-A=\{1,3\},$$
$$AB=\{2\}, \quad AC=\{2,4\}, \quad \bar{A}+B=\{1,2,3,5\}.$$

例 12.1.5 从一批产品中每次取出一个产品进行检验 (每次取出的产品不放回), 事件 A_i 表示第 i 次取到合格品 ($i=1,2,3$). 试用事件的运算符号表示下列事件: 三次都取到了合格品; 三次中至少有一次取到合格品; 三次中恰有两次取到合格品; 三次中最多有一次取到合格品.

解 三次全取到合格品: $A_1A_2A_3$;

三次中至少有一次取到合格品: $A_1+A_2+A_3$;

三次中恰有两次取到合格品: $A_1A_2\bar{A}_3+A_1\bar{A}_2A_3+\bar{A}_1A_2A_3$;

三次中至多有一次取到合格品: $\bar{A}_1\bar{A}_2+\bar{A}_1\bar{A}_3+\bar{A}_2\bar{A}_3$.

例 12.1.6 一名射手连续向某个目标射击三次, 事件 A_i 表示该射手第 i 次射击时击中目标 ($i=1,2,3$). 试用文字叙述下列事件: $\bar{A}_1$;$A_1+A_2+A_3$;$A_1A_2A_3$; $A_1A_2+A_1A_3+A_2A_3$.

解

$\bar{A}_1$: 第一次射击未击中目标;

$A_1+A_2+A_3$: 三次射击中至少有一次击中目标;

$A_1A_2A_3$: 三次射击都击中了目标;

$A_1A_2+A_1A_3+A_2A_3$: 三次射击中至少有两次击中目标.

习 题 12.1

1. 试用集合的形式表示下列随机试验的有关随机事件, 并分析它们之间的相互关系.

(1) 掷一颗骰子, 观察掷得的点数. 考虑事件:

A = "点数不超过 2";

B = "点数不超过 3";

C = "点数不小于 4";

$D=$ “掷得奇数点”.

(2) 从一批灯泡中任取一只, 测试它的寿命. 考虑事件:

$E=$ “寿命大于 1000 小时”;

$F=$ “寿命大于 1500 小时”;

$G=$ “寿命不小于 1000 小时”.

2. 检验某种圆柱形产品时, 要求它的长度及直径都符合规格才算合格, 记

$$A=\text{“产品合格”},\quad B=\text{“长度合格”},\quad C=\text{“直径合格”},$$

试述: (1) A 与 B, C 之间的关系; (2) $\bar{A}$ 与 $\bar{B}, \bar{C}$ 之间的关系.

3. 设 A, B, C 表示三个事件, 利用 A, B, C 表示下列事件:

(1) A 出现, B, C 都不出现;
(2) A, B 都出现, C 不出现;
(3) 所有三个事件都出现;
(4) 三个事件中至少有一个事件出现;
(5) 三个事件都不出现;
(6) 不多于一个事件出现;
(7) 不多于两个事件出现;
(8) 三个事件中至少有两个出现.

4. 向指定的目标射三枪, 以 A_1, A_2, A_3 分别表示事件 “第一, 二, 三枪击中目标”. 试用 A_1, A_2, A_3 表示以下各事件:

(1) 只击中第一枪;
(2) 只击中一枪;
(3) 三枪都未击中;
(4) 至少击中一枪.

12.2 随机事件的概率

对于一个事件 (必然事件与不可能事件除外) 来说, 它在一次试验中可能发生, 也可能不发生. 但是如果独立地多次重复进行这一试验时, 就会发现, 不同事件发生的可能性是有大小之分的. 这种可能性的大小是事件本身固有的一种属性, 它不以人们的意志为转移.

保险公司为获得较大利润, 就必须研究意外事件发生的可能性的大小. 掷一颗匀称的骰子, 事件 “出现偶数点” 与事件 “出现奇数点” 的可能性是一样的, 而 “出现奇数点” 比 “出现 1 点” 的可能性更大. 为了定量地描述这种属性, 需要引入新的概念. 我们首先引入频率这个概念, 它描述了在多次试验中某个事件发生的频繁程度, 进而引出表示事件在一次试验中发生的可能性大小的量度——概率. 最后我们再给出概率的公理化定义.

12.2.1 概率的定义

我们来研究某个随机试验中的可能发生的事件 A. 如果在相同条件下把随机试验重复进行 n 次, 在这 n 次重复试验中, 事件 A 发生的次数 m 称为事件 A 发生的频数, 而比值 $\dfrac{m}{n}$ 称为事件 A 发生的频率, 记为 $f_n(A)$.

频数和频率都和做试验有关. 比如, 昨天抛掷硬币 100 次, 获得正面 55 次; 而今天依然抛掷硬币 100 次, 获得正面 49 次. 都是抛 100 次硬币, 但是获得正面的

频数和频率不一样. 数学研究的是纷繁复杂的变化世界中, 恒定不变的关系与性质. 那么在简单的随机抛掷硬币的过程中, 有什么是不变的呢? 抛掷次数和频数都难以描述, 但是频率有些固定性质. 仔细研究可以发现频率有下列三条基本性质:

(1) **非负性** $f_n(A) \geqslant 0$;

(2) **规范性** $f_n(\Omega) = 1$;

(3) **有限可加性** 若 $A_1, A_2, \cdots, A_k$ 为两两互不相容的事件, 则

$$f_n(A_1 \cup A_2 \cup \cdots \cup A_k) = f_n(A_1) + f_n(A_2) + \cdots + f_n(A_k).$$

事件 A 发生的频率是它发生的次数与试验次数之比, 其大小表示 A 发生的频繁程度. 频率大, A 发生的次数就多, 这就意味着 A 在一次试验中发生的可能性就大. 但是, 频率具有一定的稳定性. 从统计学意义上看, 概率就是频率的稳定性的数学刻画. 这种看法是真实存在的吗? 历史上对这个问题有很长时间的争论, 其核心问题是直观上的稳定性是否真实存在.

例 12.2.1 掷一枚硬币, 观察它出现正面次数. 如果抛掷次数是 n 次, 那么所得正面次数应该在 $\frac{n}{2}$ 次左右, 换句话说就是正面出现的频率应该越来越稳定在 0.5 才对. 果真如此吗? 历史上确有科学家做过试验来验证频率的稳定性是真实存在的. 历史上的实验者以及试验数据列于表 12.1 中.

表 12.1

试验者	抛掷次数 n	正面出现次数 m	正面出现频率 m/n
德摩根	2048	1061	0.5181
蒲丰	4040	2048	0.5069
K. 皮尔逊	12000	6019	0.5016
E. 皮尔逊	24000	12012	0.5005
维尼	30000	14994	0.4998

由表 12.1 看出, 出现正面的频率接近 0.5, 并且抛掷次数越多, 频率越接近 0.5, 大量试验证实: 多次重复同一试验时, 随机现象呈现出一定的量的规律. 具体地说, 就是当试验次数 n 很大时, 事件 A 的频率具有一种稳定性. 它的数值徘徊在某个确定的常数附近. 而且一般说来, 试验次数越多, 事件 A 的频率就越接近于那个确定的常数. 这种在多次重复试验中, 事件频率具有某种稳定性的规律是真实存在的, 这是概率这一概念的经验基础. 而所谓某事件发生的可能性大小, 就是这个频率的稳定性的数量刻画.

在相同的条件下, 重复进行 n 次试验, 事件 A 发生的频率稳定地在某一常数 p 附近摆动. 且一般说来, n 越大, 摆动幅度越小, 则称常数 p 为事件 A 的**概率**, 记作 $P(A)$. 这个定义是概率的统计定义.

数值 p 即 $P(A)$ 就是在一次试验中对事件 A 发生的可能性大小的数量描述. 例如, 用 0.5 来描述掷一枚均匀的硬币 "正面" 出现的可能性.

概率的统计定义仅仅指出了事件的概率是客观存在的, 但并不能用这个定义计算 $P(A)$. 实际上, 人们是采取大量试验的频率的平均值作为 $P(A)$ 的近似值. 例如, 从对一个妇产医院 6 年出生婴儿的调查中 (表 12.2), 可以看到生男孩的频率是稳定的, 可以取 0.515 作为生男孩概率的近似值.

表 12.2

出生年份	新生儿总数 n	新生儿分类数		频率/%	
		男孩数 m_1	女孩数 m_2	男孩	女孩
1977	3670	1883	1787	51.31	48.69
1978	4250	2177	2073	51.22	48.78
1979	4055	2138	1917	52.73	47.27
1980	5844	2955	2889	50.56	49.44
1984	6344	3271	3073	51.56	48.44
1982	7231	3722	3509	51.47	48.53
6 年合计	31394	16146	15248	51.43	48.57

概率的统计定义有不便之处, 因为我们无法从频率得知并不知晓的概率. 1933 年由苏联著名数学家柯尔莫哥洛夫 (A. N. Kolmogorov, 1903—1987) 给出公理化的概率定义.

定义 12.1(概率的公理化定义) 设 E 是随机试验, Ω 是它的样本空间, 对 E 的每一个事件 A, 将其对应于一个实数, 记为 $P(A)$, 称为事件 A 的**概率**, 如果集合函数 $P(\cdot)$ 满足下列条件:

(1) 非负性 $P(A) \geqslant 0$;

(2) 规范性 $P(\Omega) = 1$;

(3) 可列可加性 若 $A_1, A_2, \cdots, A_k, \cdots$ 为两两互不相容的事件, 即 $A_iA_j = \varnothing, i \neq j, i, j = 1, 2, \cdots$, 则

$$P(A_1 \cup A_2 \cup \cdots \cup A_k \cup \cdots) = P(A_1) + P(A_2) + \cdots + P(A_k) + \cdots.$$

12.2.2 古典概型 (等可能概型)

直接计算某一事件的概率有时是非常困难的, 甚至是不可能的. 下面讨论最简单常见的随机试验——古典概型. 看下面两个例子.

(1) 抛掷一枚均匀的硬币, 可能出现正面与反面两种结果, 并且这两种结果出现的可能是相同的.

(2) 200 个同型号产品中有 6 个废品, 从中每次抽取 3 个进行检验, 共有 C_{200}^3 种不同的可能抽取结果, 并且任意 3 个产品被取到的机会是相同.

这两个随机试验的共同特征是:

(1) 试验的样本空间只含有有限个元素, 即 $\Omega=\{\omega_1,\omega_2,\cdots,\omega_n\}$;

(2) 试验中每个基本事件发生的可能性相同, 即 $P(\omega_1)=P(\omega_2)=\cdots=P(\omega_n)$.

具有上述特点的随机试验称为**等可能概型**. 等可能概型是一类最简单直观的随机试验, 也是概率论发展初期就开始研究的一类概率问题, 因此也称为古典概型.

设试验 E 是古典概型, 由于基本事件两两互不相容, 因此

$$1=P(\Omega)=P\left(\bigcup_{i=1}^{n}\{\omega_i\}\right)=\sum_{i=1}^{n}P(\{\omega_i\})=nP(\{\omega_i\}),$$

于是可以求得各个事件的概率全相同, 都是 $\frac{1}{n}$, 即有

$$P(\{\omega_i\})=\frac{1}{n}\quad(i=1,2,\cdots,n).$$

若事件 A 由 m 个基本事件组成, 则有

$$P(A)=\frac{A\text{中包含的基本事件数}}{\text{试验的基本事件总数}}=\frac{m}{n}.\tag{12.1}$$

所谓古典概型就是利用式 (12.1) 来讨论事件发生的概率的数学模型, 且概率的古典定义与统计定义是一致的. 在古典概型随机试验中, 事件的频率是围绕着定义中的 $\frac{m}{n}$ 这一数值摆动的. 概率的统计定义具有普遍性, 它适用于一切随机现象, 而古典定义只适用于试验结果为等可能的有限个的情况.

例 12.2.2 掷一颗匀称的骰子, 求得到点数小于 3 的概率.

解 这里样本空间 $\Omega=\{1,2,3,4,5,6\}$, 事件 "得到点数小于 3" 记作 $A=\{1,2\}$, 因此 $n=6, m=2$, 利用公式 (12.1) 就得到

$$P(A)=\frac{m}{n}=\frac{2}{6}=\frac{1}{3}.$$

例 12.2.3 有一批产品共 N 件, 其中有 D 件次品, 求:

(1) 这批产品的次品率;

(2) 任取 n 件产品, 其中恰有 $k(k\leqslant D)$ 件是次品的概率.

解 以 A 表示产品是次品, 以 A_1 表示 n 件产品中恰有 $k(k\leqslant D)$ 件是次品, 则 $P(A), P(A_1)$ 分别表示 (1), (2) 中所求的概率, 根据公式 (12.1) 有:

(1) $P(A)=\frac{D}{n}$, 这是显然的;

(2) 任取 n 件产品总共有 C_N^n 种取法, 其中恰有 k 件次品是要求在 D 件次品中随机选择 k 件, 在 $N-D$ 件正品中随机选择 $n-k$ 件, 因此事件 A_1 有 $\mathrm{C}_{N-D}^{n-k}\mathrm{C}_D^k$ 种实现方法, 根据公式 (12.1) 可以得到

$$P(A_1)=\frac{\mathrm{C}_D^k\mathrm{C}_{N-D}^{n-k}}{\mathrm{C}_N^n}.$$

例 12.2.4 袋内装有 4 个白球, 2 个黑球. 从袋中取球两次, 每次随机地取一只. 考虑两种取球方式:

(I) 第一次取出一个球, 观察颜色后放回袋中, 搅匀后再取一个球, 这种取球方式称作放回抽样.

(II) 第一次取一个球后不放回袋中, 第二次从剩余的球中再取一球, 这种取球方式称作不放回抽样.

试分别就上面两种情况求:

(1) 取到的两个球都是白球的概率;

(2) 取到的两个球至少有一个是白球的概率.

解 令 A,B 分别表示事件 "取到的两个球都是白球", "取到的两个球至少有一个是白球".

(I) 有放回抽样情形.

第一次从袋中取球有 6 个球可供抽取, 第二次也是 6 个球, 因此共有 6×6 种取法, 即试验的基本事件总数是 6×6. 对于事件 A 来说, 由于第一次有 4 个白球可供选择, 第二次也是一样, 因此 A 中包含 4×4 个基本事件. 于是

$$P(A)=\frac{m}{n}=\frac{4^2}{6^2}=\frac{4}{9}.$$

事件 B 可以分解为互不相容的三个事件 {第一次取到白球, 第二次取到黑球}, {第一次取到黑球, 第二次取到白球}, {两次均取到白球}. 因此

$$P(B)=\frac{4\times2}{6\times6}+\frac{2\times4}{6\times6}+\frac{4\times4}{6\times6}=\frac{8}{9}.$$

(II) 无放回抽样情形.

每次取一个球连续取球两次, 基本事件总数是 C_6^2. 取到的两个球都是白球的取法有 C_4^2 种. 因此由公式 (12.1) 得到 $P(A)=\dfrac{\mathrm{C}_4^2}{\mathrm{C}_6^2}=\dfrac{2}{5}$.

事件 B 的取法有 $\mathrm{C}_4^1\mathrm{C}_2^1+\mathrm{C}_4^2=14$, 由 (12.1) 式有 $P(B)=\dfrac{\mathrm{C}_4^1\mathrm{C}_2^1+\mathrm{C}_4^2}{\mathrm{C}_6^2}=\dfrac{14}{15}$.

例 12.2.5(抽奖问题) 盒中有 n 张奖券, 其中 k 张有奖. 现有 n 个人依次各

取一张, 证明: 每个人抽得有奖奖券的概率都是 $\frac{k}{n}$.

证 n 个人依次各取一张奖券, 共有 $n!$ 种取法, 其中第 j 个人抽到有奖奖券的取法可按如下方法计算: 第 j 个位置上安排一张有奖奖券, 有 k 种情形, 而另外 $n-1$ 张奖券可在余下的 $n-1$ 个位置全排列, 有 $(n-1)!$ 种排法, 故第 j 个人抽到有奖奖券的抽法为 $k(n-1)!$ 种, 因此

$$p=\frac{k(n-1)!}{n!}=\frac{k}{n}\quad (j=1,2,\cdots,n).$$

例 12.2.6(女士品茶) 一位常饮茶的女士称, 她能从一杯冲好的奶茶中辨别出该奶茶是先放牛奶还是先放茶冲制而成的. 她做了 10 次试验, 结果是她都正确地辨别出来了, 问该女士的说法是否可信?

解 假设该女士的说法不可信, 即纯粹靠运气猜对的. 在此假设下, 每次试验的两个可能结果为"奶 + 茶"或"茶 + 奶", 且它们是等可能出现的, 因此是一个古典概型问题. 10 次试验一共有 2^{10} 个等可能的结果, 若记 $A=\{$10 次试验中都能正确分辨出放茶和放奶的先后次序$\}$, 则 A 中只包含了 2^{10} 个样本点中的一个样本点, 故 $P(A)=\frac{1}{2^{10}}\approx 0.0009766$.

这是一个非常小的概率, 而人们在长期实践中总结出来的所谓"实际推断原理"为: 概率很小的事件在一次试验中实际上是不会发生的. 但现在概率很小的事件在一次试验中居然发生了, 因此有理由怀疑"该女士是纯粹靠运气猜对的"这一假设的正确性, 而断言该女士确有这种分辨能力, 即她的说法可信.

例 12.2.7(生日问题) 某班有学生 50 人, 一教师对该班学生并不了解, 但是却敢于预测说这个班至少有两个人的生日相同, 问这位教师的根据何在?

解 可以看出事件: 至少两个人生日相同, 与事件: 所有人生日不同, 是对立事件. 因此有

$$P\{\text{至少有两个人生日相同}\}=1-P\{\text{所有人生日不同}\}.$$

由此可以计算出 50 名学生有两人生日相同的概率为

$$1-\frac{\mathrm{A}_{365}^{50}}{365^{50}}\approx 1-0.03=0.97.$$

教师在对该班学生并不了解的情况下敢作出预测, 仍是基于实际推断原理.

12.2.3 加法法则

例 12.2.8 100 个产品中有 60 个一等品, 30 个二等品, 10 个废品. 规定一、二等品都为合格品, 考虑这批产品的合格率与一、二等品率之间的关系.

解 设事件 A, B 分别表示产品为一、二等品. 显然事件 A 与 B 互不相容, 并且事件 $A+B$ 表示产品为合格品, 按古典定义公式 (12.1) 有

$$P(A)=\frac{60}{100},\quad P(B)=\frac{30}{100},\quad P(A+B)=\frac{60+30}{100}=\frac{90}{100}.$$

可见得概率具有某种可加性, 即 $P(A+B)=P(A)+P(B)$.

可加性是概率的本质性质之一, 其公理化定义的第三条叫做可列可加性, 这条公理的简单情形就是我们刚才提到的可加性. 如果从概率的统计定义出发也可以看到可加性是概率具有的普遍规律. 事实上, 对于任意的两个互斥事件, 它们都满足下面的运算法则.

加法法则 两个互斥事件之和的概率等于它们概率的和, 即当 $AB=\varnothing$ 时,

$$P(A+B)=P(A)+P(B).$$

实际上, 只要 $P(AB)=0$, 上式就成立. 由加法法则可以得到下面几个重要结论.

(1) 如果 n 个事件 $A_1,\cdots,A_n$ 为两两互不相容, 则

$$P(A_1+\cdots+A_n)=P(A_1)+\cdots+P(A_n),$$

这个性质称为概率的有限可加性.

(2) 若 n 个事件 $A_1,\cdots,A_n$ 构成一个完备事件组, 则它们概率的和为 1, 即

$$P(A_1)+\cdots+P(A_n)=1.$$

特别地, 两个对立事件概率之和为 1, 即 $P(A)+P(\bar{A})=1$. 而经常使用的形式是

$$P(A)=1-P(\bar{A}).$$

(3) 如果 $B\supset A$, 则

$$P(B-A)=P(B)-P(A).$$

(4) 对任意两个事件 A, B 有

$$P(A+B)=P(A)+P(B)-P(AB).$$

上式又称为**广义加法法则**.

例 12.2.9 设 A,B 为两事件, 且 $P(B)=0.3, P(A\cup B)=0.6$, 求 $P(A\bar{B})$.

解 利用事件的关系得到

$$P(A\bar{B})=P\{A(\Omega-B)\}=P(A-AB)=P(A)-P(AB),$$

由于 $P(A\cup B)=P(A)+P(B)-P(AB)$, 所以

$$P(A\cup B)-P(B)=P(A)-P(AB),$$

于是 $P(A\bar{B})=0.6-0.3=0.3$.

例 12.2.10 某种产品分为一等品、二等品及废品三类, 若一等品率和二等品率分别为 0.63 和 0.35, 求产品的合格率与废品率.

解 令事件 A 表示产品为合格品, A_1, A_2 分别表示一等品、二等品. 显然 A_1 与 A_2 互不相容, 并且 $A=A_1+A_2$, 则有合格率与废品率分别是

$$P(A)=P(A_1+A_2)=P(A_1)+P(A_2)=0.98,$$

$$P\left(\bar{A}\right)=1-P(A)=0.02.$$

例 12.2.11 一个袋内装有大小相同的 7 个球, 4 个白球, 3 个黑球. 从中一次抽取 3 个, 计算至少有两个是白球的概率.

解 设事件 A_i 表示抽到的 3 个球中有 i 个白球 $(i=2,3)$, 显然 A_2 与 A_3 互不相容, 则有

$$P(A_2)=\frac{\mathrm{C}_4^2\mathrm{C}_3^1}{\mathrm{C}_7^3}=\frac{18}{35},\quad P(A_3)=\frac{\mathrm{C}_4^3}{\mathrm{C}_7^3}=\frac{4}{35}.$$

根据加法法则, 所求的概率为 $P(A_2+A_3)=P(A_2)+P(A_3)=\dfrac{22}{35}$.

例 12.2.12 50 个产品中有 46 个合格品与 4 个废品, 从中一次抽取 3 个, 求其中有废品的概率.

解 设事件 A 表示取到的 3 个中有废品, 事件 A 的对立事件是一个很容易把握的事件, 因此可以计算其对立事件 $\overline{A}$ 的概率 $P\left(\bar{A}\right)=\dfrac{\mathrm{C}_{46}^3}{\mathrm{C}_{50}^3}=\dfrac{759}{980}\approx 0.7745$, 因此事件 A 的概率为

$$P(A)=1-P\left(\bar{A}\right)\approx 0.2255.$$

习 题 12.2

1. 从一批由 37 件正品, 3 件次品组成的产品中任取三件产品, 求

(1) 三件中恰有一件次品的概率; (2) 三件全是次品的概率;

(3) 三件全是正品的概率; (4) 三件中至少有一件次品的概率;

(5) 三件中至少有两件次品的概率.

2. 袋中有五个红球、两个白球. 有放回地取两次, 每次取球一只, 求

(1) 两次都取到红球的概率;

(2) 第一次取到红球, 第二次取到白球的概率;

(3) 两次中, 一次取到红球, 一次取到白球的概率;

(4) 第二次取到红球的概率.

3. 在 0, 1, 2, 3, $\cdots$, 9 共 10 个数字中, 任取 4 个不同数字, 试求这 4 个数字能排成一个四位偶数的概率.

4. 有一批零件共 100 个, 其中次品 10 个. 从这批零件中随机抽取零件, 每次抽取一个, 求直到第三次才取到正品的概率.

5. 某城市有 50%住户订日报, 有 65%住户订晚报, 有 85%住户至少订这两种报纸中的一种, 求同时订两种报纸的住户的百分比.

12.3 条件概率与乘法法则

12.3.1 条件概率

随机现象是人们日常生活中经常碰到的现象, 因此, 对概率论的研究自然有着重要的意义和价值. 在一个样本空间中, 有时我们可能只关心样本空间中某部分事件, 或者在某种附加条件下考虑某个事件, 这时就出现了条件概率这个概念.

比如, 对于人寿保险问题, 保险公司最关心的是参保人群在已经活到某个年龄的条件下, 在未来的一年内死亡的概率, 而不是一个人死亡的概率. 像这样的问题就需要研究在某种条件之下某一事件发生的概率.

一般地, 对 A, B 两个事件, $P(A)>0$, 在事件 A 发生的条件下事件 B 发生的概率称为条件概率, 记为 $P(B|A)$.

例 12.3.1 市场上供应的某种零件中, 甲厂产品占 70%, 乙厂占 30%, 甲厂产品的合格率是 95%, 乙厂产品的合格率是 80%. 若用事件 $A, \bar{A}$ 分别表示甲、乙两厂的产品, B 表示产品为合格品, 试写出有关事件的概率.

解 依题意, 我们可以知道

$$P(A)=70\%, \quad P(\bar{A})=30\%, \quad P(B|\,A)=95\%, \quad P(B|\,\bar{A})=80\%.$$

进一步可得

$$P(\bar{B}|\,A)=5\%, \quad P(\bar{B}|\,\bar{A})=20\%.$$

例 12.3.2 某个年级的 100 名学生中, 有男生 (以事件 A 表示)80 人, 女生 20 人; 来自北京的 (以事件 B 表示) 有 20 人, 其中男生 12 人, 女生 8 人, 免修英语的 (用事件 C 表示)40 人中有 32 名男生, 8 名女生. 现从这 100 名学生中随机选出一人, 试写出下面的概率或者条件概率:

$$P(A), \quad P(B), \quad P(B|A), \quad P(A|B), \quad P(AB), \quad P(C),$$
$$P(C|A), \quad P\left(\bar{A}\middle|\bar{B}\right), \quad P(AC).$$

解 这个问题的实质是认清被求概率或者条件概率的事件的实际意义. 现将各个事件描述如下.

随机抽取一名学生, A: 学生是男生; B: 学生来自北京; C: 学生免修英语. 因此,

事件 $B|A$: 选到男生, 他来自北京;

事件 $A|B$: 选到一名来自北京的学生, 他是男生;

事件 AB: 选到一名男生, 并且他来自北京;

事件 $C|A$: 选到男生, 他可以免修英语;

事件 $\bar{A}|\bar{B}$: 选到一名不是来自北京的学生, 她是女生;

事件 AC: 选到男生, 并且他还免修英语.

从条件所给数据可以得到

$$P(A) = 80/100 = 0.8, \quad P(B) = 20/100 = 0.2, \quad P(B|A) = 12/80 = 0.15,$$

$$P(A|B) = 12/20 = 0.6, \quad P(AB) = 12/100 = 0.12, \quad P(C) = 40/100 = 0.4,$$

$$P(C|A) = 32/80 = 0.4, \quad P\left(\bar{A}\middle|\bar{B}\right) = 12/80 = 0.15, \quad P(AC) = 32/100 = 0.32.$$

仔细观察例 12.3.2 可以看到如下两个关系:

$$P(B|A) = \frac{P(AB)}{P(A)}, \quad P(A|B) = \frac{P(AB)}{P(B)}.$$

由概率的直观意义, 在事件 A 发生的条件下, 事件 B 发生当且仅当试验的结果既属于 A 又属于 AB. 但是, 我们关心的问题既不是事件 A 在样本空间中的所占比例, 也不是事件 AB 在样本空间中的所占比例, 我们实际关心的问题是事件 AB 在事件 A 中的所占比例. 这就是条件概率.

注意到简单的关系

$$\frac{\text{事件}AB\text{的数目}}{\text{事件}A\text{的数目}} = \frac{\text{事件}AB\text{的数目}/\text{总数目}}{\text{事件}A\text{的数目}/\text{总数目}} = \frac{\text{事件}AB\text{的概率}}{\text{事件}A\text{的概率}}.$$

这样就导致我们可以引入如下的定义.

定义 12.2 设 A, B 两个事件, 且 $P(A) > 0$, 称

$$P(B|A) = \frac{P(AB)}{P(A)} \tag{12.13}$$

为在事件 A 发生的条件下事件 B 发生的**条件概率**.

可以验证, 条件概率也是一种概率, 它具有概率公理化定义中的三个条件.

例 12.3.3 人寿保险公司常常需要知道存活到某一个年龄段的人在下一年仍然存活的概率. 据统计资料可知, 某城市的人由出生活到 50 岁的概率为 0.90718,

存活到 51 岁的概率为 0.90135. 问现在已经 50 岁的人, 能够活到 51 岁的概率是多少?

解 记事件 $A=\{\text{活到50岁}\}, B=\{\text{活到51岁}\}$, 显然 $B\subset A$. 因此 $AB=B$, 现在要求条件概率 $P(B|A)$.

由于 $P(A)=0.90718, P(B)=0.90135, P(AB)=P(B)=0.90135$, 从而

$$P(B|A)=\frac{P(AB)}{P(A)}=\frac{0.90135}{0.90718}\approx 0.99357.$$

由此可知, 该城市的人在 50 岁到 51 岁之间死亡的概率约为 0.00643. 在平均意义下, 该年龄段中每千人中间约有 6.43 人死亡.

12.3.2 乘法公式

把条件概率的定义式简单变形就得到所谓的乘法公式, 即

$$P(AB)=P(A)P(B|A)\quad (P(A)>0).$$

相应地, 关于 n 个事件 $A_1,\cdots,A_n$ 的乘法公式为

$$P(A_1A_2\cdots A_n)=P(A_1)P(A_2|A_1)P(A_3|A_1A_2)\cdots P(A_n|A_1\cdots A_{n-1}),$$

其中 $P(A_1A_2\cdots A_{n-1})>0$.

例 12.3.4 求例 12.3.1 中从市场买到的零件既是甲厂生产的 (事件 A 发生), 又是合格的 (事件 B 发生) 概率, 也就是求 A 与 B 同时发生的概率. 有

$$P(AB)=P(A)P(B|A)=0.7\times 0.95=0.665.$$

同样的方法还可以计算出从市场上买到一个乙厂合格零件的概率是 0.24.

例 12.3.5 10 个彩票中有 4 个可以中奖, 3 人参加抽奖 (不放回), 甲先抽取, 乙次之, 丙最后抽取. 求下列各个事件的概率.

(1) 甲中奖;

(2) 甲、乙都中奖;

(3) 甲没中奖而乙中奖;

(4) 甲、乙、丙都中奖.

解 设事件 A, B, C 分别表示甲、乙、丙各自中奖, 则

(1) 这是一个基本概率问题, $P(A)=\dfrac{4}{10}=\dfrac{2}{5}$.

(2) 这是求 A,B 的积事件 AB 的概率, 利用乘法公式

$$P(AB)=P(A)P(B|A)=\frac{4}{10}\times\frac{3}{9}=\frac{12}{90}=\frac{2}{15}.$$

(3) 这是计算积事件 $\overline{A}B$ 的概率, 利用乘法公式与概率性质得到

$$P(\bar{A}B)=P(\bar{A})P(B|\bar{A})=(1-P(A))\,P(B|\bar{A})=\left(1-\frac{4}{10}\right)\times\frac{4}{9}=\frac{24}{90}=\frac{4}{15}.$$

(4) 这是计算三个事件 A,B,C 的积事件的概率问题, 利用乘法公式

$$P(ABC)=P(A)P(B|A)P(C|AB)=\frac{4}{10}\times\frac{3}{9}\times\frac{2}{8}=\frac{24}{720}=\frac{1}{30}.$$

从例 12.3.5 的计算过程可以看到, 直接计算概率 $P(ABC)$ 需要同时考虑三个限制条件, 但是利用乘法公式可以转化为计算概率 $P(A), P(B|A), P(C|AB)$, 每一个条件概率的计算都只有一个限制条件, 计算变简单了. 这正是乘法公式的意义所在.

12.3.3 全概率定理与贝叶斯定理

定理 12.1(全概率公式) 如果事件 $A_1, A_2, \cdots, A_n$ 构成一个完备事件组, 并且都具有正概率, 则对任何一个事件 B, 有

$$P(B)=\sum_{i=1}^{n}P(A_i)P(B|A_i). \tag{12.14}$$

证 由于 $A_1, A_2, \cdots, A_n$ 两两互不相容, 因此, A_1B, A_2B, $\cdots$, A_nB 也两两互不相容. 而且

$$B=B\left(\sum_{i=1}^{n}A_i\right)=\sum_{i=1}^{n}A_iB.$$

由加法法则有

$$P(B)=\sum_{i=1}^{n}P(A_iB).$$

再利用乘法公式即可得到全概率公式

$$P(B)=\sum_{i=1}^{n}P(A_i)P(B|A_i).$$

例 12.3.6 市场上供应的某种零件中, 甲厂产品占 70%, 乙厂占 30%, 甲厂产品的合格率是 95%, 乙厂产品的合格率是 80%. 若用事件 $A, \bar{A}$ 分别表示甲、乙两厂的产品, B 表示产品为合格品, 求这种零件的合格率.

解 由于 $B=AB+\bar{A}B$, 并且 AB 与 $\bar{A}B$ 互不相容, 根据全概率公式有

$$P(B)=P(A)P(B|A)+P(\bar{A})P(B|\bar{A})$$

$$=0.7\times 0.95+0.3\times 0.8$$
$$=0.905.$$

例 12.3.7 假设在某时期内影响股票价格变化的因素只有银行存款利率的变化. 经分析, 该时期内利率不会上调, 利率下降的概率为 60%, 利率不变的概率为 40%. 根据经验, 在利率下调时某只股票上涨的概率为 80%, 在利率不变时这只股票上涨的概率为 40%. 求这只股票上涨的概率.

解 设 A_1, A_2 分别表示 "利率下调" "利率不变" 这两个事件, B 表示 "该只股票上涨". A_1, A_2 是导致 B 发生的原因, 且 $A_1\cup A_2=\Omega, A_1A_2=\varnothing$. 由全概率公式有

$$\begin{aligned}P(B)&=P(B|A_1)P(A_1)+P(B|A_2)P(A_2)\\&=80\%\times 60\%+40\%\times 40\%\\&=64\%.\end{aligned}$$

在全概率公式中, 若将事件 B 看成是 "结果", 而事件 $A_1, A_2, \cdots, A_n$ 看作是产生结果 B 的 "原因", 那么 (12.3) 式正好给出了结果与原因之间的一种联系方式, 即已知所有可能 "原因" 发生的概率, 求 "结果" 发生的概率, 这一类问题称为 "全概率问题".

另一种经常研究的问题是由观察到的现象来推断产生现象的原因, 这一类问题称为逆概率问题. 解决这类问题的方法是贝叶斯公式.

定理 12.2(贝叶斯公式) 如果事件 $A_1, A_2, \cdots, A_n$ 构成一个完备事件组, 并且都具有正概率, 则对任何一个概率不为零的事件 B, 有

$$P(A_m|B)=\frac{P(A_m)P(B|A_m)}{\sum\limits_{i=1}^{n}P(A_i)P(B|A_i)},\quad m=1,2,\cdots,n. \tag{12.15}$$

证 由条件概率公式有

$$P(A_m|B)=\frac{P(A_mB)}{P(B)},$$

再将乘法公式及全概率公式代入, 即得贝叶斯公式

$$P(A_m|B)=\frac{P(A_m)P(B|A_m)}{\sum\limits_{i=1}^{n}P(A_i)P(B|A_i)}.$$

贝叶斯公式主要用于在已知某事件 B 发生的条件下, 来判断导致事件 B 发生的原因 $A_1, A_2, \cdots, A_n$ 中的哪一个. 换句话说, 就是要比较在事件 B 发生的条件下各个原因 A_m 发生的概率 $P(A_m|B)$ 的大小.

例 12.3.8 计算例 12.3.6 中, 买到的合格零件恰是甲厂生产的概率 $P(A|B)$.

解 事件 A 与 $\bar{A}$, 即产品来自甲厂与乙厂构成完备事件组, 由贝叶斯公式有

$$\begin{aligned}P(A|B) &= \frac{P(A)P(B|A)}{P(A)P(B|A)+P(\bar{A})P(B|\bar{A})}\\ &= \frac{0.7\times 0.95}{0.7\times 0.95+0.3\times 0.8}\\ &\approx 0.735.\end{aligned}$$

例 12.3.9 以往数据分析结果表明, 当机器调整良好时, 产品的合格率为 98%, 而当机器发生某种故障时, 其合格率为 55%. 每天早上机器开动时, 机器调整良好的概率为 95%. 试求已知某日早上第一件产品是合格品时, 机器调整良好的概率是多少?

解 设 A 为事件 "产品合格", B 为事件 "机器调整良好", 机器调整良好 B 与机器出现故障 $\overline{B}$ 构成完备事件组. 由条件可以得到如下已知概率

$$P(A|B)=0.98,\quad P(A|\bar{B})=0.55,\quad P(B)=0.95,\quad P(\bar{B})=0.05.$$

所求的概率为 $P(B|A)$, 由贝叶斯公式有

$$\begin{aligned}P(B|A) &= \frac{P(A|B)P(B)}{P(A|B)P(B)+P(A|\bar{B})P(\bar{B})}\\ &= \frac{0.98\times 0.95}{0.98\times 0.95+0.55\times 0.05}\\ &\approx 0.97.\end{aligned}$$

例 12.3.10 针对某种疾病进行一种化验, 患该种病的人中有 90%呈阳性反应, 而未患该病的人中有 5%呈阳性反应. 设人群中有 1%的人患这种病, 若某人做这种化验呈阳性反应, 则他患这种病的概率是多少?

解 设 A 表示 "某人患这种病", B 表示 "化验呈阳性反应", 这里患病 A 与未患病 $\overline{A}$ 构成完备事件组, 由条件已知如下概率

$$P(A)=0.01,\quad P(B|A)=0.90,\quad P(B|\bar{A})=0.05,$$

利用贝叶斯公式所求概率 $P(A|B)$ 为

$$P(A|B)=\frac{P(A)P(B|A)}{P(A)P(B|A)+P(\bar{A})P(B|\bar{A})}$$

$$
\begin{aligned}
&= \frac{0.01 \times 0.9}{0.01 \times 0.9 + 0.99 \times 0.05} \\
&\approx 0.1538.
\end{aligned}
$$

例 12.3.10 的结果表明, 化验呈阳性反应的人中, 只有 15%的可能真正患有该病. 也就是说, 从平均意义上讲, 每 100 次判断中有 15 次是正确的. 这表明这个化验对判断是否患有该病是不可靠的.

习 题 12.3

1. 甲、乙两城市都位于长江下游, 根据一百余年来气象的记录, 知道甲、乙两城市一年中雨天占的比例分别为 20%和 18%, 两地同时下雨的比例为 12%, 问:

(1) 乙市为雨天时, 甲市也为雨天的概率是多少?

(2) 甲市为雨天时, 乙市也为雨天的概率是多少?

(3) 甲、乙两城市至少有一个为雨天的概率是多少?

2. 某种动物由出生开始活到 20 岁的概率为 0.8, 活到 25 岁的概率为 0.4, 问现年 20 岁的这种动物活到 25 岁的概率是多少?

3. 一批零件共 100 个, 其中次品 10 个, 每次从其中任取一个零件, 取出的零件不再放回去, 求第三次才取到正品的概率.

4. 某工厂有甲、乙、丙三个车间, 生产同一种产品, 每个车间的产量分别占全厂的 25%, 35%, 40%, 各车间产品的次品率分别为 5%, 4%, 2%, 求全厂产品的次品率.

5. 一个机床有 $\frac{1}{3}$ 的时间加工零件 A, 其余时间加工零件 B, 加工零件 A 时, 停机的概率是 0.3, 加工零件 B 时, 停机的概率是 0.4, 求这个机床停机的概率.

6. 在第 4 题中, 如果从全厂总产品中抽取一件产品抽得的是次品, 求它依次是甲、乙、丙车间生产出的次品的概率.

7. 两台车床加工同样的零件, 第一台加工后的废品率为 0.03, 第二台加工后的废品率为 0.02, 加工出来的零件放在一起, 已知这批加工后的零件中, 由第一台车床加工的占三分之二, 由第二台车床加工的占三分之一. 从这批零件中任取一件, 求这件是合格品的概率.

8. 坛子 A 里有 5 个白球 7 个黑球, 坛子 B 里有 3 个白球 12 个黑球. 我们投掷一枚硬币, 如果结果为正面朝上, 从 A 里取出一个球, 而如果为反面朝上, 则从 B 里取出一个球. 假设取出一只白球, 问硬币是反面朝上的概率有多大?

9. 假定有 5%的男性和 0.25%的女性是色盲, 并假定男性和女性数量相等. 随机选择一个色盲的人, 他是男性的概率有多大? 如果男性的数量是女性的两倍呢?

12.4 独 立 性

在概率论的研究和应用中, 独立性是一个相当重要和关键的条件. 两个事件相互独立的性质使得它们对事件产生的影响不会出现交叉效应, 问题因此会变得更易于研究和把握. 因此, 独立性是研究机会问题的首要考虑的条件.

例 12.4.1 袋中有 a 个红球, b 个白球, 从中随机抽取 2 次, 每次取出一个球, 观察并研究两次抽球的颜色. 抽球方式: (1) 不放回取球; (2) 有放回取球.

我们记事件 $A=\{$ 第一次取到红球 $\}$, $B=\{$ 第二次取到红球 $\}$. 现在我们研究概率

$$P(A),\quad P(B|A),\quad P(B),\quad P(AB).$$

(1) 不放回取球.

$$P(A)=\frac{a}{a+b},$$

$$P(B|A)=\frac{a-1}{a+b-1},$$

$$P(B)=\frac{a}{a+b},$$

$$P(AB)=P(A)P(B|A)=\frac{a}{a+b}\cdot\frac{a-1}{a+b-1},$$

(2) 放回取球.

$$P(A)=\frac{a}{a+b},$$

$$P(B|A)=\frac{a}{a+b},$$

$$P(B)=\frac{a}{a+b},$$

$$P(AB)=P(A)P(B|A)=\frac{a}{a+b}\cdot\frac{a}{a+b}.$$

在不放回抽样的试验中, 概率 $P(B)$ 与 $P(B|A)$ 不相等, 说明事件 A 发生与否对事件 B 发生有影响. 在有放回抽样试验中, 概率 $P(B)=P(B|A)$, 这表明第一次取球对第二次取球没有任何影响. 从取后放回再取这一过程, 可以看出无论第一次取到什么颜色的球, 第二次取球时的条件与第一次取球的条件完全一样, 所以第二次取到红球的概率与第一次取到红球的概率应该相同.

由此可以引入独立性的概念.

定义 12.3 如果事件 A 发生的可能性不受事件 B 发生与否的影响, 即 $P(A|B)=P(A)$, 则称事件 A 对于事件 B **独立**. 显然, 若 A 对于 B 独立, 则 B 对于 A 也一定独立, 称事件 A 与事件 B 相互独立.

独立性的概念可以推广到更多事件上去. 如果 $n(n>2)$ 个事件 $A_1,\cdots,A_n$ 中任何一个事件发生的可能性都不受其他一个或几个事件发生与否的影响, 则称 $A_1,\cdots,A_n$ 相互独立.

关于独立性的几个结论如下:

(1) 当 $P(A)$ 与 $P(B)$ 都为正时, 事件 A 与 B 独立的充分必要条件是 $P(AB)=P(A)P(B)$;

(2) 若事件 A 与 B 独立, 则 A 与 $\bar{B}$、$\bar{A}$ 与 B、$\bar{A}$ 与 $\bar{B}$ 中的每一对事件都相互独立;

(3) 若事件 $A_1,\cdots,A_n$ 相互独立, 则有 $P(A_1\cdots A_n)=\prod\limits_{i=1}^{n}P(A_i)$;

(4) 若事件 $A_1,\cdots,A_n$ 相互独立, 则有 $P\left(\sum_{i=1}^{n}A_i\right)=1-\prod_{i=1}^{n}P\left(\bar{A}_i\right)$.

证 (1) 必要性. 由于 A 与 B 独立, 有 $P(A|B)=P(A)$. 而由乘法公式有

$$P(AB)=P(B)P(A|B),$$

因此得到

$$P(AB)=P(A)P(B).$$

充分性. 不妨设 $P(B)>0$. 由条件与乘法公式, 显然有 $P(A|B)=P(A)$ 成立, 即 A 与 B 独立.

(2) 只证明 A 与 $\bar{B}$ 独立, 其他两对的证法类似.

$$\begin{aligned}P\left(A\bar{B}\right)&=P(A-AB)=P(A)-P(AB)\\&=P(A)-P(A)P(B)=P(A)P\left(\bar{B}\right),\end{aligned}$$

由结论 (1), A 与 $\bar{B}$ 独立.

(3) 由乘法公式

$$P(A_1\cdots A_n)=P(A_1)P(A_2|A_1)\cdots P(A_n|A_1\cdots A_{n-1}),$$

而由条件有

$$P(A_2|A_1)=P(A_2),\cdots,P(A_n|A_1\cdots A_{n-1})=P(A_n),$$

所以

$$P(A_1\cdots A_n)=P(A_1)P(A_2)\cdots P(A_n).$$

结论 (3) 表明对于相互独立的事件来说, 积事件的概率等于各自概率的乘积.

(4) 首先有关系式

$$P(A_1+\cdots+A_n)=1-P\overline{(A_1+\cdots+A_n)}=1-P\left(\bar{A}_1\bar{A}_2\cdots\bar{A}_n\right),$$

由于 $A_1,\cdots,A_n$ 相互独立, $\bar{A}_1,\cdots,\bar{A}_n$ 也相互独立, 所以

$$P(A_1+\cdots+A_n)=1-P\left(\bar{A}_1\right)\cdots P\left(\bar{A}_n\right).$$

独立性是非常重要的概念, 但是一般来说难于判断. 实际问题中, 往往根据问题的意义或者过往的经验来判断研究对象是否独立.

例 12.4.2 用高射炮射击飞机, 如果每门高射炮击中飞机的概率是 0.6, 试求用两门高射炮分别射击一次击中飞机的概率是多少?

解 设 A 表示击中飞机, $B_i(i=1,2)$ 表示第 i 门高射炮击中飞机. 在射击时, B_1 与 B_2 是相互独立的, 且 $P(B_1)=P(B_2)=0.6$, $P(\bar{B}_1)=P(\bar{B}_2)=0.4$, 因此有

$$\begin{aligned}P(A)&=1-P(\bar{A})=1-P(\bar{B}_1\bar{B}_2)=1-P(\bar{B}_1)P(\bar{B}_2)\\&=1-0.4\times0.4=0.84.\end{aligned}$$

例 12.4.3 甲、乙、丙 3 部机床独立工作, 由一个工人照管, 某段时间内它们不需要工人照管的概率分别为 0.9, 0.8 及 0.85. 求在某段时间内有机床需要工人照管的概率.

解 用事件 A, B, C 分别表示在这段时间内机床甲、乙、丙不需要工人照管. 依题意, 事件 A, B, C 相互独立, 并且 $P(A)=0.9$, $P(B)=0.8$, $P(C)=0.85$. 那么

$$\begin{aligned}P(\overline{ABC})&=1-P(ABC)=1-P(A)P(B)P(C)\\&=1-0.612=0.388.\end{aligned}$$

例 12.4.4(保险赔付) 设有 n 个人向保险公司购买人身意外保险 (保险期为 1 年), 假定投保人在一年内发生意外的概率为 0.01,

(1) 求保险公司赔付的概率;

(2) 当 n 为多大时, 使得以上赔付的概率超过 50%?

解 (1) 记 $A_i=\{$第 i 个人投保出现意外$\}(i=1,2,\cdots,n)$, $A=\{$保险公司赔付$\}$. 则由实际问题可知 $A_1,\cdots,A_n$ 相互独立, 且 $A=\bigcup\limits_{i=1}^{n}A_i$, 因此

$$P(A)=1-P\overline{\left(\bigcup_{i=1}^{n}A_i\right)}=1-\prod_{i=1}^{n}P(\bar{A}_i)=1-(0.99)^n.$$

(2) 注意到 $P(A)\geqslant0.5\Leftrightarrow(0.99)^n\leqslant0.5\Leftrightarrow n\geqslant\dfrac{\lg2}{2-\lg99}\approx684.16$, 即当投保人数 $n>685$ 时, 保险公司有大于一半的概率赔付.

该例表明: 虽然概率为 0.01 的事件是小概率事件, 它在一次试验中实际上几乎是不会发生的; 但若重复做 n 次试验, 只要 $n\geqslant685$, 这一系列小概率事件至少发生一次的概率要超过 0.5, 且显然, 当 $n\to\infty$ 时, $P(A)\to1$. 因此决不能忽视小概率事件.

一个系统由许多元件按一定的方式联结而成. 因而, 系统的可靠性 (能正常工作的概率) 依赖于元件可靠度和元件之间的联结方式. 元件组合的两种最基本的

方式是串联和并联. 设系统由 n 个元件联结而成, 每个元件的可靠性 (即元件能正常工作的概率) 为 r, 且各元件能否正常工作是相互独立的. 下面来求串联系统和并联系统的可靠性. 设第 i 个元件正常工作的事件记为 A_i. 串联系统和并联系统的图示如图 12.2 所示.

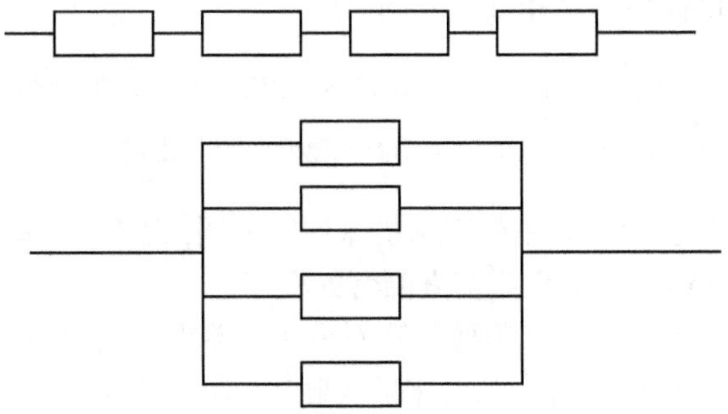

图 12.2

串联系统正常工作的事件 $A_1A_2\cdots A_n$, 所以系统正常工作的概率为

$$P(A_1A_2\cdots A_n)=P(A_1)P(A_2)\cdots P(A_n)=r^n.$$

并联系统正常工作的事件 $A_1\cup A_2\cup\cdots\cup A_n$, 所以系统正常工作的概率为

$$\begin{aligned}P(A_1\cup A_2\cup\cdots\cup A_n)&=1-P(\overline{A_1\cup A_2\cup\cdots\cup A_n})\\&=1-P(\overline{A_1}\ \overline{A_2}\cdots\overline{A_n})\\&=1-(1-r)^n.\end{aligned}$$

可见, 并联系统比串联系统的可靠性要好得多.

例 12.4.5 设有五个电池 A,B,C,D,E, 它们被损坏的概率依次为 0.1, 0.3, 0.2, 0.15, 0.25. 现分别将 A,B,C 和 D,E 并联成一组元件, 再将这两组元件串联得一电路. 求该电路被损坏的概率.

解 元件组成的电路如图 12.3 所示.

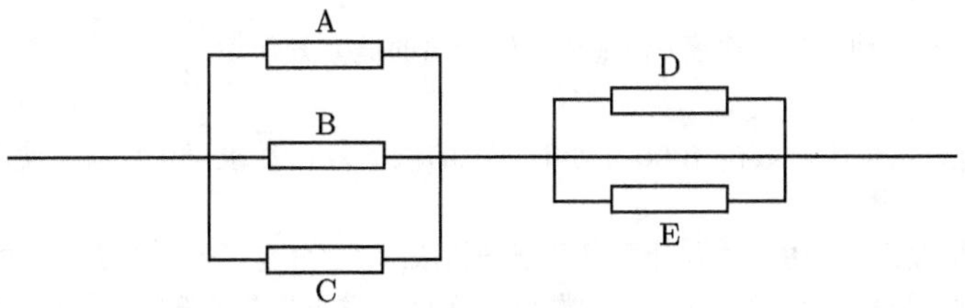

图 12.3

设电池 A,B,C,D,E 被损坏的事件依次记为 A,B,C,D,E, 则电路被损坏的事件为 $\{ABC\}\cup\{DE\}$, 所以其概率为

$$P(ABC\cup DE)=P(ABC)+P(DE)-P(ABCDE).$$

因为每个电池是否被损坏是相互独立的, 故

$$\begin{aligned}P(ABC\cup DE)&=0.1\times0.3\times0.2+0.15\times0.25-0.1\times0.3\times0.2\times0.15\times0.25\\&=0.006+0.0375-0.000225=0.043275.\end{aligned}$$

例 12.4.6 若例 12.4.3 中的三部机床性能相同, 设 $P(A)=P(B)=P(C)=0.8$, 求这段时间内恰有一部机床需人照管的概率.

解 三部机床中的某一部需要照管而另两部不需要照管的概率是 $0.2\times0.8\times0.8=0.128$, 而"三部中恰有一部机床需人照管"用事件 E 来表示, 需要照管的机床可以是这三部中的任意一部, 因此共有三种可能, 即 $P(E)=\mathrm{C}_3^1\times0.2\times0.8^2=0.384$.

例 12.4.7 一批产品的废品率为 0.1, 每次抽取一个, 观察后放回去, 下次再取一个, 共重复三次, 求三次中恰有两次取到废品的概率.

解 设三次中恰有两次取到废品的事件用 B 表示, 每次取到一个产品, 重复取三次的全部结果有 8 种情况. 设 $B_1=$(废, 废, 正), $B_2=$(废, 正, 废), $B_3=$(正, 废, 废), $B=B_1+B_2+B_3$ 并且 B_1,B_2,B_3 两两互不相容, 因此

$$\begin{aligned}P(B)&=P(B_1)+P(B_2)+P(B_3)\\&=3\times(0.1\times0.1\times0.9)\\&=0.027.\end{aligned}$$

习 题 12.4

1. 甲、乙、丙三人向同一飞机射击, 设甲、乙、丙射中的概率分别为 0.4, 0.5, 0.7, 又设若只有一人射中, 飞机坠毁的概率为 0.2, 若两人射中, 飞机坠毁的概率为 0.6, 若三人射中, 飞机必坠毁, 求飞机坠毁的概率.

2. 三个人独立地破译一个密码, 他们能破译出的概率分别为 $\frac{1}{2}$, $\frac{1}{3}$, $\frac{1}{4}$, 求此密码能破译出的概率.

3. 某类电灯泡使用时数在 1000 个小时以上的概率为 0.2, 求三个灯泡在使用 1000 小时以后最多只坏一个的概率.

4. 一个自动报警器由雷达和计算机两部分组成, 两部分有任何一个失灵, 这个报警器就失灵, 若使用 100 小时后, 雷达部分失灵的概率为 0.1, 计算机失灵的概率为 0.3, 若两部分失灵与否为独立的, 求这个报警器使用 100 小时而不失灵的概率.

5. 甲、乙两人射击, 甲击中的概率为 0.8, 乙击中的概率为 0.7. 两人同时射击时, 中靶与否是独立的. 求

(1) 两人都中靶的概率; (2) 甲中乙不中的概率;

(3) 甲不中乙中的概率.

6. 在一个答题秀节目上, 一对夫妇遇到一道题, 丈夫和妻子独立给出正确答案的概率都是 p. 对于这对夫妇, 以下哪个策略更好?

(a) 任选一人并让其答题.

(b) 他们都给出问题的答案, 如果答案一致, 那么就采用这个答案; 如果答案不一致, 那么掷硬币决定采取谁的答案.

7. 在上题中, 若 $p = 0.6$, 且夫妇采用策略 (b), 那么在如下条件下夫妇给出正确答案的条件概率是多大?

(1) 夫妇给出答案一致; (2) 夫妇给出的答案不一致.

8. 女王有 50%的可能携带有血友病的基因. 如果她是一个携带者, 那么每个王子都有 50%的可能有血友病. 如果女王有三个王子, 且都没有血友病. 那么女王是携带者的概率有多大? 如果有第四个王子, 那么他有血友病的概率有多大?

9. 电路由两个并联电池 A 与 B, 再与电池 C 串联而成, 如下图, 设电池 A, B, C 损坏的概率分别是 0.2, 0.2, 0.3, 求电路发生间断的概率.

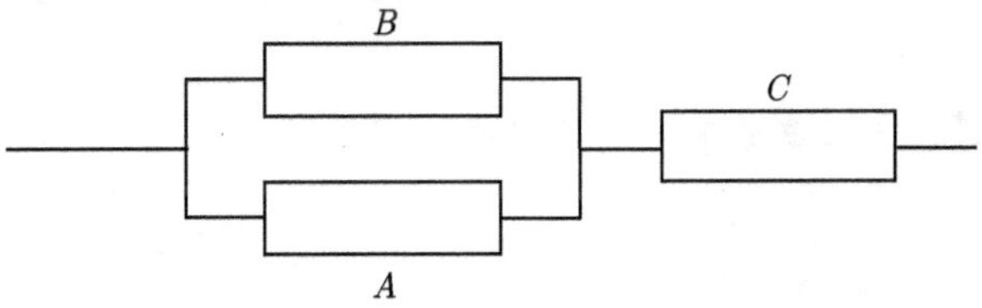

小结 · 知识点

小结

本章从两个角度给出了概率的概念, 并由此开始对随机现象的规律性展开初等的探讨, 建立了古典概型方法和一般性的加法法则. 条件概率是一个很有隐蔽性和迷惑性的概念, 但是由此引出的乘法公式具有重要意义. 乘法公式导致概率问题研究中的条件化方法, 这种方法可以极大地简化解决问题的难度. 全概率公式与贝叶斯公式给出了计算概率问题的两种重要的思路. 最后本章介绍了独立性的概念, 独立性使得概率问题的研究变得简单, 但是独立性不容易判断. 本章内容虽然初等, 却是概率论各种思想、理论与技巧的出发点.

知识点

1. 随机试验

(1) 在相同的条件下试验可以重复进行;

(2) 试验结果具有多种可能性;

(3) 试验结果不能准确预知.

2. 样本空间与事件　随机试验的所有可能结果组成的集合是样本空间, 样本空间的元素称为样本点, 样本空间的子集称为事件.

3. 事件的关系

包含关系: 事件 A 发生必然导致事件 B 发生, 称为事件 B 包含事件 A, 记作 $B \supset A$ 或者 $A \subset B$.

相等: 事件 $A \subset B$ 且 $B \subset A$ 称为 A, B 相等, 记作 $A = B$.

并 (和): 事件 A, B 中至少有一个发生, 称为 A 与 B 的并 (和), 记作 $A + B$ 或 $A \cup B$.

交 (积): 事件 A 与 B 同时发生, 称为 A 与 B 的交 (积), 记作 AB 或 $A \cap B$.

差: 事件 A 发生而事件 B 不发生, 称为 A 与 B 的差, 记作 $A - B$.

互不相容事件: $AB = \varnothing$.

对立事件: $A \cup B = \Omega, A \cap B = \varnothing$, A 与 B 称为对立事件.

4. 完备事件组　事件 $A_1, \cdots, A_n$ 为两两互不相容的事件, 并且 $A_1 \cup \cdots \cup A_n = \Omega$.

5. 事件之间的运算满足下述运算规律:

交换律　$A \cup B = B \cup A$,

$A \cap B = B \cap A$;

结合律　$(A \cup B) \cup C = A \cup (B \cup C)$,

$(A \cap B) \cap C = A \cap (B \cap C)$;

分配律　$A \cup (B \cap C) = (A \cup B) \cap (A \cup C)$,

$A \cap (B \cup C) = (A \cap B) \cup (A \cap C)$;

对偶律　$\overline{A \cup B} = \bar{A} \cap \bar{B}$,

$\overline{A \cap B} = \bar{A} \cup \bar{B}$.

6. 概率的公理化定义　设 E 是随机试验, Ω 是它的样本空间, 对 E 的每一个事件 A, 将其对应于一个实数, 记为 $P(A)$, 称为事件 A 的概率, 如果集合函数 $P(\cdot)$ 满足下列条件:

(1) 非负性　$P(A) \geqslant 0$;

(2) 规范性　$P(\Omega) = 1$;

(3) 可列可加性　若 $A_1, A_2, \cdots, A_k, \cdots$ 为两两互不相容的事件, 即 $A_iA_j = \varnothing, i \neq j, i, j = 1, 2, \cdots$, 则

$$P(A_1 \cup A_2 \cup \cdots \cup A_k \cup \cdots) = P(A_1) + P(A_2) + \cdots + P(A_k) + \cdots .$$

7. 等可能概型 样本空间只含有有限个样本点, 且每个样本点出现的概率相同.

8. 加法法则 两个互斥事件之和的概率等于它们各自概率的和.

一般加法公式: $P(A+B)=P(A)+P(B)-P(AB)$.

9. 条件概率 设 A, B 两个事件, 且 $P(A)>0$, 称 $P(B|A)=\dfrac{P(AB)}{P(A)}$ 为条件概率. 条件概率也是概率.

10. 乘法公式 $P(AB)=P(A)P(B|A)$.

一般乘法公式 $P(A_1A_2\cdots A_n) = P(A_1)P(A_2|A_1)P(A_3|A_1A_2)\cdots P(A_n|A_1\cdots A_{n-1})$.

11. 全概率公式 如果事件 $A_1, A_2, \cdots, A_n$ 构成一个完备事件组, 并且都具有正概率, 则对任何一个事件 B, 有 $P(B)=\sum\limits_{i=1}^{n}P(A_i)P(B|A_i)$.

12. 贝叶斯公式 如果事件 $A_1, A_2, \cdots, A_n$ 构成一个完备事件组, 并且都具有正概率, 则对任何一个概率不为零的事件 B, 有

$$P(A_m|B)=\frac{P(A_m)P(B|A_m)}{\sum\limits_{i=1}^{n}P(A_i)P(B|A_i)}, \quad m=1,2,\cdots,n.$$

13. 独立事件 如果 $P(A|B)=P(A)$, 则称事件 A 对于事件 B 独立.

14. 独立事件的性质

(1) 若 $P(A), P(B)>0$, 事件 A 与 B 独立的充分必要条件是 $P(AB)=P(A)P(B)$;

(2) 若事件 A 与 B 独立, 则 A 与 $\bar{B}$、$\bar{A}$ 与 B、$\bar{A}$ 与 $\bar{B}$ 中的每一对事件都相互独立;

(3) 若事件 $A_1, \cdots, A_n$ 相互独立, 则有 $P(A_1\cdots A_n)=\prod\limits_{i=1}^{n}P(A_i)$;

(4) 若事件 $A_1, \cdots, A_n$ 相互独立, 则有 $P\left(\sum\limits_{i=1}^{n}A_i\right)=1-\prod\limits_{i=1}^{n}P(\bar{A}_i)$.

费马

作出重大发明创造的年轻人, 大多是敢于向千年不变的戒规、定律挑战的人, 他们做出了大师们认为不可能的事情来, 让世人大吃一惊.

——费马

费马, Pierre de Fermat, 1601 年 8 月 17 日, 生于法国博芒·德·洛马涅, 1665 年 1 月 12 日逝于法国卡斯特尔. 法国数学家, 物理学家.

费马是一位公职人员, 科学研究只是他的业余爱好, 他是当之无愧的业余数学之王. 费马的一生平淡安静, 除了他那些伟大的数学发现.

费马与笛卡儿各自独立地创立了解析几何, 与帕斯卡共同研究开创了古典概率理论. 他最先发现了函数求极值的方法, 这个方法沿用至今. 费马对光学的研究使他提出最小时间原理.

费马一生热衷于对数的研究, 是现代数论研究的先驱. 费马发现过一条数的优美性质: 每一个 $4k+1$ 形式的素数都可以唯一的写成两个自然数的平方和形式. 他认为每个 $2^{2^n}+1$ 形式的数都是素数, 然而这是错误的. 费马还发现了称为费马小定理结论. 在研究方法上, 费马发现了一个非常重要的证明方法——无限递降法. 他声称用这个方法可以证明很多命题. 费马的数学成果辉煌而漂亮, 唯一的小缺憾是他很少留下完整的证明. 只是在他的书信中可以看到关于个别命题证明的简略描述, 这也许与他是一个业余数学家有关吧.

不可能把一个数的立方分解成两个数的立方和, 把一个数的四次方分解为两个数的四次方和. 或者更一般地说, 把大于 2 的任意次幂的数分解成两个同次幂数的和, 我已经发现了一个真正奇妙的证明, 但是这个空太窄了, 写不下.

这是费马的读书注记的一部分. 若干年后, 数学家们称这段声明为费马最后定理, 因为当时费马的论断均被证明或否定, 只有这个论断是未知的了. 经过 350 多年的努力和探索, 英国数学家 Wiles 在 1995 年利用现代数学理论成功证明了这个命题. 证明方法依然是无限递降法.

欧拉说从来没有人像费马那样成功地探索到数的秘密.

第 13 章 Chapter 13 一维随机变量及其概率分布

第13章课件

13.1 随机变量

在第 12 章中, 介绍了随机事件及其概率. 可以看到很多随机事件都可以采取数量标识. 比如, 某一段时间内车间正在工作的车床数目, 抽样检查产品质量时出现的废品个数, 掷骰子出现的点数等等. 对于那些没有采取数量标识的事件, 也可以给它们以数量标识. 比如, 某工人一天 "完成定额" 记为 1; "没完成定额" 记为 0; 生产的产品是 "优质品" 记为 2, 是 "次品" 记为 1, 是 "废品" 记为 0 等等. 这样一来, 对于试验的结果就都可以给予数量的描述, 也就是将随机试验的结果数量化了.

由于随机因素的作用, 试验的结果有多种可能性. 如果对于试验的每一可能结果, 也就是一个样本点 ω, 都对应着一个实数 $X(\omega)$, 而 $X(\omega)$ 又是随着试验结果不同而变化的一个变量, 则称它为随机变量. 随机变量一般用希腊字母 $\xi, \eta, \cdots$ 或大写拉丁字母 $X, Y, Z, \cdots$ 等表示.

例 13.1.1 一个射手对目标进行射击, 击中目标记为 1 分, 未击中目标记 0 分. 如果用 X 表示射手在一次射击中的得分, 则它是一个随机变量, 可以取 0 和 1 两个值.

例 13.1.2 某段时间内候车室的旅客数目记为 X, 它是一个随机变量, 可以取 0 及一切不大于 M 的自然数, M 为候车室的最大容量.

例 13.1.3 单位面积上某农作物的产量 X 是一个随机变量. 它可以取一个区间内的一切实数值, 即 $X \in [0, T]$, T 为某一个常数.

例 13.1.4 一个沿数轴进行随机运动的质点, 它在数轴上的位置 X 是一个随机变量, 可以取任何实数, 即 $X \in (-\infty, +\infty)$.

随机变量的取值可以随试验的结果按照处理问题的需要而定, 按照取值情况随机变量可以分为所谓的离散型随机变量、连续型随机变量以及非离散型非连续型随机变量. 本书只讨论离散型随机变量与连续型随机变量的简单性质与应用.

13.2 离散型随机变量

13.2.1 离散型随机变量及其分布

如果随机变量 X 只取有限个或可列个可能值, 而且以确定的概率取这些不同的值, 则称 X 为**离散型随机变量**. 这里所说的可列是可以用自然数一一编号的意思.

显然, 要掌握一个离散型随机变量 X 的统计规律, 必须且只需知道 X 的所有可能取的值以及取每一个可能值的概率.

一般地, 设离散型随机变量 X 所有可能取的值为 $x_k(k=1,2,\cdots)$, X 取各个可能值的概率, 即事件 $\{X=x_k\}$ 的概率为

$$P\{X=x_k\}=p_k \quad (k=1,2,\cdots), \tag{13.1}$$

其中事件 $\{X=x_1\},\{X=x_2\},\cdots,\{X=x_k\},\cdots$ 构成一个完备事件组. 称 (13.1) 式为离散型随机变量 X 的概率函数 (分布律). 为直观起见, 分布律也可以用下表表示.

X	x_1	x_2	$\cdots$	x_n	$\cdots$
p_k	p_1	p_2	$\cdots$	p_n	$\cdots$

由概率的定义, p_k 满足下列性质:

(1) $p_k \geqslant 0, k=1,2,\cdots$;

(2) $\sum\limits_k p_k=1$.

一般所说的离散型随机变量的分布就是指它的概率函数或分布律.

例 13.2.1 一批产品的废品率为 5%, 从中任意抽取一个进行检验, 用随机变量 X 来描述出现废品的情况. 写出 X 的分布律.

解 在这个试验中, 用 X 表示废品的个数, 显然 X 只可能取 0 和 1 两个值. $\{X=0\}$ 表示 "产品为合格品", 其概率为这批产品的合格率即 $P\{X=0\}=1-5\%=95\%$; $\{X=1\}$ 表示 "产品为废品", 即 $P\{X=1\}=5\%$, 分布律如下表.

X	0	1
p_k	95%	5%

例 13.2.2 产品有一、二、三等品及废品四种情况, 其一、二、三等品率及废品率分别为 60%, 10%, 20%, 10%, 任取一个产品检验其质量, 用随机变量写出它的分布律.

解 令 $X=k(k=1,2,3)$ 表示产品为 "k 等品", $X=0$ 表示产品为 "废品". 则随机变量 X 只可能取这 4 个值, 且

$$P\{X=0\}=0.1,\quad P\{X=1\}=0.6,\quad P\{X=2\}=0.1,\quad P\{X=3\}=0.2,$$

分布律如下表.

X	0	1	2	3
p_k	0.1	0.6	0.1	0.2

13.2.2 (0-1) 分布

设离散型随机变量 X 只可能取 0 和 1 两个值, 它的分布律为

$$P\{X=k\}=p^k(1-p)^{1-k},\quad 0<p<1,\quad k=0,1, \tag{13.2}$$

则称 X 服从 (0-1) **分布或两点分布**.

(0-1) 分布也可以写成下表形式.

X	0	1
p_k	$1-p$	p

对于一个随机试验, 如果它的样本空间只包含两个元素, 即 $\Omega=\{\omega_1,\omega_2\}$, 我们总能在 Ω 上定义一个服从 (0-1) 分布的随机变量.

$$X=X(\omega)=\begin{cases}0, & \omega=\omega_1,\\ 1, & \omega=\omega_2\end{cases}$$

来描述这个随机试验的结果. 更一般地, 当只关心某一个现象是否出现时就可以使用 (0-1) 分布对其进行描述. 例如, 对新生婴儿的性别进行登记、检查产品的质量是否合格、某车间的电力是否有超过负荷以及前面多次出现的抛硬币试验等都可以用 (0-1) 分布的随机变量来描述.

13.2.3 伯努利试验与二项分布

如果一个随机试验 E 只有两个可能结果 A 与 $\bar{A}$, 则称 E 为**伯努利** (James Bernoulli, 1654—1705) **试验**. 设 $P(A)=p(0<p<1)$, 此时 $P(\bar{A})=1-p$. 将 E 独立地重复地进行 n 次, 则称这一串重复的独立试验为 n **重伯努利试验**.

这里的 "重复" 是指在每次试验中概率 $P(A)=p$ 保持不变; "独立" 指各次试验的结果互不影响. n 重伯努利试验是一种很重要的数学模型, 它有广泛的应用. 例如, 抛一枚硬币, 观察得到正面或反面. A 表示得正面, 这是一个伯努利试验. 如将硬币抛 n 次, 就是 n 重伯努利试验. 又如抛一颗骰子, 若 A 表示得到 "2 点", $\bar{A}$ 表示得到 "非 2 点". 将骰子抛 n 次, 也是 n 重伯努利试验.

以 X 表示 n 重伯努利试验中事件 A 发生的次数, X 是一个随机变量, 我们来求它的分布律. X 所有可能取得值为 $0,1,2,\cdots,n$, 由于各次试验是相互独立的, 因此事件 A 在指定的 k $(0\leqslant k\leqslant n)$ 次试验中发生, 而在其他 $n-k$ 次试验中不发生 (例如在前 k 次试验中发生, 而在后 $n-k$ 次试验中不发生) 的概率为

$$p\cdot p\cdot\cdots\cdot p\cdot(1-p)\cdot(1-p)\cdots(1-p)=p^k(1-p)^{n-k},$$

这种指定的方式共有 C_n^k 种, 它们是两两互不相容的, 故在 n 次试验中 A 发生 k 次的概率为

$$\mathrm{C}_n^k p^k(1-p)^{n-k}.$$

记 $q=1-p$, 即有

$$P\{X=k\}=\mathrm{C}_n^k p^k q^{n-k}\quad(k=0,1,2,\cdots,n).\tag{13.3}$$

显然, 有 $P\{X=k\}\geqslant 0$, $k=0,1,2,\cdots,n$, 以及等式

$$\sum_{k=0}^{n}P\{X=k\}=\sum_{k=0}^{n}\mathrm{C}_n^k p^k q^{n-k}=(p+q)^n=1.$$

这说明 (13.3) 式确实可以构成一个分布律. 又因为 $\mathrm{C}_n^k p^k q^{n-k}$ 刚好是二项式 $(p+q)^n$ 的展开式中出现 p^k 的那一项, 因此称随机变量 X 服从参数为 n,p 的**二项分布**, 记为 $X\sim B(n,p)$.

当 $n=1$ 时, 二项分布退化为 $P\{X=k\}=p^k q^{1-k}$, $k=0,1$, 这就是 (0-1) 分布. 可见 (0-1) 分布是二项分布的特例.

例 13.2.3 某工厂每天用水量保持正常的概率为 0.75, 求最近 6 天内用水量正常的天数的分布.

解 设最近 6 天内用水量保持正常的天数为 X, 它服从二项分布, 其中 $n=6, p=0.75$, 用 (13.3) 式计算其概率值为

$$\begin{aligned}&P\{X=0\}=(0.25)^6=0.0002,\\&P\{X=1\}=\mathrm{C}_6^1(0.75)(0.25)^5=0.0044,\\&\cdots\cdots\\&P\{X=6\}=(0.75)^6=0.1780.\end{aligned}$$

列成分布律如下表.

X	0	1	2	3	4	5	6
p_k	0.0002	0.0044	0.0330	0.1318	0.2966	0.3560	0.1780

从这个表中的数据可以看到：当 k 增加时，概率 $P\{X=k\}$ 先是随之增加，直到达到最大值，随后单调减少. 一般地，对于固定的 n 及 p，二项分布 $B(n,p)$ 都具有这一性质.

例 13.2.4 某人进行射击，设每次射击的命中率为 0.02，独立射击 400 次，求至少击中两次的概率.

解 将一次射击看作一次试验，设击中的次数为 X，则 $X\sim B(400,0.02)$，X 的分布律为

$$P\{X=k\}=\mathrm{C}_{400}^{k}(0.02)^{k}(0.98)^{400-k},\quad k=0,1,2,\cdots,400.$$

于是，所求概率为

$$\begin{aligned}P\{X\geqslant 2\}&=1-P\{X<2\}=1-P\{X=0\}-P\{X=1\}\\&=1-(0.98)^{400}-400(0.02)(0.98)^{399}\\&=0.9972.\end{aligned}$$

这个概率很接近于 1，这一结果的实际意义表明：虽然每次射击的命中率很小，只有百分之二，但如果射击 400 次，则击中目标至少两次是几乎可以肯定的. 同时也说明，一个事件尽管在一次试验中发生的概率很小，但只要试验次数很多，而且试验是独立进行的，那么这一事件的发生几乎是可以肯定的. 即小概率事件在大量试验中是可以发生的，正如彩票中奖一样.

13.2.4 泊松分布

设随机变量 X 所有可能取的值为 $0,1,2,\cdots$，而取各个值的概率为

$$P\{X=k\}=\frac{\lambda^{k}\mathrm{e}^{-\lambda}}{k!},\quad k=0,1,2,\cdots, \tag{13.4}$$

其中 $\lambda>0$ 是常数. 则称 X 服从参数为 λ 的泊松分布，记为 $X\sim\pi(\lambda)$.

显然对每个 k 都有 $P\{X=k\}\geqslant 0$，$k=0,1,2,\cdots$，并且成立恒等式

$$\sum_{k=0}^{\infty}P\{X=k\}=\mathrm{e}^{-\lambda}\sum_{k=0}^{\infty}\frac{\lambda^{k}}{k!}=\mathrm{e}^{-\lambda}\cdot\mathrm{e}^{\lambda}=1.$$

这说明 (13.4) 式确实构成分布律.

泊松分布刻画了稀有事件在一段时间内发生的次数这一随机变量的分布. 如一段时间内，电话用户对电话台的呼叫、候车的旅客数、原子放射粒子数、织布机上断头的次数、一本书一页中的印刷错误等都服从泊松分布.

例 13.2.5 设 $X\sim\pi(\lambda)$，且已知 $P\{X=1\}=P\{X=2\}$，求 $P\{X=4\}$.

解 因为 $P\{X=1\}=P\{X=2\}$, 于是 $\dfrac{\lambda}{1!}\mathrm{e}^{-\lambda}=\dfrac{\lambda^2}{2!}\mathrm{e}^{-\lambda}$, 所以 $\lambda=2$. 因此, 可以算得

$$P\{X=4\}=\frac{\lambda^4}{4!}\mathrm{e}^{-\lambda}=\frac{2^4}{24}\mathrm{e}^{-2}=\frac{2}{3\mathrm{e}^2}.$$

习 题 13.2

1. 将一枚硬币连续抛两次, 以 X 表示所抛两次中反面出现的次数, 写出随机变量 X 的分布律.

2. 若 X 服从二点分布, 且 $P\{X=1\}=2P\{X=0\}$, 求 X 的分布律.

3. 一大楼有 5 个类型的供水设备, 调查表明在某时刻 t 每个设备被使用的概率为 0.1, 问在同一时刻:

(1) 恰有 2 个设备被使用的概率;

(2) 至少有 1 个设备被使用的概率.

4. 设某个车间里共有 9 台车床, 每台车床使用电力都是间歇性的, 平均起来每小时中约有 12 分钟使用电力. 假定车工们的工作是相互独立的. 试问在同一时刻有 6 台或 6 台以上车床使用电力的概率是多少?

5. 一女工照管 800 个纱锭, 若一纱锭在单位时间内断纱的概率为 0.005, 求单位时间内,

(1) 恰好断纱 3 次的概率;

(2) 断纱次数不多于 3 的概率.

6. 某人声称具有超感知觉, 作为测验, 将一枚均匀的硬币抛掷了 10 次, 要求他事先预报结果. 此人在 10 次中猜中 7 次. 如果他没有超感知觉, 他做得至少这样好的概率是多少? (解释为什么相关的概率用 $P\{X\geqslant 7\}$ 而不是 $P\{X=7\}$)

13.3 随机变量的分布函数

离散型随机变量的概率分布全面描述了随机变量的统计规律, 而非离散型随机变量 (主要指连续型随机变量), 由于不能有意义地刻画随机变量取得一个特定值的概率, 因此, 我们感兴趣的是随机变量的取值落在某个区间之内的概率 $P\{x_1<X\leqslant x_2\}$.

若 X 是一个随机变量, x 是任意实数, 函数

$$F(x)=P\{X\leqslant x\} \tag{13.5}$$

称为随机变量 X 的**分布函数**.

对于任意实数 $x_1,x_2(x_1<x_2)$, 由 (13.5) 式可以简单计算得到

$$P\{x_1<X\leqslant x_2\}=P\{X\leqslant x_2\}-P\{X\leqslant x_1\}=F(x_2)-F(x_1).$$

因此, 若已知 X 的分布函数就能知道 X 落在任一区间 $(x_1, x_2]$ 上的概率. 在这个意义上, 分布函数完整地描述了随机变量的统计规律.

如果将 X 看成数轴上的随机点的坐标, 那么分布函数 $F(x)$ 在 x 处的函数值就表示 X 落在区间 $(-\infty, x]$ 上的概率, 它具有以下几个性质:

(1) $F(x)$ 是一个不减函数;

(2) $0 \leqslant F(x) \leqslant 1$, 对一切 $x \in (-\infty, +\infty)$ 成立, 且

$$F(-\infty) = \lim_{x \to -\infty} F(x) = 0, \quad F(+\infty) = \lim_{x \to +\infty} F(x) = 1;$$

(3) $F(x^+) = F(x)$, 即 $F(x)$ 是右连续的.

例 13.3.1 设随机变量 X 的分布律为

X	-1	2	3
p_k	0.25	0.5	0.25

求 X 的分布函数, 并求 $P\left\{X \leqslant \dfrac{1}{2}\right\}, P\left\{\dfrac{3}{2} < X \leqslant \dfrac{5}{2}\right\}, P\{2 \leqslant X \leqslant 3\}$.

解 $F(x)$ 的值是 $X \leqslant x$ 的累积概率值, 由概率的有限可加性, 可知即为小于或等于 x 的那些 x_k 处的概率 p_k 之和. 有

$$F(x) = \begin{cases} 0, & x < -1, \\ P\{X = -1\}, & -1 \leqslant x < 2, \\ P\{X = -1\} + P\{X = 2\}, & 2 \leqslant x < 3, \\ 1, & x \geqslant 3, \end{cases}$$

即

$$F(x) = \begin{cases} 0, & x < -1, \\ 0.25, & -1 \leqslant x < 2, \\ 0.75, & 2 \leqslant x < 3, \\ 1, & x \geqslant 3. \end{cases}$$

$F(x)$ 的图形如图 13.1 所示, 它是一条阶梯形的曲线, 在 $x = -1, 2, 3$ 处有跳跃点, 跳跃值分别为 $0.25, 0.5, 0.25$, 又

$$P\left\{X \leqslant \frac{1}{2}\right\} = F\left(\frac{1}{2}\right) = 0.25,$$

$$P\left\{\frac{3}{2} < X \leqslant \frac{5}{2}\right\} = F\left(\frac{5}{2}\right) - F\left(\frac{3}{2}\right) = 0.75 - 0.25 = 0.5,$$

$$\begin{aligned} P\{2 \leqslant X \leqslant 3\} &= F(3) - F(2) + P\{X = 2\} \\ &= 1 - 0.75 + 0.5 = 0.75. \end{aligned}$$

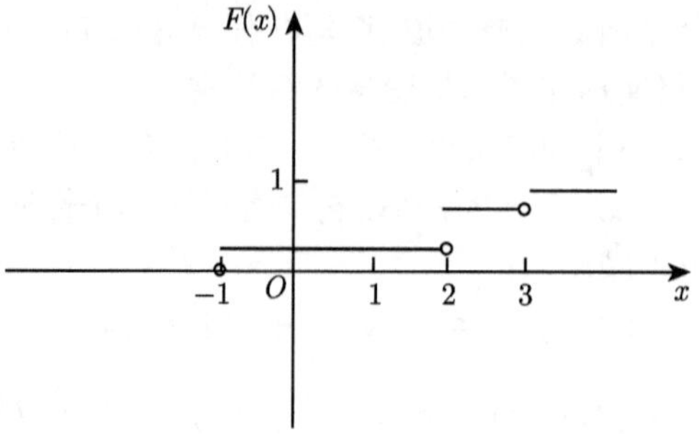

图 13.1

一般地, 设离散型随机变量 X 的分布律为 $P\{X = x_k\} = p_k$, $k = 1, 2, \cdots$, 由概率的可加性得 X 的分布函数为

$$F(x) = P\{X \leqslant x\} = \sum_{x_k \leqslant x} P\{X = x_k\} = \sum_{x_k \leqslant x} p_k,$$

这里和式是对于所有满足 $x_k \leqslant x$ 的 p_k 求和. 分布函数 $F(x)$ 在 $x = x_k$ 有跳跃, 其跳跃值为 $p_k = P\{x = x_k\}$.

习 题 13.3

1. 已知随机变量 X 的分布律为

X	0	1	2
p	0.25	0.5	0.25

(1) 求 X 的分布函数 $F(X)$ 并画出图形;

(2) 求 $P\{-1 < X \leqslant 1\}, P\{X \geqslant 1\}$.

2. 掷两枚均匀的骰子. 令 X 表示两枚骰子的点数的乘积, 求 X 的分布律.

3. 掷一枚硬币 n 次, 令 X 表示得到的正面朝上次数与反面朝上次数之差. 问 X 的可能取值有哪些? 如果 $n = 3, 4$, 求 X 的分布律.

4. 独立重复投掷一枚均匀的硬币四次, 令 X 表示“正面朝上的数目”, 写出随机变量 $X - 2$ 的分布律.

5. 假设 X 的分布函数由下式给出:

$$F(x) = \begin{cases} 0, & x < 0, \\ 1/2, & 0 \leqslant x < 1, \\ 3/5, & 1 \leqslant x < 2, \\ 4/5, & 2 \leqslant x < 3, \\ 9/10, & 3 \leqslant x < 3.5, \\ 1, & x \geqslant 3.5. \end{cases}$$

试求 X 的分布律.

13.4 连续型随机变量

13.4.1 连续型随机变量及其分布

如果对于随机变量 X 的分布函数 $F(x)$, 存在非负函数 $f(x)$, 使得对于任意实数 x 有

$$F(x)=\int_{-\infty}^{x} f(t)\mathrm{d}t,$$

则称 X 为**连续型随机变量**, 其中函数 $f(x)$ 称为 X 的**概率密度函数**, 简称**概率密度**.

概率密度函数 $f(x)$ 具有以下性质:

(1) $f(x)\geqslant 0$;

(2) $\displaystyle\int_{-\infty}^{+\infty} f(x)\mathrm{d}x=1$;

(3) 对于任意实数 $x_1,x_2(x_1<x_2)$ 有

$$P\{x_1<X\leqslant x_2\}=F(x_2)-F(x_1)=\int_{x_1}^{x_2} f(x)\mathrm{d}x;$$

(4) 若 $F(x)$ 在点 x 处连续, 则有 $F'(x)=f(x)$.

概率密度函数 $f(x)$ 不是随机变量 X 取值 x 的概率, 而在随机变量 X 在 x 点分布的密集程度. 但是, $f(x)$ 的大小能反映出随机变量 X 在 x 附近取值的概率的大小. 因此, 对于连续型随机变量, 用密度函数描述它的分布比分布函数更加简便直观. 今后一般用分布律和密度函数来分别描述离散型随机变量和连续型随机变量.

例 13.4.1 已知连续型随机变量 X 有概率密度

$$f(x)=\begin{cases} kx+1, & 0\leqslant x\leqslant 2,\\ 0, & \text{其他}. \end{cases}$$

求系数 k 及分布函数 $F(x)$, 并计算 $P\{1.5<X\leqslant 2.5\}$.

解 由于概率密度函数具有性质 $\displaystyle\int_{-\infty}^{+\infty} f(x)\mathrm{d}x=1$, 因此得到 $\displaystyle\int_{0}^{2}(kx+1)\mathrm{d}x=1$. 计算积分得到

$$\int_{0}^{2}(kx+1)\mathrm{d}x=\left(\frac{1}{2}kx^2+x\right)\Big|_{0}^{2}=1,$$

即 $2k+2=1$, 解得 $k=-\dfrac{1}{2}$.

利用分布函数的定义得到分布函数是

$$F(x)=\int_{-\infty}^{x}f(t)\mathrm{d}t=\begin{cases}0, & x<0,\\ -\dfrac{1}{4}x^2+x, & 0\leqslant x<2,\\ 1, & x\geqslant 2.\end{cases}$$

问题要求计算的概率 $P\{1.5<X\leqslant 2.5\}=F(2.5)-F(1.5)=0.0625$.

需要指出的是, 对于连续型随机变量 X 来说, 它取任意指定实数值 a 的概率均为 0, 即

$$P\{X=a\}=0.$$

事实上, 设 X 的分布函数为 $F(x)$, $\Delta x>0$, 则由 $\{X=a\}\subset\{a-\Delta x<X\leqslant a\}$ 得

$$0\leqslant P\{X=a\}\leqslant P\{a-\Delta x<X\leqslant a\}=F(a)-F(a-\Delta x),$$

在上述不等式中, 令 $\Delta x\to 0$, 且由于 X 是连续型随机变量, 其分布函数 $F(x)$ 是连续的, 即得

$$P\{X=a\}=0.$$

这个结论表明在计算连续型随机变量落在某一区间的概率时, 可以不必区分该区间是开区间还是闭区间或者是半开半必区间. 例如

$$P\{a<X\leqslant b\}=P\{a\leqslant X\leqslant b\}=P\{a<X<b\}.$$

13.4.2 均匀分布

设连续型随机变量 X 具有概率密度函数

$$f(x)=\begin{cases}\dfrac{1}{b-a}, & a<x<b,\\ 0, & \text{其他}.\end{cases}$$

则称 X 在区间 (a,b) 上服从**均匀分布**, 记作 $X\sim U(a,b)$.

易知 $f(x)\geqslant 0$ 并且 $\displaystyle\int_{-\infty}^{+\infty}f(x)\mathrm{d}x=1$. 由定义容易得到 X 的分布函数为

$$F(x)=\begin{cases}0, & x<a,\\ \dfrac{x-a}{b-a}, & a\leqslant x<b,\\ 1, & x\geqslant b.\end{cases}$$

均匀分布的概率密度函数 $f(x)$ 及分布函数 $F(x)$ 的图形分别如图 13.2, 图 13.3 所示.

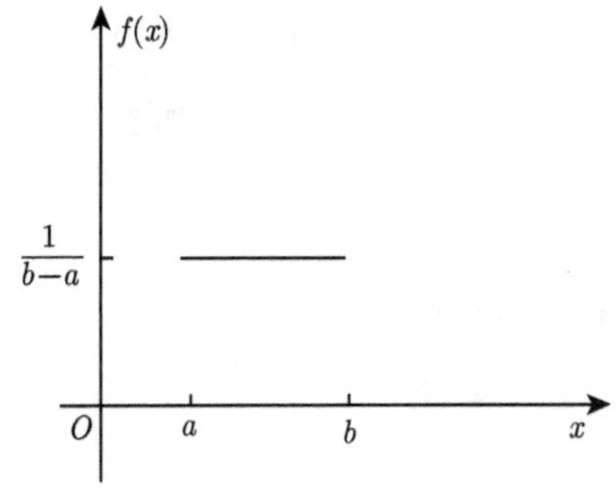

图 13.2

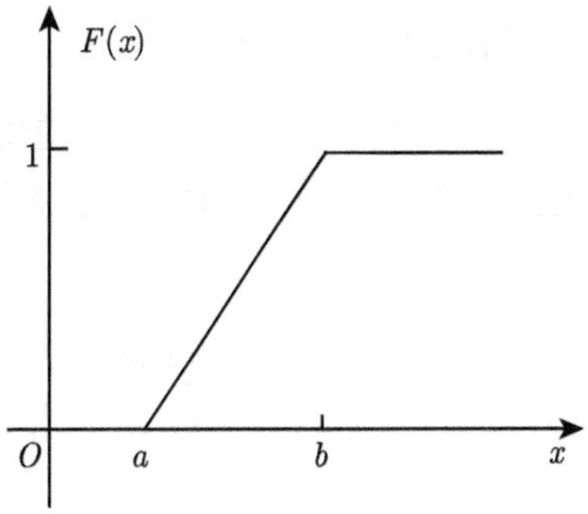

图 13.3

例 13.4.2 设电阻值 R 是一个随机变量, 均匀分布在 $900 \sim 1100\Omega$. 求 R 的概率密度及 R 落在 $950 \sim 1050\Omega$ 的概率.

解 按题意, R 的概率密度为

$$f(x)=\begin{cases}\dfrac{1}{1100-900}=\dfrac{1}{200}, & 900<x<1100,\\ 0, & \text{其他}.\end{cases}$$

故有 $P\{950<R\leqslant 1050\}=\displaystyle\int_{950}^{1050}\frac{1}{200}\mathrm{d}x=\frac{1}{2}$.

13.4.3 指数分布

设连续型随机变量 X 的概率密度为

$$f(x)=\begin{cases}\lambda \mathrm{e}^{-\lambda x}, & x>0,\\ 0, & x\leqslant 0,\end{cases}$$

其中 $\lambda>0$ 为常数, 则称 X 服从参数为 λ 的**指数分布**, 记作 $X\sim E(\lambda)$.

显然, 这里定义的概率密度函数 $f(x)\geqslant 0$ 并且满足 $\displaystyle\int_{-\infty}^{+\infty}f(x)\mathrm{d}x=1$. 由定义计算可得随机变量 X 的分布函数为

$$F(x)=\begin{cases}1-\mathrm{e}^{-\lambda x}, & x>0,\\ 0, & x\leqslant 0.\end{cases}$$

另外, 容易看到对任何实数 $a,b(0\leqslant a<b)$, 都有 $P\{a<X\leqslant b\}=\displaystyle\int_a^b\lambda\mathrm{e}^{-\lambda x}\mathrm{d}x=\mathrm{e}^{-a\lambda}-\mathrm{e}^{-b\lambda}$.

指数分布常用来作为各种“寿命”分布的近似. 如随机服务系统中的服务时间, 某些消耗性产品 (如电子元件等) 的寿命等等, 都常被假定服从指数分布.

例 13.4.3 已知某种电子元件的寿命 X (单位：小时) 服从参数 $\lambda=\dfrac{1}{1000}$ 的指数分布, 求三个这样的元件使用 1000 小时至少有一个已损坏的概率.

解 由题意, X 的概率密度函数为

$$f(x)=\begin{cases}\dfrac{1}{1000}\mathrm{e}^{-\frac{x}{1000}}, & x>0,\\ 0, & x\leqslant 0,\end{cases}$$

因此其分布函数是

$$F(x)=\int_0^x\frac{1}{1000}\mathrm{e}^{-\frac{t}{1000}}\mathrm{d}t=1-\mathrm{e}^{-\frac{x}{1000}}.$$

于是得到 $P\{X>1000\}=\displaystyle\int_{1000}^{+\infty}f(x)\mathrm{d}x=1-F(1000)=\mathrm{e}^{-1}$. 各元件的寿命是否超过 1000 小时是独立的, 因此三个元件使用 1000 小时都未损坏的概率为 e^{-3}, 从而至少有一个已损坏的概率为 $1-\mathrm{e}^{-3}$.

13.4.4 正态分布

设连续型随机变量 X 的概率密度为

$$f(x)=\frac{1}{\sqrt{2\pi}\sigma}\mathrm{e}^{-\frac{(x-\mu)^2}{2\sigma^2}},\quad -\infty<x<+\infty,\tag{13.6}$$

其中 $\mu,\sigma(\sigma>0)$ 为常数, 则称 X 服从参数为 μ,σ^2 的正态分布, 记作 $X\sim N(\mu,\sigma^2)$. 这里概率密度函数 $f(x)\geqslant 0$, 利用泊松积分 $\displaystyle\int_{-\infty}^{+\infty}\mathrm{e}^{-x^2}\mathrm{d}x=\sqrt{\pi}$ 可以验证 $\displaystyle\int_{-\infty}^{+\infty}f(x)\mathrm{d}x=1$.

正态分布中的参数 μ,σ^2 有重要的数学意义, 分别称为数学期望与方差, 以后将有介绍. 正态分布的概率密度函数 $f(x)$ 的图形如图 13.4 所示.

它具有以下性质:

(1) 曲线关于 $x=\mu$ 对称;

(2) 当 $x=\mu$ 时取到最大值, $f(x)=\dfrac{1}{\sqrt{2\pi}\sigma}$, x 离 μ 越远, $f(x)$ 的值越小.

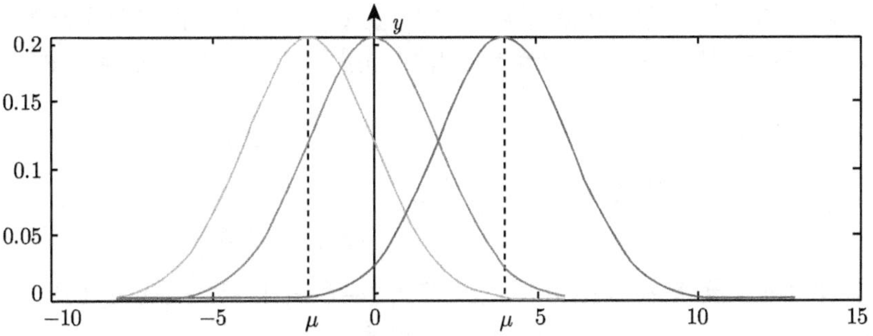

图 13.4

由定义得随机变量 X 的分布函数为 $F(x)=\dfrac{1}{\sqrt{2\pi}\sigma}\displaystyle\int_{-\infty}^{x}\mathrm{e}^{-\frac{(t-\mu)^2}{2\sigma^2}}\mathrm{d}t$.

特别地, 当 $\mu=0,\sigma^2=1$ 时, 称随机变量 X 服从标准正态分布, 其概率密度函数和分布函数分别用 $\varphi(x)$ 和 $\varPhi(x)$ 表示, 也就是说

$$\varphi(x)=\frac{1}{\sqrt{2\pi}}\mathrm{e}^{-\frac{x^2}{2}},\quad \varPhi(x)=\frac{1}{\sqrt{2\pi}}\int_{-\infty}^{x}\mathrm{e}^{-\frac{t^2}{2}}\mathrm{d}t.$$

由图 13.4 容易看出 $\varPhi(-x)=1-\varPhi(x)$.

对于标准正态分布, 任给 x 值, 可以通过标准正态分布的概率密度函数表查出 $\varPhi(x)$ 的值, 一般的正态分布, 即当 $X\sim N(\mu,\sigma^2)$ 时, 可以通过一个线性变换将它化成标准正态分布.

定理 13.1 若 $X\sim N(\mu,\sigma^2)$, 则 $Z=\dfrac{X-\mu}{\sigma}\sim N(0,1)$.

证 $Z=\dfrac{X-\mu}{\sigma}$ 的分布函数为

$$P\{Z\leqslant x\}=P\left\{\frac{X-\mu}{\sigma}\leqslant x\right\}=P\left\{X\leqslant \mu+\sigma x\right\}=\frac{1}{\sqrt{2\pi}\sigma}\int_{-\infty}^{\mu+\sigma x}\mathrm{e}^{-\frac{(t-\mu)^2}{2\sigma^2}}\mathrm{d}t.$$

令 $\dfrac{t-\mu}{\sigma}=u$, 得 $P\{Z\leqslant x\}=\dfrac{1}{\sqrt{2\pi}}\displaystyle\int_{-\infty}^{x}\mathrm{e}^{-\frac{u^2}{2}}\mathrm{d}u=\varPhi(x)$, 因此有 $Z=\dfrac{X-\mu}{\sigma}\sim N(0,1)$. 证毕.

于是, 若 $X\sim N(\mu,\sigma^2)$, 则利用标准正态分布 X 的分布函数 $F(x)$ 可以写成

$$F(x)=P\{X\leqslant x\}=P\left\{\frac{X-\mu}{\sigma}\leqslant\frac{x-\mu}{\sigma}\right\}=\varPhi\left(\frac{x-\mu}{\sigma}\right).$$

对于任意区间 $(a,b]$, 有

$$P\{a<X\leqslant b\}=P\left\{\frac{a-\mu}{\sigma}<\frac{X-\mu}{\sigma}\leqslant\frac{b-\mu}{\sigma}\right\}=\varPhi\left(\frac{b-\mu}{\sigma}\right)-\varPhi\left(\frac{a-\mu}{\sigma}\right).$$

若 $X \sim N(0,1)$, 则对于大于零的实数 x, $\Phi(x)$ 可以由正态分布函数表查得; 若 $x<0$, 需要利用 $\varphi(x)$ 的对称性, 得到 $\Phi(x)=1-\Phi(-x)$. 概括起来为, 若 $X \sim N(0,1)$, 则

$$P\{X \leqslant x\}=\begin{cases}\Phi(x), & x>0, \\ 0.5, & x=0, \\ 1-\Phi(-x), & x<0.\end{cases}$$

例 13.4.4 设 $X \sim N(8,0.5^2)$, 求 $P\{|X-8|<1\}$ 及 $P\{X \leqslant 10\}$.

解 (1) 由于 $X \sim N(8,0.5^2)$, 所以 $\dfrac{x-8}{0.5} \sim N(0,1)$, 于是

$$\begin{aligned}P\{|X-8|<1\} &= P\{-1<X-8<1\}=P\left\{-2<\frac{X-8}{0.5}<2\right\} \\ &= \Phi(2)-\Phi(-2) \\ &= \Phi(2)-[1-\Phi(2)] \\ &= 2\Phi(2)-1 \\ &= 0.9545.\end{aligned}$$

(2) $P\{X \leqslant 10\}=\Phi\left(\dfrac{10-8}{0.5}\right)=\Phi(4)=0.9999.$

例 13.4.5 将一温度调节器放置在贮存着某种液体的容器内, 调节器整定在 d℃ 时, 液体的温度 X(℃) 是一个随机变量, 且 $X \sim N(d,0.5^2)$.

(1) 若 $d=90$, 求 X 小于 89 的概率.

(2) 若要求保持液体的温度至少为 80 的概率不低于 0.99, 问 d 至少为多少?

解 (1) 由于 $X \sim N(90,0.5^2)$, 因此所求概率为

$$\begin{aligned}P\{X<89\} &= P\left\{\frac{X-90}{0.5}<\frac{89-90}{0.5}\right\} \\ &= \Phi\left\{\frac{89-90}{0.5}\right\}=\Phi\{-2\} \\ &= 1-\Phi\{2\}=1-0.9772 \\ &= 0.0228.\end{aligned}$$

(2) 按题意需求 d, 使其满足 $P\{X \geqslant 80\} \geqslant 0.99$, 又因为

$$\begin{aligned}P\{X \geqslant 80\} &= P\left\{\frac{X-d}{0.5} \geqslant \frac{80-d}{0.5}\right\}=1-P\left\{\frac{X-d}{0.5}<\frac{80-d}{0.5}\right\} \\ &= 1-\Phi\left(\frac{80-d}{0.5}\right),\end{aligned}$$

按照问题要求, 即有

$$\Phi\left(\frac{80-d}{0.5}\right) \leqslant 1-0.99=1-\Phi(2.327)=\Phi(-2.327),$$

查表得到 $\dfrac{80-d}{0.5} \leqslant -2.327$, 解得 $d > 81.1635$.

正态分布是最常见也是最重要的一种分布. 它常用于描述测量误差及射击命中点与靶心距离的偏差等现象. 另外, 像一个地区的成年女性的身高、螺丝的口径等随机变量, 它们的分布都具有“中间大, 两头小”的特点. 这些都服从正态分布.

习 题 13.4

1. 设连续型随机变量 X 的概率密度为

$$f(x)=\begin{cases} a\cos x, & -\dfrac{\pi}{2}<x<\dfrac{\pi}{2}, \\ 0, & \text{其他}. \end{cases}$$

(1) 求系数 a;

(2) 求随机变量 X 落在区间 $\left(0, \dfrac{\pi}{4}\right)$ 内的概率.

2. 设连续型随机变量 X 的概率密度为

$$f(x)=\begin{cases} \dfrac{2}{\pi(1+x^2)}, & a<x<+\infty, \\ 0, & \text{其他}, \end{cases}$$

(1) 试确定常数 a 的值;

(2) 如果 $P\{a<X<b\}=0.5$, 试确定常数 b 的值.

3. 甲城市每天用电量不超过百万度, 以 X 表示每天的耗电率 (即用电量除以百万度所得之商), 它的概率密度为

$$f(x)=\begin{cases} 12x(1-x)^2, & 0<x<1, \\ 0, & \text{其他}. \end{cases}$$

若甲城市发电厂每天供电量为 80 万度, 求供电量不能满足需要 (即耗电率大于 0.8) 的概率.

4. 某种型号的电子元件的寿命 X (小时) 为一随机变量, 其概率密度为

$$f(x)=\begin{cases} \dfrac{100}{x^2}, & x \geqslant 100, \\ 0, & \text{其他}. \end{cases}$$

(1) 求 X 的分布函数 $F(X)$ 并画出图形;

(2) 若一电器配有三个这样的电子元件, 计算该电器在使用 150 小时内不需要更换电子元件的概率.

5. 设 $X \sim N(\mu, \sigma^2)$ 且 X 的概率密度函数具有形式 $f(x)=k\mathrm{e}^{-\frac{(x-2)^2}{32}}$, 试确定常数 k, μ, σ^2 的值.

6. 设 $X \sim E(\lambda)$. 证明对任意的 $s>0, t>0$, 有 $P\{X>s+t|X>s\}=P\{X>t\}$. 指数分布的这种性质称为无记忆性.

7. 上海至嘉兴的长途汽车每隔三个小时发一班车, 某人来到起点站前, 不知道发车时刻表, 试问等待时间少于半小时的概率是多少?

8. 设 $X \sim N(3,2^2)$, 求

(1) $P\{2<X\leqslant 5\}, P\{|X|<2\}, P\{|X|>2\}$.

(2) 确定 C, 使得 $P\{X>C\}=P\{X\leqslant C\}$.

9. 设成年男子身高 $X(\text{cm}) \sim N(170,6^2)$, 某种公共汽车车门的高度是按成年男子碰头的概率在 1% 以下来设计的, 问车门的高度最少应为多少?

10. 某产品的质量指标 $X \sim N(160,\sigma^2)$, 若要求 $P\{120<X<200\}\geqslant 0.8$, 问允许的 σ 最大为多少?

11. 假定人们的体重符合参数为 $\mu=55, \sigma=10$ (kg) 的正态分布, 即 $X \sim N(55,10^2)$. 试求任选一人, 他的体重 (1) 在 [45,65] 中的概率; (2) 大于 85 公斤的概率.

13.5 随机变量的函数的分布

在实际问题中, 不仅需要研究随机变量, 还要研究随机变量的函数. 例如, 某商品的需求量是一个随机变量, 而该商品的销售收入就是需求量的函数. 对于这类问题, 用数学的语言描述就是：已知一个随机变量 X 的概率分布, 求其函数 $Y=g(X)$ 的概率分布, 这里 $g(\cdot)$ 是已知连续函数.

13.5.1 离散型随机变量的函数的分布

例 13.5.1 设随机变量 X 具有以下分布

X	-1	0	1	2
p_k	0.3	0.2	0.1	0.4

求 (1) $Y=2X$; (2) $Z=(X-1)^2$ 的分布律.

解 (1) Y 的所有可能值为 $-2,0,2,4$. 由 $P\{Y=2k\}=P\{X=k\}=p_k$, 得 Y 的分布律为

Y	-2	0	2	4
p_k	0.3	0.2	0.1	0.4

(2) Z 的所有可能值为 $0,1,4$.

$$P\{Z=0\}=P\{(X-1)^2=0\}=P\{X=1\}=0.1,$$
$$P\{Z=1\}=P\{(X-1)^2=1\}=P\{X=0\}+P\{X=2\}=0.6,$$
$$P\{Z=4\}=P\{(X-1)^2=4\}=P\{X=-1\}=0.3,$$

故 Z 的分布律为

Z	0	1	4
p_k	0.1	0.6	0.3

一般地, 设 X 的概率分布为

X	x_1	x_2	$\cdots$	x_n	$\cdots$
p_k	p_1	p_2	$\cdots$	p_n	$\cdots$

记 $y_i = g(x_i)(i = 1,2,\cdots)$, 若随机变量 X 与 Y 的取值一一对应, 则 $Y = g(X)$ 的概率分布为

Y	y_1	y_2	$\cdots$	y_n	$\cdots$
p_k	p_1	p_2	$\cdots$	p_n	$\cdots$

这是因为事件 $\{Y = y_i\}$ 发生当且仅当事件 $\{X = x_i\}$ 发生, 于是

$$P\{Y = y_i\} = P\{X = x_i\}, \quad i = 1,2,\cdots.$$

通常把随机变量的可能取值按从小到大次序排列起来, 由于 $y_i = g(x_i)(i = 1,2,\cdots)$, 如果其中有重复的, 在求 Y 的分布律即计算 $P\{Y = y_i\}$ 时, 应将使 $g(x_k) = y_i$ 的所有 x_k 所对应的概率 $P\{X = x_k\}$ 累加起来.

13.5.2 连续型随机变量的函数的分布

例 13.5.2 设随机变量 X 具有概率密度 $f_X(x), -\infty < x < +\infty$, 求 $Y = X^2$ 的概率密度.

解 分别记 X,Y 的分布函数为 $F_X(x), F_Y(y)$. 先来求 Y 的分布函数 $F_Y(y)$. 由于 $Y = X^2 \geqslant 0$, 因此当 $y \leqslant 0$ 时, $F_Y(y) = 0$; 当 $y > 0$ 时, 有

$$\begin{aligned} F_Y(y) &= P\{Y \leqslant y\} = P\{X^2 \leqslant y\} \\ &= P\{-\sqrt{y} \leqslant X \leqslant \sqrt{y}\} \\ &= F_X(\sqrt{y}) - F_X(-\sqrt{y}). \end{aligned}$$

将 $F_Y(y)$ 关于 y 求导, 得到 y 的概率密度为

$$f_Y(y) = \begin{cases} \dfrac{1}{2\sqrt{y}}\left[f_X(\sqrt{y}) + f_X(-\sqrt{y})\right], & y > 0, \\ 0, & y \leqslant 0. \end{cases}$$

例 13.5.2 的解法具有普遍性. 一般地, 对于连续型随机变量, 先求 Y 的分布函数 $F_Y(y)$, 再求 Y 的概率密度. 在求 Y 的分布函数时, 设法将其转化成 X 的分布函数. 具体步骤如下:

(1) 由 "$g(X) \leqslant y$" 解出 X, 得到一个与 "$g(X) \leqslant y$" 等价的 X 的不等式, 并以后者代替 "$g(X) \leqslant y$";

(2) 根据函数 "$y = g(x)$" 的值域对分布函数 $F_Y(y)$ 的自变量 y 的定义域进行恰当的划分, 并对每个区间进行讨论.

按照这种方法, 得到如下定理.

定理 13.2 设连续型随机变量 X 具有概率密度 $f_X(x), -\infty < x < +\infty$, 函数 $y = g(x)$ 是 x 的严格单调函数, 其反函数 $x = h(y)$ 具有连续导数, 则 $Y = g(X)$ 是连续型随机变量, 其概率密度为

$$f_Y(y) = \begin{cases} f_X(h(y)) \cdot |h'(y)|, & \alpha < y < \beta, \\ 0, & \text{其他}, \end{cases}$$

其中 $\alpha = \min(g(-\infty), g(+\infty)), \beta = \max(g(-\infty), g(+\infty))$.

证 不妨设 $y = g(x)$ 在 $(-\infty, +\infty)$ 内严格单调递增, 它的反函数 $x = h(y)$ 在 (α, β) 严格单调增加、可导. 分别记 X, Y 的分布函数为 $F_X(x), F_Y(y)$.

由于 $Y = g(X)$ 在 (α, β) 取值, 故当 $y \leqslant \alpha$ 时, $F_Y(y) = 0$; 当 $y \geqslant \beta$ 时, $F_Y(y) = 1$; 当 $\alpha < y < \beta$ 时,

$$F_Y(y) = P\{Y \leqslant y\} = P\{g(X) \leqslant y\} = P\{X \leqslant h(y)\} = F_X[h(y)].$$

将 $F_Y(y)$ 关于 y 求导, 即得到 y 的概率密度为

$$f_Y(y) = \begin{cases} f_X(h(y)) \cdot |h'(y)|, & \alpha < y < \beta, \\ 0, & \text{其他}. \end{cases}$$

$y = g(x)$ 在 $(-\infty, +\infty)$ 内严格单调递减的证明类似可得.

例 13.5.3 设随机变量 X 在 $\left(-\frac{\pi}{2}, \frac{\pi}{2}\right)$ 内服从均匀分布, $Y = \sin X$, 试求随机变量 Y 的概率密度.

解 $Y = \sin X$ 对应的函数 $y = g(x) = \sin x$ 在 $\left(-\frac{\pi}{2}, \frac{\pi}{2}\right)$ 上单调递增, 且有反函数

$$x = h(y) = \arcsin y, \quad h'(y) = \frac{1}{\sqrt{1-y^2}},$$

又 X 的概率密度为

$$f_X(x) = \begin{cases} \frac{1}{\pi}, & -\frac{\pi}{2} < x < \frac{\pi}{2}, \\ 0, & \text{其他}, \end{cases}$$

由定理得 $Y = \sin X$ 概率密度为

$$f_Y(y) = \begin{cases} \frac{1}{\pi} \cdot \frac{1}{\sqrt{1-y^2}}, & -1 < x < 1, \\ 0, & \text{其他}. \end{cases}$$

习 题 13.5

1. 已知随机变量 X 的概率分布为

X	-1	0	1	2
p_k	0.2	0.25	0.3	0.25

求 $Y=-3X+1$ 及 $Z=X^2+1$ 的概率分布.

2. 设随机变量 X 的概率密度为

$$f(x)=\begin{cases}\dfrac{1}{3}x-\dfrac{1}{6}, & 1<x<3,\\ 0, & \text{其他},\end{cases}$$

求 $Y=(X-2)^2$ 的概率密度.

3. 如果 X 服从 $(-1,1)$ 上的均匀分布, 求:

(1) $P\left\{|X|\geqslant\dfrac{1}{2}\right\}$;

(2) 随机变量 $|X|$ 的概率密度函数.

4. 如果 Y 服从 $(0,5)$ 上的均匀分布, 那么方程 $4x^2+4xY+Y+2=0$ 的两根都是实数的概率有多大?

5. 如果 X 服从指数分布, 其参数 $\lambda=1$, 求随机变量 $Y=\ln X$ 的概率密度函数.

6. 如果 X 服从区间 $(0,1)$ 上的均匀分布, 求随机变量 $Y=\mathrm{e}^X$ 的概率密度函数.

小结·知识点

小结

随机变量是研究随机性的重要工具. 通过把随机性现象数量化, 可以用确定性的数学工具有效地研究和理解随机性现象. 本章初步研究了离散型随机变量的分布律以及连续型随机变量的概率密度函数, 从数学本质讲, 它们是一致的. 本章还介绍了几类重要的随机变量, 比如 (0-1) 分布、二项分布、泊松分布、均匀分布、指数分布以及正态分布, 其中正态分布尤为重要. 每一个与正态分布相关的结果毫无疑问都是重要的.

知识点

1. 随机试验的每一个可能的结果 ω 都对应于一个实数 $X(\omega)$, 称为随机变量.

2. 只可能取有限个或可列无穷个值的随机变量是离散型随机变量. 若 X 是离散型随机变量, 则称 $P\{X=x_k\}=p_k\geqslant 0$ 是其分布律, 其中 $\sum\limits_{k\geqslant 1}p_k=1, k\geqslant 1$.

3. 分布律为 $P\{X=k\}=p^k(1-p)^{1-k}$, $0<p<1$, $k=0,1$ 的随机变量称为服从 (0-1) 分布, 记作 $B(1,p)$.

4. 分布律为 $P\{X=k\}=\mathrm{C}_n^k p^k q^{n-k}(k=0,1,2,\cdots,n,q=1-p)$ 的随机变量称为服从二项分布, 记作 $B(n,p)$.

5. 分布律为 $P\{X=k\}=\dfrac{\lambda^k\mathrm{e}^{-\lambda}}{k!}(\lambda>0,k=0,1,2,\cdots)$ 的随机变量称为服从泊松分布, 记作 $\pi(\lambda)$.

6. 若 X 是一个随机变量, x 是任意实数, 函数 $F(x)=P\{X\leqslant x\}$ 称为随机变量 X 的分布函数.

7. 分布函数的性质:

(1) $F(x)$ 是一个不减函数;

(2) $0\leqslant F(x)\leqslant 1$, 对一切 $x\in(-\infty,+\infty)$ 成立, 且 $F(-\infty)=0$, $F(+\infty)=1$;

(3) $F(x^+)=F(x)$, 即 $F(x)$ 是右连续的;

(4) $P\{x_1<X\leqslant x_2\}=F(x_2)-F(x_1)$.

8. 如果存在非负函数 $f(x)$, 使得随机变量 X 的分布函数 $F(x)$ 满足 $F(x)=\displaystyle\int_{-\infty}^{x}f(t)\mathrm{d}t$, 称 X 为连续型随机变量, 其中函数 $f(x)$ 称为 X 的概率密度函数, 简称概率密度.

9. 概率密度函数 $f(x)$ 具有以下性质:

(1) $f(x)\geqslant 0$;

(2) $\displaystyle\int_{-\infty}^{+\infty}f(x)\mathrm{d}x=1$;

(3) 对于任意实数 $x_1,x_2(x_1<x_2)$ 有 $P\{x_1<X\leqslant x_2\}=\displaystyle\int_{x_1}^{x_2}f(x)\mathrm{d}x$;

(4) 若 $F(x)$ 在点 x 处连续, 则有 $F'(x)=f(x)$.

10. 若 X 是连续型随机变量, 则 $P\{X=a\}=0$.

11. 具有概率密度 $f(x)=\dfrac{1}{b-a}(a\leqslant x\leqslant b)$ 的随机变量称为服从区间 $[a,b]$ 上的均匀分布, 记作 $U(a,b)$.

12. 具有概率密度 $f(x)=\lambda\mathrm{e}^{-\lambda x}(x>0,\lambda>0)$ 的随机变量称为服从指数分布, 记作 $X\sim E(\lambda)$.

13. 具有概率密度 $f(x)=\dfrac{1}{\sqrt{2\pi}\sigma}\mathrm{e}^{-\frac{(x-\mu)^2}{2\sigma^2}}(-\infty<x<+\infty)$ 的随机变量称 X 服从参数为 μ,σ^2 的正态分布, 记作 $X\sim N(\mu,\sigma^2)$.

14. 具有概率密度 $\varphi(x)=\dfrac{1}{\sqrt{2\pi}}\mathrm{e}^{-\frac{x^2}{2}}\ (-\infty<x<+\infty)$ 的随机变量称为服从标准正态分布.

15. 以 $\Phi(x)$ 记标准正态分布的分布函数, 则 $\Phi(x)+\Phi(-x)=1$.

16. 若 $X\sim N(\mu,\sigma^2)$, 则 $Z=\dfrac{X-\mu}{\sigma}\sim N(0,1)$. 也就是说, 正态分布的概率可以转化为标准正态分布的概率计算.

17. 设连续型随机变量 X 具有概率密度 $f_X(x),-\infty<x<+\infty$, 函数 $y=g(x)$ 是 x 的严格单调函数, 其反函数 $x=h(y)$ 具有连续导数, 则 $Y=g(X)$ 是连续型随机变量, 其概率密度为

$$f_Y(y)=f_X(h(y))\cdot|h'(y)|,\quad \alpha<y<\beta,$$

其中 $\alpha=\min(g(-\infty),g(+\infty)),\beta=\max(g(-\infty),g(+\infty))$.

高斯

数学是科学的皇后, 而数论是数学的皇后.

——高斯

高斯, Carl Friedrich Gauss, 1777 年 4 月 30 日生于今天德国的不伦瑞克, 1855 年 2 月 23 日逝于哥廷根. 高斯是有数学王子美誉的天才数学家、物理学家.

高斯早慧, 据说三岁时就指出父亲的账本上的错误. 小学时就快速计算出 100 以内自然数之和, 这相当于发现了等差数列的求和公式.

高斯的每一项成就都令人仰望. 他 17 岁发现了素数定理和最小二乘法, 18 岁完成了正十七边形的尺规作图问题. 19 岁证明了优美的二次互反律, 这可能是他最钟爱的定理, 一生共给出八个不同的证明. 他的博士论文证明了代数基本定理, 对这个定理他一生给出四个证明. 1801 年, 高斯出版了他的经典著作《算术探讨》, 开启了现代数论的研究.

1809 年, 高斯在《绕日天体运动的理论》一文的附录部分研究了测量误差分布的理论, 提出正态误差理论, 推出正态分布. 在研究天文学的过程中他提出解线性方程组的高斯消元法. 1827 年高斯发表《关于曲面的一般研究》对微分几何学作出里程碑式的贡献.

德国 10 马克的纸币上印有高斯的头像和他的正态分布密度曲线, 也许这才是他对人类最具深远影响的贡献.

第 14 章 Chapter 14 数字特征

第14章课件

第 13 章介绍了随机变量的分布, 它是对随机变量的一种完整的描述. 但是, 在实际生产生活中, 有时并不需要或者根本不可能全面地考察随机变量的变化情况, 而只要知道随机变量的某些综合指标就够了. 例如, 在测量某零件的长度时, 一般关心的是这批零件的平均长度及测量结果的精确程度. 又如检查一批棉花的质量时, 人们关心不仅是棉花纤维的平均长度, 而且还关心纤维长度与平均长度之差, 在棉花纤维的平均长度一定的情况下, 这个差越小, 表示棉花的质量越高. 由上面的例子可以看到: 需要引进一些用来表示上面提到的平均值和偏离程度的量. 这些与随机变量有关的数值, 虽然不能完整地描述随机变量, 但能描述它在某些方面的重要特征. 随机变量的数字特征就是用数字来表示随机变量的分布特点. 本章将介绍最常用的两种数字特征: 数学期望和方差.

14.1 数学期望

14.1.1 离散型随机变量的数学期望

例 14.1.1 一批钢筋共有 10 根, 抗拉强度指标为 120 和 130 的各有 2 根, 125 有 3 根, 110, 135, 140 的各 1 根, 则它们的平均抗拉强度指标为

$$\begin{aligned}&\frac{110+120\times 2+125\times 3+130\times 2+135+140}{10}\\&=110\times\frac{1}{10}+120\times\frac{2}{10}+125\times\frac{3}{10}+130\times\frac{2}{10}+135\times\frac{1}{10}+140\times\frac{1}{10}\\&=126.\end{aligned}$$

从计算中可以看到, 平均抗拉强度并不是这 10 根钢筋所取到的 6 个值的简单平均, 而是取这些值的次数与试验总次数的比值为权重的加权平均.

一般来说, 设离散型随机变量 X 的分布律为 $P\{X=x_k\}=p_k(k=1,2,\cdots)$,

若级数 $\sum_{k=1}^{\infty} x_k p_k$ 绝对收敛, 则称这级数为随机变量 X 的**数学期望**, 记为 EX, 即

$$EX=\sum_{k=1}^{\infty} x_k p_k, \tag{14.1}$$

数学期望简称**期望**或**均值**, 可简记为 EX. 数学期望 EX 完全由随机变量 X 的概率分布所确定. 公式 (14.1) 是随机变量 X 的取值以概率为权的加权平均.

例 14.1.2 若 X 服从 (0-1) 分布, 其分布律为 $P\{X=k\}=p^k(1-p)^{1-k}$ $(k=0,1)$, 求数学期望 EX.

解 根据数学期望的数学定义 (14.1), 有

$$EX=\sum_{k=0}^{1} kP\{X=k\}=0\times(1-p)+1\times p=p.$$

例 14.1.3 甲、乙两名射手在一次射击中得分 (分别用 X,Y 表示) 的分布律如下所示:

X	1	2	3
p	0.4	0.1	0.5

Y	1	2	3
p	0.1	0.6	0.3

试比较甲、乙两射手的技术.

解 这里比较两位射手的射击平均得分情况, 由数学期望定义 (14.1) 得到

$$EX=1\times0.4+2\times0.1+3\times0.5=2.1,$$
$$EY=1\times0.1+2\times0.6+3\times0.3=2.2.$$

因此, 甲射手平均得分 2.1 分, 乙射手平均得分 2.2 分, 因此乙射手技术更好一些.

例 14.1.4 一批产品中有一、二、三、四等品及废品五种, 相应的概率分别为 0.7, 0.1, 0.1, 0.06, 0.04, 若其产值分别为 6 元, 5 元, 4 元, 2 元及 0 元. 求产品的平均产值.

解 产品产值 X 是一个随机变量, 它的分布律如下:

X	6	5	4	2	0
p	0.7	0.1	0.1	0.06	0.04

因此根据数学期望的定义 (14.1) 得到产品的产值期望为

$$EX=6\times0.7+5\times0.1+4\times0.1+2\times0.06=5.22\ (\text{元}).$$

例 14.1.5 设随机变量 $X\sim\pi(\lambda)$, 求 EX.

解 随机变量 X 服从参数为 λ 的泊松分布, 其分布律为

$$P\{X=k\}=\frac{\lambda^k \mathrm{e}^{-\lambda}}{k!},\quad k=0,1,2,\cdots,\quad \lambda>0,$$

根据定义 (14.1) 式, X 的数学期望为

$$EX=\sum_{k=0}^{+\infty} k\cdot\frac{\lambda^k \mathrm{e}^{-\lambda}}{k!}=\lambda \mathrm{e}^{-\lambda}\cdot\sum_{k=1}^{+\infty}\frac{\lambda^{k-1}}{(k-1)!}=\lambda \mathrm{e}^{-\lambda}\cdot \mathrm{e}^{\lambda}=\lambda.$$

例 14.1.6 设随机变量 $X\sim B(n,p)$, 求 EX.

解 随机变量 X 服从参数是 n,p 的二项分布, 其分布律为

$$P\{X=k\}=\mathrm{C}_n^k p^k q^{n-k},\quad k=0,1,2,\cdots,n.$$

根据定义 (14.1) 式, X 的数学期望为

$$\begin{aligned}EX&=\sum_{k=0}^{n} k\mathrm{C}_n^k p^k q^{n-k}=\sum_{k=0}^{n} k\frac{n!}{k!(n-k)!}p^k q^{n-k}\\&=\sum_{k=1}^{n}\frac{n!}{(k-1)!(n-k)!}p^k q^{n-k}\\&=np\sum_{k=1}^{n}\frac{(n-1)!}{(k-1)!(n-k)!}p^{k-1}q^{n-k}\\&=np\sum_{k=1}^{n}\mathrm{C}_{n-1}^{k-1}p^{k-1}q^{n-k}\\&=np\,(p+q)^{n-1}=np.\end{aligned}$$

14.1.2 连续型随机变量的数学期望

设连续型随机变量 X 的概率密度为 $f(x)$, 若积分 $\int_{-\infty}^{+\infty} xf(x)\mathrm{d}x$ 绝对收敛, 则称无穷积分 $\int_{-\infty}^{+\infty} xf(x)\mathrm{d}x$ 的值为随机变量 X 的数学期望, 记为 EX, 即

$$EX=\int_{-\infty}^{+\infty} xf(x)\mathrm{d}x. \tag{14.2}$$

例 14.1.7 计算在 $[a,b]$ 上服从均匀分布的随机变量 X 的数学期望.

解 依题意, 随机变量 X 的概率密度函数是 $f(x)=\dfrac{1}{b-a}, a<x<b$, 因此根据定义 (14.2) 式 X 的数学期望是

$$EX=\int_a^b x\cdot\frac{1}{b-a}\mathrm{d}x=\frac{1}{b-a}\left.\frac{x^2}{2}\right|_a^b=\frac{a+b}{2},$$

即均匀分布的数学期望位于区间 $[a,b]$ 的中点处.

例 14.1.8 计算服从参数为 $\lambda\,(\lambda>0)$ 的指数分布的随机变量 X 的数学期望.

解 依题意, 有随机变量 X 的概率密度函数为 $f(x)=\lambda\mathrm{e}^{-\lambda x}, x>0$, 因此根据定义 (14.2) 式 X 的数学期望是

$$EX=\int_0^{+\infty}x\cdot\lambda\mathrm{e}^{-\lambda x}\mathrm{d}x=\frac{1}{\lambda}.$$

例 14.1.9 设随机变量 $X\sim N(\mu,\sigma^2)$, 计算 X 的数学期望 EX.

解 根据数学期望的定义 (14.2) 式, 有

$$\begin{aligned}EX&=\int_{-\infty}^{+\infty}x\cdot\frac{1}{\sqrt{2\pi}\sigma}\mathrm{e}^{-\frac{(x-\mu)^2}{2\sigma^2}}\mathrm{d}x\\&=\int_{-\infty}^{+\infty}\left(\frac{x-\mu}{\sigma}+\frac{\mu}{\sigma}\right)\cdot\frac{1}{\sqrt{2\pi}}\mathrm{e}^{-\frac{1}{2}\cdot\left(\frac{x-\mu}{\sigma}\right)^2}\cdot\sigma\mathrm{d}\frac{x-\mu}{\sigma}\\&=\int_{-\infty}^{+\infty}\left(t+\frac{\mu}{\sigma}\right)\cdot\frac{1}{\sqrt{2\pi}}\mathrm{e}^{-\frac{t^2}{2}}\cdot\sigma\mathrm{d}t=\mu\int_{-\infty}^{+\infty}\frac{1}{\sqrt{2\pi}}\mathrm{e}^{-\frac{t^2}{2}}\mathrm{d}t=\mu.\end{aligned}$$

因此正态分布 $N(\mu,\sigma^2)$ 中参数 μ 是分布的数学期望. 特别地, 标准正态分布的数学期望是零.

14.1.3 随机变量函数的数学期望

有时还需要求出随机变量函数的数学期望, 例如飞机机翼受到压力 $W=kV^2$ (V 是风速, $k>0$), 需要求出 W 的数学期望, 这里 W 是 V 函数.

定理 14.1 设 Y 是随机变量 X 的函数: $Y=g(X)$(g 是连续函数).

(1) 若 X 是离散型随机变量, 它的分布律为 $P\{X=x_k\}=p_k,\ k=1,2,\cdots$, 若 $\sum\limits_{k=1}^{\infty}g(x_k)p_k$ 绝对收敛, 则有

$$EY=Eg(X)=\sum_{k=1}^{\infty}g(x_k)p_k. \tag{14.3}$$

(2) 若 X 是连续型随机变量, 它的概率密度为 $f(x)$, 若积分 $\int_{-\infty}^{+\infty}g(x)f(x)\mathrm{d}x$ 绝对收敛, 则有

$$EY=Eg(X)=\int_{-\infty}^{+\infty}g(x)f(x)\mathrm{d}x. \tag{14.4}$$

例 14.1.10 设随机变量 X 的概率分布为

X	-2	-1	1	2
p	$\frac{1}{4}$	$\frac{1}{4}$	$\frac{1}{8}$	$\frac{3}{8}$

求：EX^2.

解 利用定理 14.1 中的 (14.3) 式可以得到

$$EX^2 = (-2)^2 \times \frac{1}{4} + (-1)^2 \times \frac{1}{4} + 1^2 \times \frac{1}{8} + 2^2 \times \frac{3}{8} = \frac{23}{8}.$$

例 14.1.10 的另一个解法是先找到 X^2 的分布律, 然后再计算数学期望 EX^2. 根据条件容易得到 X^2 的分布如下表所示:

X^2	1	4
p	$\frac{3}{8}$	$\frac{5}{8}$

因此, 可以由 (14.1) 式得到 $EX^2 = 1 \cdot \frac{3}{8} + 4 \cdot \frac{5}{8} = \frac{23}{8}$.

例 14.1.11 设风速在 $(0, a)$ 上服从均匀分布, 飞机机翼受到的正压力 W 是 V 函数: $W = kV^2$ (V 是风速, $k > 0$) . 求 W 的数学期望.

解 依题意有 $V \sim U(0, a)$, 因此 V 的概率密度函数是 $f(v) = \frac{1}{a}, 0 < v < a$, 由定义 (14.4) 式得到

$$EW = \int_{-\infty}^{+\infty} kv^2 f(v)\mathrm{d}v = \int_0^a kv^2 \frac{1}{a}\mathrm{d}v = \frac{1}{3}ka^2.$$

习 题 14.1

1. 设随机变量的分布律为

X	-2	0	2
P	0.4	0.3	0.3

求：$EX, E(2X-1), EX^2$.

2. 对连续型随机变量 X 的概率密度为 $f(x) = kx^a, 0 < x < 1$ ($k, a > 0$), 又知 $EX = 0.75$, 求 k 和 a 的值.

3. 已知随机变量 X 的概率密度为

$$f(x) = \begin{cases} x, & 0 \leqslant x < 1, \\ 2 - x, & 1 \leqslant x \leqslant 2, \\ 0, & x < 0 \text{ 或} x > 2, \end{cases}$$

求 EX.

4. 表 14.1 是某公共汽车公司的 188 辆汽车行驶到发生第一次引擎故障的历程数的分布数列 (表中各组里程只包括上限不包括下限). 若表 14.1 中各以组中值为代表. 从 188 辆汽车中, 任意抽取 15 辆, 得到下列数字: $90, 50, 150, 110, 90, 90, 110, 90, 50, 110, 90, 70, 50, 70, 150$.

(1) 求这 15 个数字的平均数;

(2) 计算表中的期望并与 (1) 相比较.

表 14.1

第一次发生引擎故障里数	车辆数	第一次发生引擎故障里数	车辆数
0~20	5	100~120	46
20~40	11	120~140	33
40~60	16	140~160	16
60~80	25	160~180	2
80~100	34		

5. 两种种子各播 100 公顷地, 调查其收获量如表 14.2 所示 (每组产量只包含上限不包含下限).

表 14.2

公顷产量/kg	4350~4650	4650~4950	4950~5250	5250~5550	总计
种子甲公顷数	12	38	40	10	100
种子乙公顷数	23	24	30	23	100

分别求出它们产量的平均值 (计算时以组中值为代表).

14.2 数学期望的性质

性质 1 设 C 是常数, 则有 $EC = C$.

性质 2 设 X 是一个随机变量, C 是常数, 则有 $E(CX) = CEX$.

性质 3 设 X 是一个随机变量, C 是常数, 则有 $E(X + C) = C + EX$.

性质 4 设 X, Y 是两个随机变量, 则有 $E(X + Y) = EX + EY$.

性质 5 设 X, Y 是相互独立的随机变量, 则有 $EXY = EX \cdot EY$.

性质 1 ~ 性质 5 的证明略, 但是所有这些性质都是非常直观的.

例 14.2.1 续例 14.1.3, 计算数学期望 $E(X+Y)$ 及 $E(XY)$.

解 由于已经算出 $EX = 2.1$, $EY = 2.2$, 所以根据数学期望的性质有

$$E(X + Y) = EX + EY = 2.1 + 2.2 = 4.3.$$

又 X, Y 相互独立, 因此有

$$E(XY) = EXEY = 2.1 \times 2.2 = 4.62.$$

例 14.2.2 据统计一位 40 岁的健康 (一般体检未发现病症) 者, 在 5 年内活着或自杀死亡的概率为 $p(0 < p < 1, p$ 为已知), 在 5 年内非自杀死亡的概率为 $1-p$. 保险公司开办 5 年人寿保险, 参加者需交保险费 a 元 (a 已知), 若 5 年之内非自杀死亡保险公司赔偿 $b(b > a)$ 元. b 应如何取定才能使保险公司从中获益; 若有 m 人参加保险, 公司可期望从中收益多少?

解 设 X_i 表示公司从第 i 个参加者身上所得的收益, 则 X_i 是一个随机变量, 其分布律如下表所示:

X_i	a	$a-b$
p_i	p	$1-p$

公司期望获益 $EX_i > 0$, 而

$$EX_i = ap + (a-b)(1-p) = a - b(1-p),$$

因此 $a < b < \dfrac{a}{1-p}$. 对于 m 个人, 收益 X 元, $X = \sum_{i=1}^{m} X_i$,

$$EX = \sum_{i=1}^{m} EX_i = ma - mb(1-p).$$

例 14.2.3 若已知标准正态分布 $N(0,1)$ 的数学期望是零, 计算随机变量 $X \sim N(\mu, \sigma^2)$ 的数学期望 EX.

解 由第 13 章得知随机变量 $Z = \dfrac{X-\mu}{\sigma}$ 应该标准正态分布, 因此 $E(Z) = 0$. 而 $X = \mu + \sigma Z$, 所以 $E(X) = E(\mu + \sigma Z) = \mu$.

习 题 14.2

1. 某车间生产的圆盘半径服从均匀分布 $U(a,b)$, 求圆盘面积的期望.
2. 已知某种零件 100 个中有 10 个是次品, 求任意取出的 3 个零件中次品的期望值.

14.3 方 差

数学期望是随机变量的一个重要特征, 从平均意义上讲, 它刻画了随机变量出现的位置. 在实际问题中, 数学期望还不能全面地反映随机变量的性质, 比如随机变量相对于数学期望的分散程度, 这就需要引入方差这个概念.

例 14.3.1 有两批钢筋, 每批各 10 根, 它们的抗拉强度指标如下:

第一批 110 120 120 125 125 125 130 130 135 140

第二批 90 100 120 125 130 130 135 140 145 145

它们的平均抗拉强度指标都是 126, 但是在使用钢筋时, 一般要求抗拉强度指标不低于一个指定数值 (如 115). 那么, 显然第二批钢筋的抗拉强度指标与其平均值偏离差较大, 即取值较分散, 所以尽管它们中有几根抗拉强度指标很大, 但不合格的根数比第一批多. 因此从实用价值来讲, 第二批的质量比第一批差.

可见在实际问题中, 仅靠数学期望不能很好地说明随机变量的分布特征, 还需要研究随机变量与其均值的偏离程度, 那如何度量这个偏离程度呢? 容易看到 $E\{|X-EX|\}$ 可以度量随机变量与其均值的偏离程度. 但由于上式带有绝对值, 运算不便, 为方便起见, 通常用量 $E(X-EX)^2$ 来度量随机变量与其均值的偏离程度.

设 X 是一个随机变量, 若 $E(X-EX)^2$ 存在, 则称其为随机变量 X 的方差. 记为 DX 或 $\mathrm{Var}(X)$, 即

$$DX=E(X-EX)^2, \tag{14.5}$$

通常把 $\sqrt{DX}$ 称为 X 的标准差或均方差.

如果 X 是离散型随机变量, 且 $P\{X=x_k\}=p_k$, $k=1,2,\cdots$, 则有

$$DX=\sum_{k=1}^{\infty}(x_k-EX)^2\cdot p_k. \tag{14.6}$$

如果 X 是连续型随机变量, 它的概率密度为 $f(x)$, 则有

$$DX=\int_{-\infty}^{+\infty}(x-EX)^2 f(x)\mathrm{d}x. \tag{14.7}$$

随机变量 X 的方差表达了 X 的取值与其数学期望的偏离程度. 若 X 的取值较集中, 则 DX 较小, 反之若取值较分散, 则 DX 较大. 因此 DX 是刻画 X 取值分散程度的一个量.

随机变量 X 的方差可按下列公式计算

$$DX=EX^2-(EX)^2. \tag{14.8}$$

事实上, 由数学期望的性质有

$$\begin{aligned}DX&=E(X-EX)^2=E\left[X^2-2XEX+(EX)^2\right]\\&=EX^2-2EXEX+(EX)^2\\&=EX^2-(EX)^2.\end{aligned}$$

例 14.3.2 设随机变量 X 服从参数为 p 的 (0-1) 分布, 求 DX.

解 随机变量 X 的分布律为 $P\{X=k\}=p^k(1-p)^{1-k}$, $k=0,1$ $(0<p<1)$, 因此可以计算出

$$E(X) = 1 \cdot p + 0 \cdot (1-p) = p,$$
$$E(X^2) = 1^2 \cdot p + 0^2 \cdot (1-p) = p,$$

由公式 (14.8) 有

$$DX = EX^2 - (EX)^2 = p - p^2 = p\,(1-p)\,.$$

例 14.3.3 计算在 (a,b) 上服从均匀分布的随机变量 X 的方差 DX.

解 依题意随机变量 X 的概率密度函数是 $f\,(x) = \dfrac{1}{b-a}, a < x < b$. 例 14.1.7 已经计算出 $E(X) = \dfrac{a+b}{2}$. 由公式 (14.8) 有随机变量 X 的方差是

$$DX = EX^2 - (EX)^2 = \int_a^b x^2 \cdot \frac{1}{b-a} dx - \left(\frac{a+b}{2}\right)^2 = \frac{(b-a)^2}{12}.$$

例 14.3.4 随机变量 X 服从参数为 $\lambda\,(\lambda > 0)$ 的指数分布, 计算其方差 DX.

解 依题意, 服从参数为 $\lambda\,(\lambda > 0)$ 的指数分布的随机变量 X 的概率密度函数是 $f\,(x) = \lambda \mathrm{e}^{-\lambda x}, x > 0$, 从例 14.1.8 知道 $EX = \dfrac{1}{\lambda}$, 而

$$EX^2 = \int_0^{+\infty} x^2 \cdot \lambda \mathrm{e}^{-\lambda x} \mathrm{d}x = -x^2 \cdot \mathrm{e}^{-\lambda x}\Big|_0^{+\infty} + \int_0^{+\infty} 2x\mathrm{e}^{-\lambda x} \mathrm{d}x = \frac{2}{\lambda^2},$$

因此, 由公式 (14.8) 得到

$$DX = EX^2 - (EX)^2 = \frac{1}{\lambda^2}.$$

习 题 14.3

1. 设随机变量 X 的分布函数是

$$F(x) = \begin{cases} 1 - \mathrm{e}^{-\lambda x}, & x > 0, \\ 0, & \text{其他}, \end{cases}$$

求: EX 与 DX.

2. 设随机变量 X 具有概率密度函数 $f\,(x) = \dfrac{1}{\pi\sqrt{1-x^2}}, |x| < 1$. 求: EX 与 DX.

3. 设随机变量 X 具有的概率密度函数 $f\,(x) = a + bx, 0 < x < 1$ 且 $EX = 0.6$. 求:

(1) 常数 a, b;

(2) X 的标准差 $\sqrt{DX}$.

14.4 方差的性质

性质 1 设 C 是常数, 则有 $DC = 0$.

证 由于数学期望 $EC = C$, 因此由方差的定义得到 $DC = E(C - EC)^2 = 0$. 证毕.

性质 2 设 X 是一个随机变量, C 是常数, 则有 $D(CX) = C^2DX$.

证 利用方差的定义得到

$$D(CX) = E[CX - E(CX)]^2 = C^2E(X - EX)^2 = C^2DX.$$

证毕.

性质 3 设 X 是一个随机变量, C 是常数, 则有 $D(X + C) = D(X)$.

证 由方差的定义得到

$$\begin{aligned} D(X + C) &= E\{[X + C - E(X + C)]^2\} \\ &= E(X + C - EX - C)^2 \\ &= E(X - EX)^2 \\ &= D(X). \end{aligned}$$

证毕.

性质 4 设 X, Y 是相互独立的随机变量, 则有 $D(X + Y) = DX + DY$.

证 利用方差的定义和数学期望的性质 5 得到

$$\begin{aligned} D(X + Y) &= E[X + Y - E(X + Y)]^2 \\ &= E[(X - EX) + (Y - EY)]^2 \\ &= E(X - EX)^2 + E(Y - EY)^2 + 2E\{(X - EX)(Y - EY)\} \\ &= DX + DY. \end{aligned}$$

证毕.

性质 4 可以推广到有限个随机变量的情况, 设 $X_1, X_2, \cdots, X_n$ 相互独立, 且方差都存在, 则它们和的方差等于各自方差之和, 即

$$D\left(\sum_{i=1}^{n} X_i\right) = \sum_{i=1}^{n} D(X_i).$$

例 14.4.1 设随机变量服从泊松分布 $X \sim \pi(\lambda)$, 求 DX.

解 X 的分布律为 $P\{X = k\} = \dfrac{\lambda^k e^{-\lambda}}{k!}$, $k = 0, 1, 2, \cdots$, $\lambda > 0$, 且 X 的数学

期望 $EX=\lambda$, 进一步计算得到

$$\begin{aligned}EX^2&=E\left[X\left(X-1\right)+X\right]=E\left\{X\left(X-1\right)\right\}+EX\\&=\sum_{k=0}^{+\infty}k(k-1)\cdot\frac{\lambda^k\mathrm{e}^{-\lambda}}{k!}+\lambda=\lambda^2\mathrm{e}^{-\lambda}\cdot\sum_{k=2}^{+\infty}\frac{\lambda^{k-2}}{(k-2)!}+\lambda\\&=\lambda^2\mathrm{e}^{-\lambda}\cdot\mathrm{e}^{\lambda}+\lambda=\lambda^2+\lambda.\end{aligned}$$

所以 X 的方差 $DX=EX^2-(EX)^2=\lambda$. 泊松分布的数学期望和方差都等于参数 λ.

例 14.4.2 设随机变量 $X\sim B(n,p)$, 求 DX.

解 由二项分布的定义知, 随机变量 X 是 n 重伯努利试验中事件 A 发生的次数, 且在每次试验中 A 发生的概率为 p. 引入随机变量 X_k, $k=1,2,\cdots,n$, 令

$X_k=1$ 表示 A 在第 k 次试验发生;

$X_k=0$ 表示 A 在第 k 次试验不发生.

则易知 $X=X_1+X_2+\cdots+X_n$. 由于 X_k 只依赖于第 k 次试验, 而各次试验相互独立, 于是 $X_1,X_2,\cdots,X_n$ 相互独立且 X_k, $k=1,2,\cdots,n$ 服从同一参数 p 的 (0-1) 分布

X_k	1	0
p_k	p	$1-p$

以上说明以 n,p 为参数的二项分布可以分解成 n 个相互独立且都服从以 p 为参数的 (0-1) 分布的随机变量之和.

由例 14.3.2 知道 $DX_k=p\left(1-p\right)$, $k=1,2,\cdots,n$. 又 $X_1,X_2,\cdots,X_n$ 相互独立. 因此

$$DX=D\left(\sum_{k=1}^{n}X_k\right)=\sum_{k=1}^{n}DX_k=np\left(1-p\right).$$

参数为 n,p 的二项分布的数学期望是 np, 方差是 $np\left(1-p\right)$.

例 14.4.3 设随机变量 $X\sim N(\mu,\sigma^2)$, 求 DX.

解 先求服从标准正态分布的随机变量 $Z\sim N\left(0,1\right)$ 的方差. 由于 $EZ=0$, 因此

$$\begin{aligned}DZ&=EZ^2-\left(EZ\right)^2\\&=\frac{1}{\sqrt{2\pi}}\int_{-\infty}^{+\infty}x^2\mathrm{e}^{-\frac{x^2}{2}}\mathrm{d}x\\&=\frac{-1}{\sqrt{2\pi}}x\mathrm{e}^{-\frac{x^2}{2}}\Big|_{-\infty}^{+\infty}+\frac{1}{\sqrt{2\pi}}\int_{-\infty}^{+\infty}\mathrm{e}^{-\frac{x^2}{2}}\mathrm{d}x\end{aligned}$$

$$= 1.$$

若随机变量 $X \sim N(\mu, \sigma^2)$, 则 $Z = \dfrac{X-\mu}{\sigma} \sim N(0,1)$, 因此有 $X = \sigma Z + \mu$, 利用方差的性质 3 与性质 2 得到

$$DX = D(\sigma Z + \mu) = \sigma^2 DZ = \sigma^2.$$

现在我们得到结论：服从正态分布 $N(\mu, \sigma^2)$ 的随机变量的数学期望是 μ, 方差是 σ^2.

正态分布是最重要的概率分布, 正态分布有十分广泛的应用, 也有很多良好的性质. 例如, 如果随机变量 $X \sim N(\mu_1, \sigma_1^2), Y \sim N(\mu_2, \sigma_2^2)$, 并且 X, Y 相互独立, k, l 是不全为零的实数, 那么 X, Y 的非零线性组合 $kX + lY$ 也服从正态分布, 且

$$kX + lY \sim N\left(k\mu_1 + l\mu_2, k^2\sigma_1^2 + l^2\sigma_2^2\right).$$

例 14.4.4 设活塞的直径 $X \sim N(22.40, 0.03^2)$, 气缸的直径 $Y \sim N(22.50, 0.04^2)$ (直径以 cm 计), X 与 Y 相互独立, 现任取一只活塞与一只气缸, 求活塞能装入气缸的概率.

解 由题意, 问题即求概率 $P\{X < Y\} = P\{X - Y < 0\}$. 由于 X 与 Y 相互独立, 并且都服从正态分布, 因此 $X - Y$ 也服从正态分布, 且有 $X - Y \sim N(-0.10, 0.0025)$. 这样就得到

$$P\{X<Y\} = P\{X-Y<0\} = P\left\{\frac{(X-Y)-(-0.10)}{\sqrt{0.0025}} < \frac{0-(-0.10)}{\sqrt{0.0025}}\right\}$$
$$= \Phi\left(\frac{0.1}{0.05}\right) = \Phi(2) = 0.9772.$$

常见分布的数学期望与方差如表 14.3 所示.

表 14.3

名称及记号	参数	分布律或概率密度	数学期望	方差
(0-1) 分布	$0<p<1$	$P\{X=k\}=p^k(1-p)^{1-k}, k=0,1$	p	$p(1-p)$
二项分布 $B(n,p)$	$0<p<1$, $q=1-p, n\geqslant 1$	$P\{X=k\}=\mathrm{C}_n^k p^k q^{n-k}$ $k=0,1,2,\cdots,n$	np	npq
泊松分布 $\pi(\lambda)$	$\lambda>0$	$P\{X=k\}=\dfrac{\lambda^k \mathrm{e}^{-\lambda}}{k!}, k=0,1,2,\cdots$	λ	λ
均匀分布 $U(a,b)$	$a<b$	$\dfrac{1}{b-a}, a<x<b$	$\dfrac{a+b}{2}$	$\dfrac{(b-a)^2}{12}$
指数分布 $E(\lambda)$	$\lambda>0$	$\lambda \mathrm{e}^{-\lambda x}, x>0$	$\dfrac{1}{\lambda}$	$\dfrac{1}{\lambda^2}$
正态分布 $N(\mu,\sigma^2)$	$\mu,\sigma^2(\sigma>0)$	$\dfrac{1}{\sqrt{2\pi}\sigma}\mathrm{e}^{-\frac{(x-\mu)^2}{2\sigma^2}}, -\infty<x<+\infty$	μ	σ^2

小结·知识点

小结知识点

1. 设离散型随机变量 X 的分布律为 $P\{X=x_k\}=p_k(k=1,2,\cdots)$, 若级数 $\sum\limits_{k=1}^{\infty}x_kp_k$ 绝对收敛, 则称之为随机变量 X 的数学期望, 记为 $EX=\sum\limits_{k=1}^{\infty}x_kp_k$.

2. 设连续型随机变量 X 的概率密度函数为 $f(x)$, 若无穷积分 $\int_{-\infty}^{+\infty}xf(x)\mathrm{d}x$ 绝对收敛, 则称之为随机变量 X 的数学期望, 记为 $EX=\int_{-\infty}^{+\infty}xf(x)\mathrm{d}x$.

3. 设 X 是随机变量, $g(x)$ 是连续函数, $Y=g(X)$.

(1) 若 X 是离散型随机变量, 它的分布律为 $P\{X=x_k\}=p_k$, $k=1,2,\cdots$, 若 $\sum\limits_{k=1}^{\infty}g(x_k)p_k$ 绝对收敛, 则有 $EY=Eg(X)=\sum\limits_{k=1}^{\infty}g(x_k)p_k$.

(2) 若 X 是连续型随机变量, 它的概率密度为 $f(x)$, 若积分 $\int_{-\infty}^{+\infty}g(x)f(x)\mathrm{d}x$ 绝对收敛, 则有 $EY=Eg(X)=\int_{-\infty}^{+\infty}g(x)f(x)\mathrm{d}x$.

4. 数学期望的性质

性质 1 设 C 是常数, 则有 $EC=C$.

性质 2 设 X 是一个随机变量, C 是常数, 则有 $E(CX)=CEX$.

性质 3 设 X 是一个随机变量, C 是常数, 则有 $E(X+C)=C+EX$.

性质 4 设 X,Y 是两个随机变量, 则有 $E(X+Y)=EX+EY$.

性质 5 设 X,Y 是相互独立的随机变量, 则有 $E(XY)=EX\cdot EY$.

5. 设 X 是一个随机变量, 若 $E(X-EX)^2$ 存在, 则称之为随机变量 X 的方差, 记为 $DX=E(X-EX)^2$.

6. $\sqrt{DX}$ 称为 X 的标准差或均方差.

7. $DX=EX^2-(EX)^2$.

8. 方差的性质

性质 1 设 C 是常数, 则有 $DC=0$.

性质 2 设 X 是一个随机变量, C 是常数, 则有 $D(CX)=C^2DX$.

性质 3 设 X 是一个随机变量, C 是常数, 则有 $D(X+C)=DX$.

性质 4 设 X,Y 是相互独立的随机变量, 则有 $D(X+Y)=DX+DY$.

9. 设 $X_1, X_2, \cdots, X_n$ 相互独立, 且方差都存在, 则 $D\left(\sum_{i=1}^{n} X_i\right)=\sum_{i=1}^{n} DX_i$.

10. 如果随机变量 $X \sim N\left(\mu_1, \sigma_1^2\right), Y \sim N\left(\mu_2, \sigma_2^2\right)$, 并且 X, Y 相互独立, k, l 是不全为零的实数, 那么 X, Y 的非零线性组合 $kX+lY$ 也服从正态分布, 且

$$kX+lY \sim N\left(k\mu_1+l\mu_2, k^2\sigma_1^2+l^2\sigma_2^2\right).$$

帕斯卡

可能性是可能的吗?

——帕斯卡

帕斯卡, Blaise Pascal, 1623 年 6 月 19 日生于法国克莱蒙, 1662 年 8 月 19 日卒于巴黎. 帕斯卡是法国哲学家, 数学家, 物理学家.

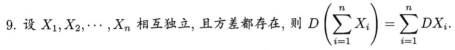

帕斯卡也是一位天才式人物, 他 14 岁即被允许参加梅森的科学讨论会, 1642 年 19 岁就设计出加法计算器. 他 16 岁即发现了射影几何中著名的帕斯卡定理: 内接于圆锥曲线的六边形的对边交点共线. 他重新发现二项式系数, 并应用于二项式展开, 因此直到今天西方都把二项式系数表称为帕斯卡三角形.

帕斯卡最卓越的数学成就当属与费尔马共同创立概率理论. 职业赌徒梅雷向帕斯卡提出赌资分配问题, 帕斯卡在与费尔马的通信交流中共同解决了这个问题, 开创了概率论的研究历史. 帕斯卡认为赌资分配应该依据如果赌博可以继续进行下去的话, 每一方可能获得赌资的期望之比进行分配. 这是对概率问题的根本性认识. 我们今天使用的数学期望的概念就是帕斯卡最先提出的.

帕斯卡在物理学研究中也成就斐然, 他提出过帕斯卡定律, 今天表示压强的单位就是以他的名字命名的.

帕斯卡一生疾病缠身, 从 17 岁起每天受到病痛折磨. 他是一位怀疑论者, 认为理性和感性都不可靠, 因此推出信仰高于一切的结论. 他著名的人文著作有《思想录》、《致外省人书》, 在《思想录》中, 他问道: 可能性是可能的吗?

第 15 章 Chapter 15 统计量及其抽样分布

第15章课件

统计一词的最初含义是国家对土地、人口等资源信息的资料汇集. 作为一种国家行为, 统计有数千年的历史, 现代意义上的统计最早出现于 17 世纪. 数理统计是一门实用性很强的数学分支学科, 其目的是以概率论为工具研究现实世界中隐藏在随机现象背后的规律性. 本章介绍数理统计学的基本概念以及几个基本的重要工具.

15.1　总体和样本

虽然从理论上讲, 对随机变量进行大量的观测, 就得到一些随机变量的特征, 可是实际进行的观测次数只能是有限的, 因此我们关心的就是如何利用收集到的有限的资料来尽可能地对被研究的随机变量的概率特征做出精确而可靠的结论.

例 15.1.1　某钢厂每天生产 1000000 根钢筋. 按规定强度小于 52 千克/平方毫米的产品要算作次品, 怎样知道生产的次品率?

例 15.1.2　某灯泡厂为了了解所生产的灯泡的质量. 需要估计某一天所生产的所有灯泡的平均寿命以及灯泡的寿命与平均寿命相差的程度. 如何解决这个问题?

为了解决上述问题, 一个方法是把 1000000 根钢筋的强度, 所有灯泡的寿命都测出来, 但这是行不通的, 因为这种测量是破坏性的. 一般地, 我们希望随机抽出几个或十几个测出它们的强度或寿命, 从而对上述问题作出推断, 这就是统计推断. 这里有两个重要概念——**总体**和**样本**.

通常把统计问题研究对象的全体称为**总体** (或**母体**), 总体中的每一个元素称为**个体**. 如在例 15.1.1 中, 每天生产的十万根钢筋的强度就是总体, 每根钢筋的强度是个体, 例 15.1.2 中, 灯泡厂生产的所有灯泡的寿命是总体, 每个灯泡的寿命是个体.

从总体中抽取若干个个体的过程称为**抽样**, 抽样结果得到的一组实验数据称为**样本**, 样本所含个体的数量称为**样本容量**.

例 15.1.1 中取出 9 根钢筋测得强度就是总体的一个容量为 9 的样本. 例 15.1.2 中, 若测得 n 个灯泡的寿命, 这就是一个容量为 n 的样本. 显然, 总体中包含了很多个体, 各个个体所取的值各不相同, 这些数值也有一个分布, 所以我们把总体看成一个随机变量. 如在例 15.1.1 中, 把 1000000 根钢筋的强度记为 X, 它是一个随机变量, 而从总体中取出的 9 根钢筋的强度为一个样本, 记为 $X_1, X_2, \cdots, X_9$. 它们也都是随机变量. 且由于总体数量极大, 故可认为取出一个或几个个体后总体的分布并不改变, 故 $X_1, X_2, \cdots, X_9$ 都与总体 X 同分布.

数理统计的目的是根据样本特征来推断总体特征, 所以希望样本具有代表性和普遍性, 为此我们引入简单随机样本的概念.

设 $X_1, X_2, \cdots, X_n$ 是来自总体 X 的样本, 若 $X_1, X_2, \cdots, X_n$ 与总体 X 同分布, 且相互独立, 则称 $X_1, X_2, \cdots, X_n$ 是一个**简单随机样本**, 简称**样本**.

若总体 X 的分布函数为 $F(x)$, 则样本 $X_1, X_2, \cdots, X_n$ 的联合分布函数为

$$F(x_1, x_2, \cdots, x_n) = \prod_{i=1}^{n} F(x_i).$$

若总体 X 是连续型随机变量, 其概率密度函数为 $f(x)$, 则样本 $X_1, X_2, \cdots, X_n$ 的联合概率密度函数为

$$f(x_1, x_2, \cdots, x_n) = \prod_{i=1}^{n} f(x_i).$$

若总体 X 是离散型随机变量, 则样本 $X_1, X_2, \cdots, X_n$ 的联合概率分布为

$$P\{X_1 = x_1, X_2 = x_2, \cdots, X_n = x_n\} = \prod_{i=1}^{n} p(x_i).$$

例 15.1.3 设总体 X 服从参数为 λ 的泊松分布, 其概率分布为

$$P\{X = k\} = \frac{\lambda^k \mathrm{e}^{-\lambda}}{k!}, \quad k = 0, 1, 2, \cdots.$$

求容量为 n 的样本 $X_1, X_2, \cdots, X_n$ 的联合概率分布.

解 因为每个样本 X_i 与总体 X 同分布, 所以 $P\{X_i = x_i\} = \dfrac{\lambda^{x_i} \mathrm{e}^{-\lambda}}{x_i!}$, 因此样本 $X_1, X_2, \cdots, X_n$ 的联合概率分布是

$$P\{X_1 = x_1, X_2 = x_2, \cdots, X_n = x_n\} = \prod_{i=1}^{n} \frac{\lambda^{x_i} \mathrm{e}^{-\lambda}}{x_i!} = \mathrm{e}^{-n\lambda} \prod_{i=1}^{n} \frac{\lambda^{x_i}}{x_i!}.$$

15.2 统 计 量

用样本去推断总体, 需要针对不同的问题构造相应的样本函数, 然后再利用所构造的函数做出合理的推断. 这里构造的函数相当于一种方法.

设 $X_1, X_2, \cdots, X_n$ 是取自某个总体 X 的样本, 设 $g = g(X_1, X_2, \cdots, X_n)$ 是一个不含未知参数的连续函数, 称 $g = g(X_1, X_2, \cdots, X_n)$ 为一个**统计量**. 称统计量的分布为**抽样分布**. 简言之, 称**样本的不含未知参数的连续函数为统计量**.

例如, 若 $X_1, X_2, \cdots, X_n$ 是一个样本, 诸如

$$X_1 + X_2 + \cdots + X_n, \quad X_1^2 + X_2^2 + \cdots + X_n^2, \quad \frac{X_1 - X_2}{3}$$

等都是统计量, 而

$$\frac{1}{\sigma}(X_1 + X_2 + \cdots + X_n), \quad (X_1 - \mu) + (X_2 - \mu) + \cdots + (X_n - \mu)$$

等等表达式, 当 σ, μ 未知时都不是统计量.

统计量 $g = g(X_1, X_2, \cdots, X_n)$ 是一个随机变量, 若 $(x_1, x_2, \cdots, x_n)$ 是样本观测值, 则函数值 $g(x_1, x_2, \cdots, x_n)$ 称为 $g(X_1, X_2, \cdots, X_n)$ 的观测值.

设从总体 X 中取得一个容量为 n 的样本 $(X_1, X_2, \cdots, X_n)$, 常用的重要统计量有样本均值与样本方差.

统计量 $\bar{X} = \dfrac{1}{n}\sum\limits_{i=1}^{n} X_i$ 称为**样本均值**, 统计量 $S^2 = \dfrac{1}{n-1}\sum\limits_{i=1}^{n}(X_i - \bar{X})^2$ 称为**样本方差**, 这是两个最常用的统计量. 对于样本观测值 $(x_1, x_2, \cdots, x_n)$, $\bar{x} = \dfrac{1}{n}\sum\limits_{i=1}^{n} x_i$ 与 $s^2 = \dfrac{1}{n-1}\sum\limits_{i=1}^{n}(x_i - \bar{x})^2$ 分别是样本均值与样本方差的观测值.

有时还会用到统计量 $S = \sqrt{\dfrac{1}{n-1}\sum\limits_{i=1}^{n}(X_i - \bar{X})^2}$, 称为**样本标准差** (**样本均方差**), 而 $s = \sqrt{\dfrac{1}{n-1}\sum\limits_{i=1}^{n}(x_i - \bar{x})^2}$ 称为**样本标准差的观测值**.

这里有等式

$$S^2 = \frac{1}{n-1}\sum_{i=1}^{n} X_i^2 - \frac{n}{n-1}\bar{X}^2.$$

常用的样本统计量还有样本的 k **阶原点矩** A_k 和 k **阶中心距** B_k, 其定义分别为

$$A_k = \frac{1}{n}\sum_{i=1}^{n} X_i^k, \quad B_k = \frac{1}{n}\sum_{i=1}^{n}(X_i - \bar{X})^k, \quad k = 1, 2, \cdots.$$

习 题 15.2

设 $X_1, X_2, \cdots, X_5$ 是来自 $(0, \theta)$ 内均匀分布的样本, $\theta > 0$ 未知.

(1) 指出下列样本函数中哪些是统计量, 哪些不是?

$t_1 = \dfrac{X_1 + X_2 + \cdots + X_5}{5}$, $\qquad t_2 = X_3 - \theta$,

$t_3 = X_3 - E(X_1)$, $\qquad t_4 = \max\{X_1, X_2, \cdots, X_5\}$.

(2) 设样本的一组观察值是 0.5, 1, 0.8, 0.7, 1, 写出样本均值, 样本方差和标准差.

15.3 抽 样 分 布

统计量的分布称为**抽样分布**. 正态分布是出现频率和实际使用都最多的抽样分布. 本节再介绍两个重要的常用分布——χ^2-分布与 t-分布.

15.3.1 χ^2-分布

设 $X_1, X_2, \cdots, X_n$ 独立同分布的随机变量, 且都服从标准正态分布 $N(0,1)$, 则称统计量

$$\chi^2 = X_1^2 + X_2^2 + \cdots + X_n^2 \tag{15.1}$$

为服从自由度为 n 的 χ^2-分布, 记为 $\chi^2 \sim \chi^2(n)$. 此处自由度是指 (15.1) 式中右端包含的独立变量个数. χ^2-分布的概率密度函数为

$$f(x) = \begin{cases} \dfrac{1}{2^{\frac{n}{2}}\Gamma\left(\dfrac{n}{2}\right)} x^{\frac{n}{2}-1}\mathrm{e}^{-\frac{x}{2}}, & x > 0, \\ 0, & x \leqslant 0. \end{cases}$$

$f(x)$ 的图形如图 15.1 所示.

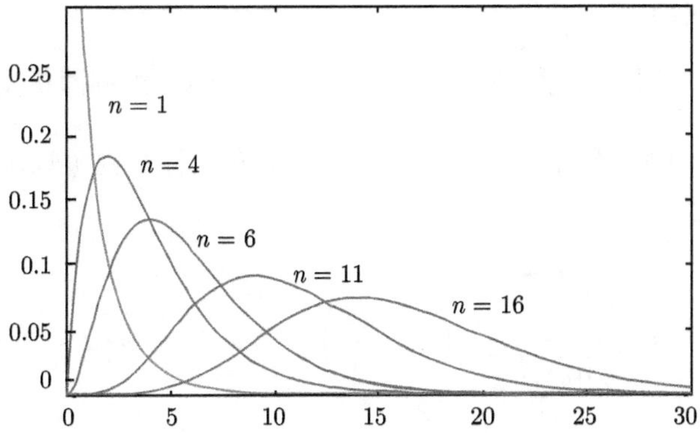

图 15.1

性质 1 自由度为 n 的 χ^2-分布的数学期望与方差分别是 $E\chi^2=n, D\chi^2=2n$.

证 因为 $X_i\sim N(0,1)$, 故 $E(X_i^2)=D(X_i)=1$ 以及 $D(X_i^2)=E(X_i^4)-[E(X_i^2)]^2=2$, $i=1,2,\cdots,n$. 这样就可以得到

$$E(\chi^2)=E\left(\sum_{i=1}^n X_i^2\right)=\sum_{i=1}^n E(X_i^2)=n,$$
$$D(\chi^2)=D\left(\sum_{i=1}^n X_i^2\right)=\sum_{i=1}^n D(X_i^2)=2n.$$

证毕.

性质 2 若 $X_1,X_2,\cdots,X_k$ 是一组相互独立的随机变量, 且 $X_i\sim\chi^2(n_i)$, $i=1,2,\cdots,k$, 则有 $\sum\limits_{i=1}^n X_i\sim\chi^2\left(\sum\limits_{i=1}^n n_i\right)$. 简单地说, χ^2-分布具有可加性.

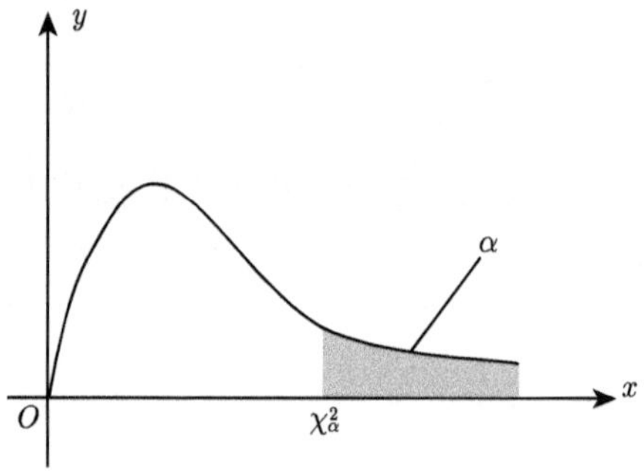

图 15.2

一般来说, 对于连续型随机变量 X 的概率密度函数为 $f(x)$ 而言, 对于给定的实数 $\alpha(0<\alpha<1)$, 若实数 x_α 使得 $P\{X>x_\alpha\}=\int_{x_\alpha}^{+\infty}f(x)\mathrm{d}x=\alpha$, 则称实数 x_α 为随机变量 X 的分布水平为 α 的上侧分位点 (或临界值).

自由度为 n 的 χ^2-分布的上侧 α 分位点记作 $\chi^2_\alpha(n)$, 即 $P\{\chi^2>\chi^2_\alpha(n)\}=\alpha$. 如图 15.2 所示, 对给定的 α,n, 由附录 4 可查出分位点 $\chi^2_\alpha(n)$, 例如 $\chi^2_{0.9}(10)=4.865$. 该表只详列到 $n=45$ 为止.

15.3.2 t-分布

设 X 与 Y 相互独立且 $X\sim N(0,1), Y\sim\chi^2(n)$, 则称随机变量 $t=\dfrac{X}{\sqrt{Y/n}}$ 服从自由度为 n 的 t-分布, 记为 $t\sim t(n)$. t-分布又称学生 (student) 氏分布, 其概率密度函数为

$$f(x)=\frac{\Gamma\left(\dfrac{n+1}{2}\right)}{\sqrt{n\pi}\,\Gamma\left(\dfrac{n}{2}\right)}\left(1+\frac{x^2}{n}\right)^{-\frac{n+1}{2}},\quad -\infty<x<+\infty.$$

t-分布的概率密度函数 $f(x)$ 的图形如图 15.3 所示.

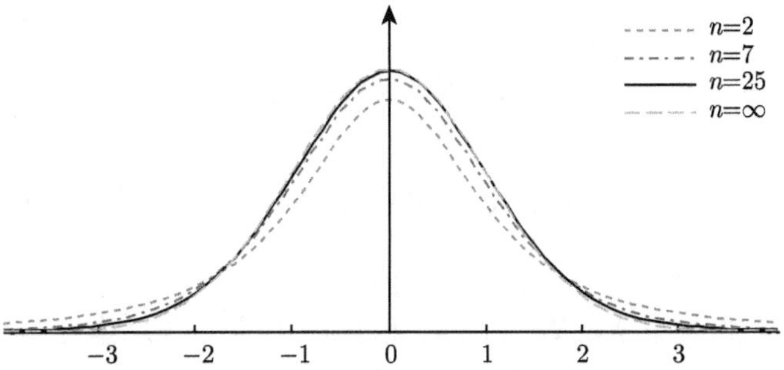

图 15.3

概率密度函数 $f(x)$ 的图形关于 $x=0$ 对称, 当 n 充分大时其图形非常接近于标准正态变量概率密度的图形.

性质 1 自由度为 n 的 t-分布的数学期望与方差分别为 $Et=0, Dt=\dfrac{n}{n-2}$ $(n>2)$.

性质 2 当 $n\to+\infty$ 时, $t(n)$ 的概率密度函数 $f(x)$ 无限趋于标准正态分布的概率密度函数.

性质 2 表明, t-分布的极限分布是标准正态分布, 因此在实际中当 $n\geqslant 30$ 时可以用标准正态分布来近似 t-分布.

t-分布上也有分位点的概念. 若正实数 $0<\alpha<1$, 则使得 $P\{t(n)>t_\alpha(n)\}=\alpha$ 成立的实数 $t_\alpha(n)$ 称为自由度为 n 的 t-分布的 α 分位点. 由图 15.4 可知, 对给定的 α, n, 由附录 3 可查出分位点 $t_\alpha(n)$ 的值, 例如 $t_{0.05}(8)=1.8595$. 在 $n>45$ 时, 对于常用的 α 值, 就用标准正态分布的 α 分位点近似 t-分布的 α 分位点, 即 $t_\alpha(n)\approx z_\alpha$, 其中 z_α 是标准正态分布的 α 分位点.

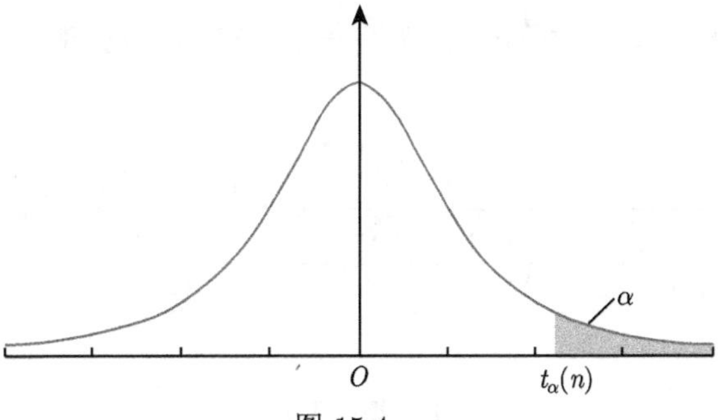

图 15.4

15.3.3 正态总体统计量的分布

设 $X_1, X_2, \cdots, X_n$ 是来自正态总体 $X\sim N(\mu,\sigma^2)$ 的样本, 其样本均值与样

本方差分别是

$$\bar{X}=\frac{1}{n}\sum_{i=1}^{n}X_i,\quad S^2=\frac{1}{n-1}\sum_{i=1}^{n}(X_i-\bar{X})^2.$$

定理 15.1 设总体 $X\sim N(\mu,\sigma^2)$, 则 $\bar{X}\sim N\left(\mu,\dfrac{\sigma^2}{n}\right)$, 从而 $\dfrac{\bar{X}-\mu}{\sigma/\sqrt{n}}\sim N(0,1)$.

证 因为随机变量 $X_1,X_2,\cdots,X_n$ 相互独立, 并且与总体 X 同服从 $N(\mu,\sigma^2)$ 分布, 所以由正态分布的性质可知, 它们的线性组合 $\bar{X}=\dfrac{1}{n}\sum\limits_{i=1}^{n}X_i=\sum\limits_{i=1}^{n}\dfrac{1}{n}X_i$ 服从正态分布 $N\left(\mu,\dfrac{\sigma^2}{n}\right)$, 即 $\dfrac{\bar{X}-\mu}{\sigma/\sqrt{n}}\sim N(0,1)$. 证毕.

定理 15.2 设总体 $X\sim N(\mu,\sigma^2)$, 则

(1) 样本均值 $\bar{X}$ 与样本方差 S^2 相互独立;

(2) 统计量 $\dfrac{\sum\limits_{i=1}^{n}(X_i-\bar{X})^2}{\sigma^2}=\dfrac{(n-1)S^2}{\sigma^2}\sim\chi^2(n-1)$.

例 15.3.1 设 $X_1,X_2,\cdots,X_n$ 是来自 $N(\mu,\sigma^2)$ 的样本, 则统计量 $t=\dfrac{(\bar{X}-\mu)}{S/\sqrt{n}}\sim t(n-1)$.

证 由定理 15.1 知, $u=\dfrac{(\bar{X}-\mu)\sqrt{n}}{\sigma}\sim N(0,1)$, 又由定理 15.2 知, 统计量 $\chi^2=\dfrac{(n-1)S^2}{\sigma^2}\sim\chi^2(n-1)$. 因为 $\bar{X}$ 与 S^2 相互独立, 所以 $u=\dfrac{(\bar{X}-\mu)\sqrt{n}}{\sigma}$ 与 $\chi^2=\dfrac{(n-1)S^2}{\sigma^2}$ 也相互独立. 于是由 t-分布定义可知, 统计量

$$t=\frac{u}{\sqrt{\dfrac{\chi^2}{n-1}}}=\frac{\dfrac{(\bar{X}-\mu)}{\sigma/\sqrt{n}}}{\sqrt{\dfrac{(n-1)S^2/\sigma^2}{n-1}}}=\frac{(\bar{X}-\mu)}{S/\sqrt{n}}\sim t(n-1).$$

习 题 15.3

1. 从正态总体 $N(\mu,0.5^2)$ 中抽取容量为 10 的样本 $X_1,X_2,\cdots,X_{10}$.

(1) 已知 $\mu=0$, 求 $\sum\limits_{i=1}^{10}X_i^2\geqslant 4$ 的概率;

(2) μ 未知, 求 $\sum\limits_{i=1}^{10}(X_i-\bar{X})^2<2.85$ 的概率.

2. 在总体 $N(80,20^2)$ 中随机抽取一容量为 100 的样本, 求样本均值与总体均值差的绝对值大于 3 的概率.

3. 设总体 $X\sim N(\mu,\sigma^2)$ 分布, μ,σ^2 是已知常数, $X_1,X_2,\cdots,X_n$ 是来自总体的一个容量为 n 的简单随机样本, 证明：统计量 $\chi^2=\dfrac{1}{\sigma^2}\sum\limits_{i=1}^{n}(X_i-\mu)^2$ 服从自由度为 n 的 χ^2-分布.

4. 设 $X_1,X_2,\cdots,X_5$ 是独立且服从相同分布的随机变量, 且每一个 $X_i(i=1,2,3,4,5)$ 都服从 $N(0,1)$.

(1) 试给出常数 c 使得 $c(X_1^2+X_2^2)$ 服从 χ^2-分布, 并指出它的自由度;

(2) 试给出常数 d 使得 $d\dfrac{X_1+X_2}{\sqrt{(X_3^2+X_4^2+X_5^2)}}$ 服从 t-分布, 并指出它的自由度.

5. 设总体 X 服从指数分布 $E(\lambda)$, 抽取样本 $X_1,X_2,\cdots,X_n$, 求:

(1) 样本均值的数学期望 $E\bar{X}$ 与方差 $D\bar{X}$;

(2) 样本方差 S^2 的数学期望 ES^2.

6. 设总体 X 服从参数 $p=\dfrac{1}{3}$ 的 (0-1) 分布, 即

X	0	1
p	$\dfrac{2}{3}$	$\dfrac{1}{3}$

记 $\bar{X}=\dfrac{1}{n}\sum\limits_{i=1}^{n}X_i$ 为样本均值, 求 $D\bar{X}$.

小结·知识点

小结

本章介绍了数理统计的基本概念和术语, 例如, 总体、样本、统计量、抽样分布等等. 本章引入两类重要的统计分布 χ^2-分布与 t-分布, 并对正态总体的样本均值与样本方差做了简要的介绍和研究.

知识点

1. 统计问题研究对象的全体称为总体, 总体中的每一个元素称为个体.

2. 从总体中抽取若干个个体的过程称为抽样, 抽样结果得到的一组实验数据称为样本, 样本所含个体的数量称为样本容量.

3. 设 $X_1,X_2,\cdots,X_n$ 是来自总体 X 的样本, 若 $X_1,X_2,\cdots,X_n$ 与总体 X 同分布且相互独立, 则称 $X_1,X_2,\cdots,X_n$ 是一个简单随机样本, 简称样本.

4. 设 $X_1, X_2, \cdots, X_n$ 是取自某个总体 X 的样本, 设 $g = g(x_1, x_2, \cdots, x_n)$ 是一个不含未知参数的连续函数, 称 $g = g(X_1, X_2, \cdots, X_n)$ 为一个统计量.

5. 统计量的分布称为抽样分布.

6. 统计量 $\bar{X} = \dfrac{1}{n}\sum\limits_{i=1}^{n} X_i$ 称为样本均值, 统计量 $S^2 = \dfrac{1}{n-1}\sum\limits_{i=1}^{n}(X_i - \bar{X})^2$ 称为样本方差.

7. 统计量 $S = \sqrt{\dfrac{1}{n-1}\sum\limits_{i=1}^{n}(X_i - \bar{X})^2}$ 称为样本标准差.

8. $S^2 = \dfrac{1}{n-1}\sum\limits_{i=1}^{n} X_i^2 - \dfrac{n}{n-1}\bar{X}^2$.

9. k 阶原点矩 $A_k = \dfrac{1}{n}\sum\limits_{i=1}^{n} X_i^k$ 和 k 阶中心距 $B_k = \dfrac{1}{n}\sum\limits_{i=1}^{n}(X_i - \bar{X})^k (k = 1, 2, \cdots)$.

10. 设 $X_1, X_2, \cdots, X_n$ 独立同分布的随机变量, 且都服从标准正态分布 $N(0, 1)$, 则统计量 $\chi^2 = X_1^2 + X_2^2 + \cdots + X_n^2$ 服从自由度为 n 的 χ^2-分布, 记为 $\chi^2 \sim \chi^2(n)$.

11. 若 $\chi^2 \sim \chi^2(n)$, 则 $E\chi^2 = n, D\chi^2 = 2n$.

12. 若 $X_1, X_2, \cdots, X_k$ 是一组相互独立的随机变量, 且 $X_i \sim \chi^2(n_i)$, $i = 1, 2, \cdots, k$, 则有 $\sum\limits_{i=1}^{n} X_i \sim \chi^2\left(\sum\limits_{i=1}^{n} n_i\right)$.

13. 对于连续型随机变量 X 的概率密度函数为 $f(x)$ 而言, 对于给定的实数 $\alpha(0 < \alpha < 1)$, 若实数 x_α 使得 $P\{X > x_\alpha\} = \int_{x_\alpha}^{+\infty} f(x)\mathrm{d}x = \alpha$, 则称实数 x_α 为随机变量 X 的分布水平为 α 的上侧分位点 (或临界值).

14. 设 X 与 Y 相互独立且 $X \sim N(0,1), Y \sim \chi^2(n)$, 则称随机变量 $t = \dfrac{X}{\sqrt{Y/n}}$ 服从自由度为 n 的 t-分布或者学生氏分布, 记为 $t \sim t(n)$.

15. 若 $t \sim t(n)$, 则 $Et = 0, Dt = \dfrac{n}{n-2}(n > 2)$.

16. 当 $n \geqslant 45$ 时, 标准正态分布是 $t(n)$-分布的良好近似.

17. 设总体 $X \sim N(\mu, \sigma^2)$, 则 $\bar{X} \sim N\left(\mu, \dfrac{\sigma^2}{n}\right)$, 从而 $\dfrac{\bar{X} - \mu}{\sigma/\sqrt{n}} \sim N(0, 1)$.

18. 设总体 $X \sim N(\mu, \sigma^2)$, 则

(1) 样本均值 $\bar{X}$ 与样本方差 S^2 相互独立;

(2) $\dfrac{(n-1)S^2}{\sigma^2} \sim \chi^2(n-1)$.

费希尔

费希尔, Sir Ronald Aylmer Fisher, 1890 年 2 月 17 日生于英国伦敦, 1962 年 7 月 29 日卒于澳大利亚阿德莱德. 英国统计学家、演化生物学家与遗传学家. 他是现代统计学的奠基者之一.

费希尔发现 F 分布, 建立方差分析的理论和方法. 他还建立最大似然估计法.

第 16 章 Chapter 16 参数估计

第16章课件

在许多实际问题中, 经常需要估计某个总体分布中的参数, 或者某些未知的数字特征如数学期望, 方差等, 这就是参数估计问题. 对总体的某个参数的估计方式有两种, 一种是对参数取值多少的估计, 这类问题称为点估计问题; 另一种是对参数值所在范围的估计, 这类问题称为区间估计问题. 点估计问题与区间估计问题统称为参数估计问题. 本章来讨论一些简单的参数估计方法.

16.1 参数的点估计

对与某总体相关的量或者参数的估计就是点估计问题, 相当于回答某个希望了解的量是多少的问题. 这种问题非常常见, 甚至非常简单. 例如要考察某城市人口中拥有手机的人所占的比例, 那么可以到大街上随便问 50 个人是否有手机, 如果其中 42 个人表示自己拥有手机的话, 那么就可以下断言 "这个城市 84%的人拥有手机". 这就是一个最简单的点估计.

设总体 X 的分布函数的形式为已知, 但它的一个或多个参数为未知, 借助于总体 X 的一个样本来估计总体未知参数的值的问题称为参数的点估计问题.

设 θ 为总体 X 的待估参数, 用样本 $X_1, X_2, \cdots, X_n$ 的一个统计量 $\hat{\theta} = \hat{\theta}(X_1, X_2, \cdots, X_n)$ 来估计 θ, 称 $\hat{\theta}(X_1, X_2, \cdots, X_n)$ 为 θ 的点估计量, 对应于样本观测值 $(x_1, x_2, \cdots, x_n)$, 称 $\hat{\theta}(x_1, x_2, \cdots, x_n)$ 为 θ 的点估计值.

下面介绍两种常用的点估计方法: 矩估计法与极大似然估计法.

16.1.1 矩估计法

矩估计法是一种简单且直观的估计方法, 由统计学家皮尔逊在 19 世纪末引进的. 基本思想用样本矩作为总体矩的估计, 具体估计的计算步骤为

(1) 写出待估参数与总体矩的关系;

(2) 用样本矩代替总体矩.

按照此方法, 若 $X_1, X_2, \cdots, X_n$ 是来自总体 X 的一个样本, 则样本均值 $\bar{X} = \frac{1}{n}\sum_{i=1}^{n} X_i$ 是总体数学期望 EX 的矩估计, 样本方差 $S_2 = \frac{1}{n-1}\sum_{i=1}^{n}(X_i - \bar{X})^2$ 是总体方差 DX 的矩估计.

例 16.1.1 设总体 $X \sim E(\lambda)$, 求 λ 的矩估计.

解 因为总体 $X \sim E(\lambda)$, 所以 $EX = \frac{1}{\lambda}$, 令 $\bar{X} = \frac{1}{\lambda}$, 所以 $\hat{\lambda} = \frac{1}{\bar{X}}$.

例 16.1.2 设总体 $X \sim U[0,\theta]$, 求 θ 的矩估计.

解 因为 $X \sim U[0,\theta]$, 故 $EX = \frac{\theta}{2}$, 令 $\frac{\theta}{2} = \bar{X}$, 所以 $\widehat{\theta} = 2\bar{X}$.

例 16.1.3 设总体 $X \sim U[a,b]$, 求 a, b 的矩估计.

解 首先计算总体的一阶矩和二阶矩, 由 $X \sim U[a,b]$, 故

$$EX = \frac{a+b}{2}, \quad EX^2 = \frac{1}{3}\left(b^2 + ba + a^2\right).$$

由矩估计法, 令

$$\begin{cases} \frac{1}{2}(b+a) = \frac{1}{n}\sum_{i=1}^{n} X_i, \\ \frac{1}{3}(b^2 + ba + a^2) = \frac{1}{n}\sum_{i=1}^{n} X_i^2, \end{cases}$$

解这个方程组得到

$$\begin{cases} \hat{a} = \bar{X} - \sqrt{\frac{3(n-1)}{n}}S, \\ \hat{b} = \bar{X} + \sqrt{\frac{3(n-1)}{n}}S. \end{cases}$$

例 16.1.4 设总体 X 的概率密度函数具有形式

$$p(x,\theta) = \begin{cases} \frac{x}{\theta^2}\mathrm{e}^{-\frac{x}{\theta}}, & x > 0, \\ 0, & x \leqslant 0, \end{cases}$$

其中 $\theta > 0$ 是未知参数. $X_1, X_2, \cdots, X_n$ 是来自总体 X 的样本. 求 θ 的矩估计量.

解 首先计算总体的数学期望得到

$$\begin{aligned} EX &= \int_{-\infty}^{+\infty} xp(x,\theta)\mathrm{d}x = \int_{0}^{+\infty} \frac{x^2}{\theta^2}\mathrm{e}^{-\frac{x}{\theta}}\mathrm{d}x = -\int_{0}^{-\infty} \theta u^2 \mathrm{e}^u \mathrm{d}u = \theta\int_{-\infty}^{0} u^2\mathrm{e}^u\mathrm{d}u \\ &= \theta\int_{-\infty}^{0} u^2 \mathrm{d}\mathrm{e}^u = \theta\left(u^2\mathrm{e}^u\,\big|_{-\infty}^{0} - 2\int_{-\infty}^{0} u\mathrm{e}^u\mathrm{d}u\right) = \theta\left(-2\int_{-\infty}^{0} u\mathrm{d}\mathrm{e}^u\right) \end{aligned}$$

$$= -2\theta\left(ue^{u}|_{-\infty}^{0} - \int_{-\infty}^{0} e^{u}du\right) = 2\theta.$$

令 $2\theta = \bar{X}$, 故 θ 的矩估计 $\hat{\theta} = \frac{1}{2}\bar{X} = \frac{1}{2n}\sum_{i=1}^{n} X_i$.

16.1.2 极大似然估计法

在随机试验中, 我们都有一种基本的认识, 即在一次试验中小概率事件是不会发生的！概率大的事件则更容易出现. 若在一次试验中, 某事件 A 发生了, 则有理由认为事件 A 比其他事件发生的概率大, 这就是所谓的**极大似然原理**, 极大似然估计法就是依据这一原理得到的一种参数估计方法.

例 16.1.5 一个老猎手带领一个新手去打猎, 遇见一只飞奔的兔子, 他们各打一枪, 兔子被打中了, 且身上只有一个弹孔, 问究竟是谁打中的? 一般认为是老猎手打中的. 因为老猎手打中的概率比新手打中的概率大.

例 16.1.6 一个病人咳嗽, 到医院就诊, 引起咳嗽的原因很多, 如感冒, 气管炎, 肺炎, 甚至 SARS, 但一般会先按感冒治, 这也是因为由感冒引起咳嗽的概率最大.

例 16.1.7 已知两种型号的电子元件 A, B 使用的寿命分别为 200 小时与 50 小时, 各取一只在同一系统中使用, 显然有理由认为先坏的元件为 B.

例 16.1.5~例 16.1.7 所展示的是我们对事物的一种基本的判断逻辑. 由此出发我们可以建立一种参数估计的方法——极大似然估计法. 下面分别对离散型总体和连续型总体分别讨论这个方法.

先讨论 X 是离散型总体的情形. 假定总体的分布律为 $P(X = x) = p(x;\theta_1, \theta_2, \cdots, \theta_k)$, 其中 $\theta_1, \theta_2, \cdots, \theta_k$ 为待估计的未知参数. 设 $X_1, X_2, \cdots, X_n$ 是来自总体 X 的一个样本, 其观测值为 $x_1, x_2, \cdots, x_n$. 记 $A = \{X_1 = x_1, X_2 = x_2, \cdots, X_n = x_n\}$, 事件 A 发生的概率记为

$$L(\theta_1, \theta_2, \cdots, \theta_k) = \prod_{i=1}^{n} p(x_i;\theta_1, \theta_2, \cdots, \theta_k).$$

可以看出概率 $L(\theta_1, \theta_2, \cdots, \theta_k)$ 是 $\theta_1, \theta_2, \cdots, \theta_k$ 的函数, 称之为样本的似然函数.

若在一次实验中, 事件 A 发生了, 则认为事件 A 发生的概率最大, 由此在参数 $\theta_1, \theta_2, \cdots, \theta_k$ 的可能取值范围内, 挑选使概率 $L(\theta_1, \theta_2, \cdots, \theta_k)$ 达到最大的参数值 $\hat{\theta}_1, \hat{\theta}_2, \cdots, \hat{\theta}_k$ 作为对应参数 $\theta_1, \theta_2, \cdots, \theta_k$ 的估计值. 用通俗的语言讲就是当 $\theta_1, \theta_2, \cdots, \theta_k$ 取 $\hat{\theta}_1, \hat{\theta}_2, \cdots, \hat{\theta}_k$ 这组值时我们最容易 (概率最大) 看到事件 A, 而事实是我们真的看到了 (抽到这个样本)!

对于连续型总体 X, 其分布的概率密度函数为 $f(x;\theta_1, \theta_2, \cdots, \theta_k)$, 则样本的似然函数定义为

$$L(\theta_1, \theta_2, \cdots, \theta_k) = \prod_{i=1}^{n} f(x_i; \theta_1, \theta_2, \cdots, \theta_k).$$

如果样本似然函数 $L(\theta_1, \theta_2, \cdots, \theta_k)$ 在 $\hat{\theta}_i(x_1, x_2, \cdots, x_n)\,(i = 1, 2, \cdots, k)$ 处达到最大值, 则称 $\hat{\theta}_i(x_1, x_2, \cdots, x_n)$ 为参数 θ_i 的**极大似然估计值**, 称 $\hat{\theta}_i(X_1, X_2, \cdots, X_n)$ 为参数 θ_i 的**极大似然估计量**.

由定义可知, 求参数的极大似然估计问题就是求似然函数的最大值点问题, 即找 $\theta_1, \theta_2, \cdots, \theta_k$ 的估计值 $\hat{\theta}_1, \hat{\theta}_2, \cdots, \hat{\theta}_k$ 使得 $L(\theta_1, \theta_2, \cdots, \theta_k)$ 最大. 又由于 $\ln L$ 与 L 具有相同的最大值点, 故只需求 $\ln L$ 的最大值点. 一般情况下, $\ln L$ 的最大值点的一阶偏导数为零, 此时只需解极大似然方程组 $\dfrac{\partial \ln L}{\partial \theta_i} = 0(i = 1, 2, \cdots, k)$ 即可得到参数的极大似然估计.

例 16.1.8 设产品分为合格品和不合格品两类, 用随机变量 X 表示某个产品是否合格, $X = 0$ 表示合格, $X = 1$ 表示不合格, 则 $X \sim B(1, p)$, 其中 p 是未知参数, 它表示产品的不合格率. 现抽取 n 个样品, 得到样本 $x_1, x_2, \cdots, x_n$, 求 p 的极大似然估计量.

解 构造似然函数

$$L(p) = \prod_{i=1}^{n} p^{x_i}(1-p)^{1-x_i} = p^{\sum\limits_{i=1}^{n} x_i}(1-p)^{n-\sum\limits_{i=1}^{n} x_i},$$

为计算简便取对数得到对数似然函数

$$\ln L = \left(\sum_{i=1}^{n} x_i\right)\ln p + \left(n - \sum_{i=1}^{n} x_i\right)\ln(1-p).$$

对 p 求导, 并令导数等于零得到方程

$$\frac{\mathrm{d}\ln L}{\mathrm{d}p} = \left(\sum_{i=1}^{n} x_i\right)\frac{1}{p} - \left(n - \sum_{i=1}^{n} x_i\right)\frac{1}{1-p} = 0.$$

解之得到参数 p 的极大似然估计值 $p = \dfrac{1}{n}\sum\limits_{i=1}^{n} x_i = \bar{x}$. 因此, 参数 p 的极大似然估计量为 $p = \bar{X}$.

例 16.1.9 设总体 X 服从参数为 λ 的泊松分布, λ 未知, $X_1, X_2, \cdots, X_n$ 是来自总体 X 的样本, 求 λ 的极大似然估计量.

解 构造似然函数

$$L(\lambda) = \prod_{i=1}^{n} P\{X_i = x_i\} = \prod_{i=1}^{n} \frac{\lambda^{x_i}}{x_i!}\mathrm{e}^{-\lambda} = \mathrm{e}^{-n\lambda}\frac{\lambda^{\sum\limits_{i=1}^{n} x_i}}{x_1!x_2!\cdots x_n!}.$$

那么对数似然函数是

$$\ln L = -n\lambda + \left(\sum_{i=1}^{n} x_i\right)\ln\lambda - \ln(x_1!x_2!\cdots x_n!).$$

将对数似然函数对 λ 求导数, 并令导数等于零, 得到方程

$$\frac{\mathrm{d}\ln L}{\mathrm{d}\lambda} = -n + \frac{1}{\lambda}\sum_{i=1}^{n} x_i = 0.$$

解方程得到未知参数 λ 的极大似然估计值是 $\hat{\lambda}_L = \frac{1}{n}\sum\limits_{i=1}^{n} x_i = \bar{x}$, 因此其极大似然估计量是 $\hat{\lambda}_L = \bar{X}$.

例 16.1.10 设总体 $X \sim E(\lambda)$, λ 是未知参数. 求 λ 的极大似然估计量.

解 总体服从参数为 λ 的指数分布, 因此其分布的概率密度函数是 $f(x;\lambda) = \lambda\mathrm{e}^{-\lambda x}, x > 0$. 构造极大似然函数

$$L(\lambda) = \prod_{i=1}^{n} f(x_i;\lambda) = \prod_{i=1}^{n} \lambda\mathrm{e}^{-\lambda x_i} = \lambda^n \mathrm{e}^{-\lambda\left(\sum\limits_{i=1}^{n} x_i\right)} \quad (x_i > 0),$$

其对数似然函数是 $\ln L = n\ln\lambda - \lambda\sum\limits_{i=1}^{n} x_i$, 对 λ 求导并令导数等于零, 得到方程

$$\frac{\mathrm{d}\ln L}{\mathrm{d}\lambda} = \frac{n}{\lambda} - \sum_{i=1}^{n} x_i = 0,$$

解方程得未知参数 λ 的极大似然估计值为 $\hat{\lambda}_L = \dfrac{n}{\sum\limits_{i=1}^{n} x_i} = \dfrac{1}{\bar{x}}$. 因此, λ 的极大似然估计量是 $\widehat{\lambda} = \dfrac{1}{\bar{X}}$. 结合例 16.1.1 可以看出对于服从指数分布的总体来说, 其未知参数 λ 的矩估计量与极大似然估计量是相同的.

例 16.1.11 设正态总体 $X \sim N(\mu, \sigma^2)$, 其中 μ, σ^2 都是未知参数. 求 μ, σ^2 的最大似然估计量.

解 正态总体 $X \sim N(\mu, \sigma^2)$ 的似然函数为

$$L(\mu, \sigma^2) = \frac{1}{(\sqrt{2\pi\sigma^2})^n} \exp\left\{-\frac{1}{2\sigma^2}\sum_{i=1}^{n}(x_i - \mu)^2\right\},$$

取对数得到对数似然函数

$$\ln L(\mu, \sigma^2) = -\frac{n}{2}\ln(2\pi) - \frac{n}{2}\ln\sigma^2 - \frac{1}{2\sigma^2}\sum_{i=1}^{n}(x_i - \mu)^2,$$

将对数似然函数分别对 μ 和 σ^2 求偏导, 并令偏导数等于零, 得到

$$\begin{cases} \dfrac{\partial}{\partial \mu} \ln L(\mu, \sigma^2) = \dfrac{1}{\sigma^2} \sum\limits_{i=1}^{n} (x_i - \mu) = 0, \\ \dfrac{\partial}{\partial \sigma^2} \ln L(\mu, \sigma^2) = -\dfrac{n}{2\sigma^2} + \dfrac{1}{2\sigma^4} \sum\limits_{i=1}^{n} (x_i - \mu)^2 = 0, \end{cases}$$

解得

$$\begin{cases} \hat{\mu} = \dfrac{1}{n} \sum\limits_{i=1}^{n} x_i = \bar{x}_i, \\ \sigma^2 = \dfrac{1}{n} \sum\limits_{i=1}^{n} (x_i - \bar{x})^2. \end{cases}$$

这样就得到 μ 和 σ^2 的极大似然估计量是

$$\hat{\mu} = \bar{X}, \quad \sigma^2 = \frac{1}{n} \sum_{i=1}^{n} \left(X_i - \bar{X}\right)^2.$$

极大似然估计有一个简单有用的性质. 如果 $\hat{\theta}$ 是 θ 的极大似然估计, 则对任意 θ 的函数 $g(\theta)$, 其极大似然估计为 $g(\hat{\theta})$. 该性质叫做**极大似然估计的不变性**.

例 16.1.12 设总体 X 的分布的概率密度函数是

$$p(x;\theta) = \begin{cases} \dfrac{x}{\theta^2} \mathrm{e}^{-\frac{x}{\theta}}, & x > 0, \\ 0, & x \leqslant 0, \end{cases}$$

其中 θ 是未知参数. $X_1, X_2, \cdots, X_n$ 是来自总体 X 的样本. 求 θ 的极大似然估计值与极大似然估计量.

解 构造似然函数

$$L = \prod_{i=1}^{n} p(x_i;\theta) = \prod_{i=1}^{n} \frac{x_i}{\theta^2} \mathrm{e}^{-\frac{x_i}{\theta}} = \frac{x_1 x_2 \cdots x_n}{\theta^{2n}} \cdot \mathrm{e}^{-\frac{1}{\theta} \sum\limits_{i=1}^{n} x_i}.$$

其对数似然函数是 $\ln L = -2n \ln \theta + \ln(x_1 x_2 \cdots x_n) - \dfrac{1}{\theta} \sum\limits_{i=1}^{n} x_i$, 对 θ 求导并令导数等于零得到似然方程

$$\frac{\mathrm{d} \ln L}{\mathrm{d}\theta} = -2n\frac{1}{\theta} + \frac{1}{\theta^2} \sum_{i=1}^{n} x_i = 0.$$

解似然方程得到 θ 的极大似然估计值 $\hat{\theta} = \dfrac{1}{2n} \sum\limits_{i=1}^{n} x_i = \dfrac{1}{2}\bar{x}$. 因此, 极大似然估计量为 $\hat{\theta} = \dfrac{1}{2}\bar{X}$.

例 16.1.13 设服从均匀分布的总体 $X \sim U[0,\theta]$, 其中 θ 是未知参数. 求 θ 的极大似然估计值与极大似然估计量.

解 首先总体 $X \sim U[0,\theta]$, 因此总体分布的概率密度函数是 $f(x)=\dfrac{1}{\theta}, 0 \leqslant x \leqslant \theta$. 构造似然函数 $L(\theta)=\prod\limits_{i=1}^{n} f(x_i,\theta)=\dfrac{1}{\theta^n}(x_i \leqslant \theta)$, 由于 $\ln L=-n\ln\theta \neq 0$, 因此似然方程无解. 但是函数 L 还是有最大值点的. 因为 $0 \leqslant x_i \leqslant \theta (i=1,2,\cdots,n)$, 所以 $0 \leqslant \max\{x_1,x_2,\cdots,x_n\} \leqslant \theta$, 于是得到则 θ 的极大似然估计值为 $\hat{\theta}=\max\limits_{i=1,2,\cdots,n}\{x_i\}$, 极大似然估计量是 $\hat{\theta}=\max\limits_{i=1,2,\cdots,n}\{X_i\}$.

一般来说, 极大似然估计不一定是似然方程的根, 极大似然估计也不一定与矩估计相同.

习 题 16.1

1. 设总体 $X \sim P(\lambda)$, $X_1,X_2,\cdots,X_n$ 是来自该总体的一个样本. 求 λ 的矩估计量.

2. 设总体 $X \sim B(n,p)$, n 已知. $X_1,X_2,\cdots,X_m$ 是来自该总体的一个样本. 求 p 的矩估计量.

3. 设总体 X 服从参数为 p 的几何分布, 即总体的分布律是

$$p_k=P\{X=k\}=(1-p)^{k-1}p \quad (k=1,2,\cdots).$$

$X_1,X_2,\cdots,X_n$ 是来自总体 X 的样本, 求 p 的极大似然估计量.

4. 设总体 X 服从区间 $[0,\theta]$ 上的均匀分布, 其中 θ 是未知参数. 现抽取一个容量为 5 的样本, 得到观察值为 1.4, 0.7, 1.8, 1.1, 0.2. 求 θ 的矩估计值和极大似然估计值.

16.2 估计量的评价标准

在参数估计中, 对同一参数 θ, 采用不同的估计方法, 得到的估计量也不一定相同, 例如例 16.1.13. 那么在实际应用中到底用哪一种方法呢? 下面给出两个评价估计量好坏的标准.

设 $\hat{\theta}=\hat{\theta}(X_1,X_2,\cdots,X_n)$ 是未知量 θ 的一个估计量, 如果 $E(\hat{\theta})=\theta$, 则称 $\hat{\theta}$ 为 θ 的一个**无偏估计量**.

例 16.2.1 试证样本均值 $\bar{X}=\dfrac{1}{n}\sum\limits_{i=1}^{n}X_i$ 是总体 X 的数学期望的无偏估计.

证 由于

$$E\bar{X}=E\left(\frac{1}{n}\sum_{i=1}^{n}X_i\right)=\frac{1}{n}\sum_{i=1}^{n}EX_i=EX.$$

因此, 样本均值 $\bar{X}=\frac{1}{n}\sum_{i=1}^{n}X_i$ 是总体 X 的数学期望的无偏估计. 证毕.

例 16.2.2 证明样本二阶中心矩 $s_n^2=\frac{1}{n}\sum_{i=1}^{n}(X_i-\bar{X})^2$ 不是总体 X 的方差的无偏估计.

证 由于

$$\sum_{i=1}^{n}(X_i-\bar{X})^2=\sum_{i=1}^{n}(X_i^2-2X_i\bar{X}+\bar{X}^2)$$
$$=\sum_{i=1}^{n}X_i^2-2\bar{X}\sum_{i=1}^{n}X_i+n\bar{X}^2=\sum_{i=1}^{n}X_i^2-n\bar{X}^2,$$

因此可以计算得到

$$Es_n^2=E\left[\frac{1}{n}\sum_{i=1}^{n}\left(X_i-\bar{X}\right)^2\right]=\frac{1}{n}E\left(\sum_{i=1}^{n}X_i^2-n\bar{X}^2\right)$$
$$=\frac{1}{n}\sum_{i=1}^{n}EX_i^2-E\bar{X}^2=EX^2-D\bar{X}-\left(E\bar{X}\right)^2$$
$$=DX+(EX)^2-D\bar{X}-\left(E\bar{X}\right)^2=DX-\frac{1}{n}DX$$
$$=\frac{n-1}{n}DX.$$

样本二阶中心矩 s_n^2 不是总体 X 的方差的无偏估计. 可以看到二阶中心矩系统性偏小.

为得到一个样本方差的无偏估计, 于是引入修正的样本方差

$$S^2=\frac{1}{n-1}\sum_{i=1}^{n}(X_i-\bar{X})^2=\frac{n}{n-1}s_n^2.$$

容易看出 $ES^2=DX$, 因此样本方差 S^2 是总体方差的无偏估计.

对于总体 X 的一个样本 $X_1,X_2,\cdots,X_n$ 而言, X_1 与 $\bar{X}$ 都是总体均值的无偏估计, 无偏性的意义是没有系统误差. 但是, 无偏估计并不一定是唯一的. 那么在众多的无偏估计中哪一个更好呢？为此需要引入有效性的概念.

设 $\hat{\theta}_1,\hat{\theta}_2$ 都是 θ 的无偏估计, 若 $D(\hat{\theta}_1)\leqslant D(\hat{\theta}_2)$, 则称 $\hat{\theta}_1$ 比 $\hat{\theta}_2$ 更**有效**. 在这里, 从平均意义上讲 $\hat{\theta}_1,\hat{\theta}_2$ 都可以正确地估计 θ, 但是 $\hat{\theta}_1$ 的偏差比 $\hat{\theta}_2$ 来得更小一些.

例 16.2.3 设 X_1,X_2 是来自总体 X 的一个样本. $\frac{1}{2}(X_1+X_2),\frac{1}{3}X_1+\frac{2}{3}X_2$

都是 EX 的无偏估计. 比较哪个更有效.

解 问题就是要计算两个无偏估计量的方差. 由于

$$D\left(\frac{X_1+X_2}{2}\right)=\frac{1}{2}DX,\quad D\left(\frac{1}{3}X_1+\frac{2}{3}X_2\right)=\frac{5}{9}DX.$$

所以 $\frac{1}{2}(X_1+X_2)$ 比 $\frac{1}{3}X_1+\frac{2}{3}X_2$ 更有效.

习 题 16.2

1. 设总体 X 分布的概率密度函数是 $p(x;\theta)=\frac{x}{\theta^2}\mathrm{e}^{-\frac{x}{\theta}},x>0$, 其中 $\theta>0$ 为未知参数. $X_1,X_2,\cdots,X_n$ 为 X 的一个样本, 求:

(1) θ 的极大似然估计量 $\hat{\theta}$;

(2) $\hat{\theta}$ 是不是 θ 的无偏估计.

2. 设 $X_1,X_2,\cdots,X_n$ 是来自均匀分布的总体 $U[0,3\theta],\theta>0$ 的一个样本, θ 是未知参数, 求 θ 的一个无偏估计.

3. 设总体 X 服从区间 $\left[\theta-\frac{1}{2},\theta+\frac{1}{2}\right]$ 上的均匀分布, 其中 $\theta>0$ 为未知参数. 又 $X_1,X_2,\cdots,X_n$ 为来自该总体的一个样本. 试证: 样本均值 $\bar{X}$ 是未知参数 θ 的一个无偏估计.

4. 设总体 X 的分布中带有未知参数 θ, $X_1,X_2,\cdots,X_n$ 为样本, $\widehat{\theta}=\widehat{\theta}(X_1,X_2,\cdots,X_n)$ 为参数 θ 的一个估计量, $\widehat{\theta}$ 为参数 θ 的无偏估计量, 则应满足条件 (　　).

(A) $\widehat{\theta}\equiv\theta$　　(B) $D\widehat{\theta}=\theta$　　(C) $E\widehat{\theta}^2=\theta$　　(D) $E\widehat{\theta}=\theta$

5. 设总体 X 的数学期望是 $\mu,X_1,X_2,\cdots,X_n$ 为 X 的样本, 则下列命题中正确的是 (　　).

(A) X_1 是 μ 的无偏估计量　　(B) X_1 是 μ 的极大似然估计量

(C) X_1 是 μ 的有偏估计量　　(D) X_1 不是 μ 的估计量

16.3 区 间 估 计

16.3.1 参数的区间估计

前面讨论了对总体所含参数 θ 的点估计问题, 根据总体的一个样本可以用样本的函数 $\widehat{\theta}$ 作为对 θ 的值的判断. 点估计方法解决了待估参数 θ 等于多少的问题. 但是, 这一估计是有缺陷的, 估计 $\widehat{\theta}$ 是否可信呢? 其可信度是多少? 如果用两种不同的办法去估计 θ 的话, 哪一种估计更值得信任呢? 点估计方法完全没有考虑这个问题. 我们希望得到对 θ 的估计 $\widehat{\theta}$ 的同时, 还希望可以知道这个估计的可信程度, 这样就要引入置信区间的概念.

设 θ 为总体 X 的一个未知参数. $\underline{\theta}=\underline{\theta}(X_1,X_2,\cdots,X_n)$, $\bar{\theta}=\bar{\theta}(X_1,X_2,\cdots,X_n)$ 都是由样本 $X_1,X_2,\cdots,X_n$ 确定的统计量, 若对于给定的 $0<\alpha<1$, 有 $P\{\underline{\theta}<\theta<\bar{\theta}\}=1-\alpha$ 成立, 则称 $(\underline{\theta},\bar{\theta})$ 是 θ 的**置信水平为** $1-\alpha$ 的**置信区间**. $\underline{\theta},\bar{\theta}$ 分别称为 θ 的**置信下限**和**置信上限**.

定义中置信水平为 $1-\alpha$ 的含义是：随机区间 $(\underline{\theta},\bar{\theta})$ 包含参数 θ 真值的概率为 $1-\alpha$, 不包含真值的概率为 α.

16.3.2 单个正态总体参数的区间估计

设正态总体 $X\sim N(\mu,\sigma^2),X_1,X_2,\cdots,X_n$ 是来自这个总体 X 的一个样本. 现在来研究总体参数 μ 和 σ^2 的置信区间问题.

1. σ^2 已知, 求均值 μ 的置信区间

因为总体是正态总体 $X\sim N(\mu,\sigma^2)$, 所以 $\bar{X}\sim N\left(\mu,\dfrac{\sigma^2}{n}\right)$, 从而有

$$u=\frac{\bar{X}-\mu}{\dfrac{\sigma}{\sqrt{n}}}\sim N(0,1).$$

对于给定的置信水平 $1-\alpha\,(0<\alpha<1)$, 利用标准正态分布的密度函数的图像及其对称性有

$$P\{-u_{\frac{\alpha}{2}}<u<u_{\frac{\alpha}{2}}\}=1-\alpha,$$

其中 $u_{\frac{\alpha}{2}}$ 为标准正态分布的上 $\dfrac{\alpha}{2}$ 分位点, 如图 16.1 所示. 由此解出

$$\bar{X}-u_{\frac{\alpha}{2}}\frac{\sigma}{\sqrt{n}}<\mu<\bar{X}+u_{\frac{\alpha}{2}}\frac{\sigma}{\sqrt{n}}. \tag{16.1}$$

所以 $\left(\bar{X}-u_{\frac{\alpha}{2}}\dfrac{\sigma}{\sqrt{n}},\ \bar{X}+u_{\frac{\alpha}{2}}\dfrac{\sigma}{\sqrt{n}}\right)$ 为 μ 的置信水平为 $1-\alpha$ 的置信区间. 通常把这个区间记作 $\left(\bar{X}\pm u_{\frac{\alpha}{2}}\dfrac{\sigma}{\sqrt{n}}\right)$.

例 16.3.1 某电器公司生产了一批灯泡, 其寿命 (小时) 服从正态分布 $N(\mu,80)$, 现从这批灯泡中抽取 10 个进行寿命测试, 测得样本均值为 $\bar{x}=1147$, 求该批灯泡平均寿命 μ 的置信水平为 90%的置信区间.

解 已知 $\sigma^2=80,n=10,1-\alpha=0.9$, 从而 $\alpha=0.1$, 查表 1 得 $u_{0.05}=1.64$, 故由公式 (16.1) 有 μ 的置信水平为 0.9 的置信区间 (1142.36, 1151.64).

例 16.3.2 设总体 X 为正态分布 $N(\mu,1)$, 为使 μ 的置信水平为 0.95 的置信区间的长度不超过 1.2, 样本容量 n 应为多大?

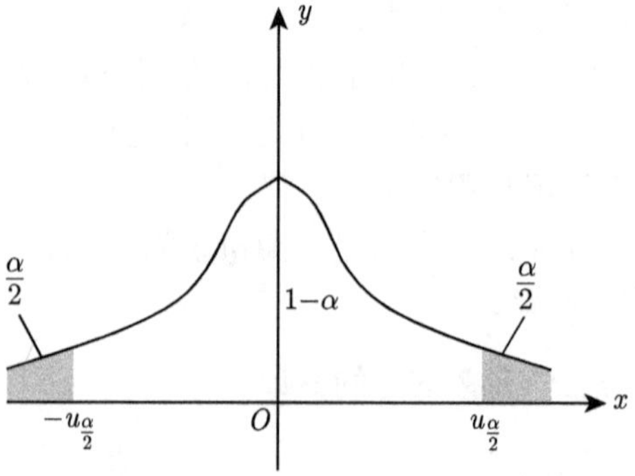

图 16.1

解 由题意知, μ 的置信度为 0.95 的置信区间为 $\left(\bar{X} \pm u_{0.025}\frac{\sigma}{\sqrt{n}}\right) = \left(\bar{X} \pm \frac{1.96}{\sqrt{n}}\right)$, 其长度为 $l = \frac{3.92}{\sqrt{n}}$, 故为使该区间长度不超过 1.2, 必须且只需 $\sqrt{n} \geqslant \frac{3.92}{1.2} \approx 3.27$, 即 $n \geqslant 11$. 所以当样本容量至少为 11 时, 置信区间的长度就能不大于 1.2.

2. σ^2 未知, 求 μ 的置信区间

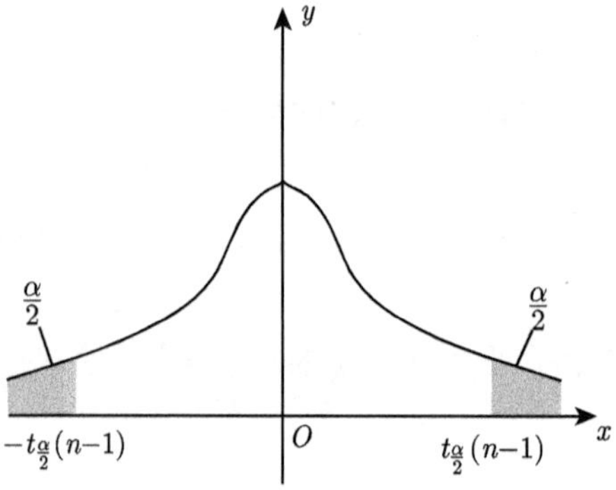

图 16.2

如果总体的方差 σ^2 未知, 公式 (16.1) 不能再用, 原因是其中含有未知参数 σ^2, 因此无法明确确定 μ 值的范围. 考虑到 S^2 是 σ^2 的无偏估计, 将上述方法中的 σ 换成 $S = \sqrt{S^2}$ 得

$$t = \frac{\bar{X} - \mu}{S/\sqrt{n}} \sim t(n-1),$$

并且右边的 $t(n-1)$ 分布不依赖于任何未知参数. 由于 t-分布的概率密度曲线是关于纵轴对称的 (图 16.2) , 当置信水平为 $1-\alpha$ 时, 可以选择 t-分布的上 $\frac{\alpha}{2}$ 分位点 $t_{\frac{\alpha}{2}}(n-1)$ 使 $P\{|t| < t_{\frac{\alpha}{2}}(n-1)\} = 1-\alpha$, 变形得 μ 的置信水平为 $1-\alpha$ 的置信区间 $\left(\bar{X} \pm t_{\frac{\alpha}{2}}(n-1)\frac{s}{\sqrt{n}}\right)$.

例 16.3.3 假设轮胎寿命 X 服从正态分布. 为估计某种轮胎的平均寿命, 现随机地抽 12 只轮胎试用, 测得它们的寿命 (万千米) 如下:

4.68, 4.85, 4.32, 4.85, 4.61, 5.02, 5.20,

$$4.60,\quad 4.58,\quad 4.72,\quad 4.38,\quad 4.70.$$

求平均寿命的 0.95 的置信区间.

解 轮胎寿命的总体 $X \sim N(\mu, \sigma^2)$ 是正态总体, 其中 σ^2 未知. 则 μ 的置信度为 0.95 的置信区间为 $\left(\bar{X} \pm t_{0.025}(11)\dfrac{s}{\sqrt{12}}\right)$, 查附录 3 得 $t_{0.025}(11) = 2.201$, 计算得 $\bar{x} = 4.709, s = 0.248$. 所以所求置信区间为 $\left(4.709 \pm 2.201 \times \dfrac{0.248}{\sqrt{12}}\right) = (4.551, 4.867)$.

3. 未知 μ, 求 σ^2 的置信区间

由于 S^2 是 σ^2 的无偏估计, 由定理 16.2 有 $\dfrac{(n-1)S^2}{\sigma^2} \sim \chi^2(n-1)$, 注意到右端的分布不依赖于任何未知参数, 故有给定置信水平 $1-\alpha\,(0<\alpha<1)$ 后可以得到

$$P\left\{\chi^2_{1-\frac{\alpha}{2}}(n-1) < \frac{(n-1)S^2}{\sigma^2} < \chi^2_{\frac{\alpha}{2}}(n-1)\right\} = 1-\alpha,$$

简单变形之后就是

$$P\left\{\frac{(n-1)S^2}{\chi^2_{\frac{\alpha}{2}}(n-1)\sigma^2} < \sigma^2 < \frac{(n-1)S^2}{\chi^2_{1-\frac{\alpha}{2}}(n-1)}\right\} = 1-\alpha.$$

于是, 得到结论方差 σ^2 的一个置信水平为 $1-\alpha$ 的置信区间是

$$\left(\frac{(n-1)S^2}{\chi^2_{\frac{\alpha}{2}}(n-1)\sigma^2}, \frac{(n-1)S^2}{\chi^2_{1-\frac{\alpha}{2}}(n-1)}\right). \tag{16.2}$$

例 16.3.4 设有一组来自正态总体 $N(\mu, \sigma^2)$ 的样本, 其样本值为

$$0.497,\quad 0.506,\quad 0.518,\quad 0.524,\quad 0.488,\quad 0.510,\quad 0.510,\quad 0.515,\quad 0.512,$$

求 σ^2 的 95%置信区间.

解 查附录 4 得 $\chi^2_{0.025}(9-1) = 17.535, \chi^2_{0.975}(9-1) = 2.180$. 由公式 (16.2) 得到 σ^2 的 95%置信区间

$$\left(\frac{8 \times 0.1184 \times 10^{-3}}{17.535}, \frac{8 \times 0.1184 \times 10^{-3}}{2.180}\right) = (0.0540 \times 10^{-3}, 0.4345 \times 10^{-3}).$$

习 题 16.3

1. 设总体 X 服从正态分布 $N(\mu,\sigma^2)$, 其中 μ,σ^2 均为未知参数, $X_1,X_2,\cdots,X_n$ 为样本, 记 $\bar{X}=\dfrac{1}{n}\sum\limits_{i=1}^{n}X_i$, $S_2=\dfrac{1}{n-1}\sum\limits_{i=1}^{n}(X_i-\bar{X})^2$, 则 μ 的置信水平为 90%的置信区间为 (　　).

(A) $\left(\bar{X}-Z_{0.95}\dfrac{\sigma}{\sqrt{n}},\bar{X}+Z_{0.95}\dfrac{\sigma}{\sqrt{n}}\right)$　　(B) $\left(\bar{X}-t_{0.95}\dfrac{S}{\sqrt{n}},\bar{X}+t_{0.95}\dfrac{S}{\sqrt{n}}\right)$

(C) $\left(\bar{X}-Z_{0.90}\dfrac{\sigma}{\sqrt{n}},\bar{X}+Z_{0.90}\dfrac{\sigma}{\sqrt{n}}\right)$　　(D) $\left(\bar{X}-t_{0.90}\dfrac{S}{\sqrt{n}},\bar{X}+t_{0.90}\dfrac{S}{\sqrt{n}}\right)$

2. 设总体 X 的分布中含有一个未知参数 θ, 由样本 $X_1,X_2,\cdots,X_n$ 确定两个统计量, $\underline{\theta}(X_1,X_2,\cdots,X_n)$ 和 $\overline{\theta}(X_1,X_2,\cdots,X_n)$ 满足对给定的 $\alpha\,(0<\alpha<1)$, 有 $P\{\underline{\theta}<\theta<\overline{\theta}\}=1-\alpha$, 则下面的说法中错误的是 (　　).

(A) $(\underline{\theta},\bar{\theta})$ 是 θ 的置信水平为 $1-\alpha$ 的置信区间　　(B) $(\underline{\theta},\bar{\theta})$ 以 $1-\alpha$ 的概率包含 θ

(C) $(\underline{\theta},\bar{\theta})$ 不包含 θ 的概率为 α　　(D) $\underline{\theta},\bar{\theta}$ 都是 θ 的无偏估计

3. 随机从一批钉子中抽取 16 枚, 测得它们的直径 $x_i, 1\leqslant i\leqslant 16$ (单位: 厘米), 并求得其样本均值 $\bar{x}=\dfrac{1}{16}\sum\limits_{i=1}^{16}x_i=2.125$. 样本方差 $s^2=\dfrac{1}{15}\sum\limits_{i=1}^{16}(x_i-\bar{x})^2=0.01713^2$, 已知 $t_{0.95}(5)=1.753$, $t_{0.95}(16)=1.746$, 设钉子直径分布为正态分布. 求总体均值 μ 的置信水平为 0.90 的置信区间.

4. 在某次实验中需要测量某物体的长度. 一组测量结果 (单位: 毫米) 如下:

286　285　289　284　284　287　288　283　288

物体长度服从正态分布, 其均值和方差分别记作 μ 和 σ^2. 求均值 μ 的置信区间, 置信度为 0.95.

小结 · 知识点

小结

本章研究了对总体的未知参数的估计问题. 点估计问题的两类经典方法是矩估计法与极大似然估计法. 一般而言, 估计量的选取不是唯一的, 判断估计量的优劣的基本标准是无偏性与有效性. 对参数的区间估计是一种附带有可信度的估计方法. 本章对正态总体的参数给出了区间估计的方法和计算公式.

知识点

1. 用样本矩作为总体矩的估计, 从而获得未知参数点估计的方法称为矩估计法.

2. 极大似然估计法是依据小概率事件在一次试验中是不会发生的这样的统计推断原理而建立的点估计方法.

3. X 是离散型总体, 总体的分布律为 $P(X=x)=p(x;\theta_1,\theta_2,\cdots,\theta_k)$, 其中 $\theta_1,\theta_2,\cdots,\theta_k$ 为待估计的未知参数. 这时似然函数是 $L(\theta_1,\theta_2,\cdots,\theta_k)=\prod_{i=1}^{n}p(x_i;\theta_1,\theta_2,\cdots,\theta_k)$.

4. X 是连续型总体, 其分布的概率密度函数为 $f(x;\theta_1,\theta_2,\cdots,\theta_k)$, 其中 $\theta_1,\theta_2,\cdots,\theta_k$ 为待估计的未知参数. 这时的似然函数是

$$L(\theta_1,\theta_2,\cdots,\theta_k)=\prod_{i=1}^{n}f(x_i;\theta_1,\theta_2,\cdots,\theta_k).$$

5. 设 $\hat{\theta}=\hat{\theta}(X_1,X_2,\cdots,X_n)$ 是未知量 θ 的一个估计量, 如果 $E(\hat{\theta})=\theta$, 则称 $\hat{\theta}$ 为 θ 的一个无偏估计量.

6. 设 $\hat{\theta}_1,\hat{\theta}_2$ 都是 θ 的无偏估计, 若 $D(\hat{\theta}_1)\leqslant D(\hat{\theta}_2)$, 则称 $\hat{\theta}_1$ 比 $\hat{\theta}_2$ 更有效.

7. 设 θ 为总体 X 的一个未知参数. $\underline{\theta}=\underline{\theta}(X_1,X_2,\cdots,X_n),\bar{\theta}=\bar{\theta}(X_1,X_2,\cdots,X_n)$ 都是由样本 $X_1,X_2,\cdots,X_n$ 确定的统计量, 若对于给定的 $0<\alpha<1$, 有 $P\{\underline{\theta}<\theta<\bar{\theta}\}=1-\alpha$ 成立, 则称 $(\underline{\theta},\bar{\theta})$ 是 θ 的置信水平为 $1-\alpha$ 的置信区间. $\underline{\theta},\bar{\theta}$ 分别称为 θ 的置信下限和置信上限.

8. 正态总体 $X\sim N(\mu,\sigma^2),X_1,X_2,\cdots,X_n$ 是来自这个总体 X 的一个样本.

(1) 在方差 σ^2 已知时, 均值 μ 的置信水平为 $1-\alpha$ 的置信区间是 $\left(\bar{X}\pm u_{\frac{\alpha}{2}}\dfrac{\sigma}{\sqrt{n}}\right)$.

(2) 在方差 σ^2 未知时, 均值 μ 的置信水平为 $1-\alpha$ 的置信区间是 $\left(\bar{X}\pm t_{\frac{\alpha}{2}}(n-1)\dfrac{s}{\sqrt{n}}\right)$.

(3) 方差 σ^2 的置信水平为 $1-\alpha$ 的置信区间是 $\left(\dfrac{(n-1)S^2}{\chi^2_{\frac{\alpha}{2}}(n-1)\sigma^2},\dfrac{(n-1)S^2}{\chi^2_{1-\frac{\alpha}{2}}(n-1)}\right)$.

皮尔逊

当我们正想专心工作时, 我们却太老了.

——K. 皮尔逊

K. 皮尔逊, Karl Pearson, 1857 年 3 月 27 日生于伦敦, 1936 年 4 月 27 日卒于伦敦附近的金港湾. 英国数学家, 生物统计学家, 数理统计学的创立者.

K. 皮尔逊发展了回归理论, 导出皮尔逊曲线族, 提出卡方检验.

E. 皮尔逊, Egon Sharpe Pearson, 1895 年 8 月 11 日生于英国汉普斯特德, 1980 年 6 月 12 日卒于英国米德赫斯特. 英国统计学家, K. 皮尔逊之子. 他与奈曼一起建立和发展了假设检验理论.

K. 皮尔逊

E. 皮尔逊

部分习题答案

第 8 章　行　列　式

习题 8.1

1. (1) 3; (2) 1; (3) 96; (4) x^3+3x.

2. (1) 12, 偶排列; (2) 18, 偶排列; (3) $\dfrac{n(n-1)}{2}$, n 是 $4k, 4k+1$ 型自然数时是偶排列, n 是 $4k+2, 4k+3$ 型自然数时是奇排列.

3. (1) $i=3, j=6$; (2) $i=6, j=8$.

4. $\dfrac{n(n-1)}{2}$, n 是 $4k, 4k+1$ 型自然数时是偶排列, n 是 $4k+2, 4k+3$ 型自然数时是奇排列.

5. 项 $a_{13}a_{21}a_{34}a_{42}$ 带有负号, 项 $a_{14}a_{21}a_{33}a_{42}$ 带有正号.

6. (1) -36; (2) $(-1)^{n-1}a_1a_2\cdots a_n$.

习题 8.2

1. (1) 0; (2) $4abcdef$; (3) 0; (4) 1; (5) $6x-6a_1b_1-3a_2b_2-2a_3b_3$; (6) 0.

2. $D_1=a_1+b_1$; $D_n=0, n\geqslant 2$.

4. (1) $\pm1, \pm2$; (2) $-9, 3$.

习题 8.3

1. (1) $0, 10, -4$; (2) $2, -2, 0$.

2. (1) $6-6a^2-3b^2-2c^2$; (2) x^2y^2; (3) $(x+4a)x^3$; (4) 48;
   (5) 0; (6) 801; (7) $\cos 4\alpha$; (8) $uvxyz$.

3. (1) $D_1=1, D_n=-2(n-2)!, n>1$; (2) x^n-y^n; (3) $n!$; (4) 0.

习题 8.4

1. (1) $x_1=\dfrac{5}{8},x_2=\dfrac{1}{8},x_3=-\dfrac{5}{8},x_4=-\dfrac{1}{8}$; (2) $x_1=1,x_2=2,x_3=-1,x_4=-2$.

2. $a=0$ 或 $a=1$.

3. $k=-1$ 或 $k=4$.

4. $4b=(a+1)^2$.

5. (1) $y=2x^2-3x+5$; (2) $y=-x^2+4x+7$.

第 9 章 矩　　阵

习题 9.1

1. (1) $\begin{pmatrix} 0 & -1 \\ 1 & 0 \\ 2 & 1 \end{pmatrix}$; (2) $\begin{pmatrix} 1 & 2 & 3 & 4 & 5 \\ 2 & 4 & 6 & 8 & 10 \\ 3 & 6 & 9 & 12 & 15 \\ 4 & 8 & 12 & 16 & 20 \\ 5 & 10 & 15 & 20 & 25 \end{pmatrix}$.

习题 9.2

1. $a=\dfrac{5}{3},b=-\dfrac{1}{3}$.

2. $\begin{pmatrix} 9 & -4 \\ 3 & 6 \\ 17 & 12 \end{pmatrix}$, $\begin{pmatrix} 4 & 3 & -8 \\ 1 & -4 & -3 \end{pmatrix}$.

3. (1) $\begin{pmatrix} 6 & 2 & -2 \\ -2 & -10 & 6 \end{pmatrix}$; (2) 26; (3) $\begin{pmatrix} 3 & 0 & 4 & -1.5 \\ -12 & 0 & -16 & 6 \\ 15 & 0 & 20 & -7.5 \\ -6 & 0 & -8 & 3 \end{pmatrix}$;

(4) $\begin{pmatrix} 3x_1+2x_2+x_3 \\ -x_1-2x_2-3x_3 \end{pmatrix}$;

(5) $(1,-3,3)$; (6) $a_{11}x_1^2+a_{22}x_2^2+a_{33}x_3^2+2a_{12}x_1x_2+2a_{13}x_1x_3+2a_{23}x_2x_3$.

4. $\begin{pmatrix} 3 & -2 & 2 \\ 2 & -3 & 3 \\ -11 & 0 & 0 \end{pmatrix}$, 主对角线元素之和是零.

6. $\begin{pmatrix} a & b & c \\ 0 & a & b \\ 0 & 0 & a \end{pmatrix}$.

7. $\dfrac{3^{n-2}}{2}\begin{pmatrix} 6 & 3 & 2 \\ 12 & 6 & 4 \\ 18 & 9 & 6 \end{pmatrix}$.

13. (1) $\begin{pmatrix} 9 & 3 & 4 \\ 5 & 2 & 1 \\ 2 & 1 & 2 \end{pmatrix}$; (2) $\begin{pmatrix} -1 & -1 \\ 0 & -1 \end{pmatrix}$.

习题 9.3

1. (1) $\begin{pmatrix} 6 & 0 & 3 & 0 \\ 0 & 6 & 0 & 3 \\ 6 & 3 & 0 & 0 \\ -9 & 3 & 0 & 0 \end{pmatrix}$; (2) $\begin{pmatrix} 5 & 0 & 2 & 1 \\ 0 & 5 & -3 & 1 \\ 10 & -1 & 1 & 0 \\ 3 & 11 & 0 & 1 \end{pmatrix}$; (3) $\begin{pmatrix} 1 & 0 & 1 & -1 \\ 0 & 1 & 3 & 2 \\ -4 & 4 & -1 & 0 \\ -12 & -8 & 0 & -1 \end{pmatrix}$.

2. (1) $\begin{pmatrix} -2 & 1 \\ 1 & -2 \\ 3 & -2 \end{pmatrix}$; (2) $\begin{pmatrix} a & 0 & ac+d & 0 \\ 0 & a & 0 & ac+d \\ 1 & 0 & bd+c & 0 \\ 0 & 1 & 0 & bd+c \end{pmatrix}$.

3. $\begin{pmatrix} 5 & 6 & 0 & 0 \\ 3 & 2 & 0 & 0 \\ 0 & 0 & 1 & 0 \\ 0 & 0 & 0 & 1 \end{pmatrix}$.

习题 9.4

1. (1) $\begin{pmatrix} 1 & 1 \\ 2 & 3 \end{pmatrix}$; (2) $\begin{pmatrix} 1 & -2 & 0 & 0 \\ -2 & 5 & 0 & 0 \\ 0 & 0 & 9 & -8 \\ 0 & 0 & -1 & 1 \end{pmatrix}$; (3) $\begin{pmatrix} a_1^{-1} & & & \\ & a_2^{-1} & & \\ & & \ddots & \\ & & & a_n^{-1} \end{pmatrix}$.

2. (1) $x_1 = 0, x_2 = -2, x_3 = -5$; (2) $\begin{pmatrix} 8 & -11 \\ 51/2 & -71/2 \\ 61 & -85 \end{pmatrix}$.

3. (1) $\begin{pmatrix} -1 & -1 \\ 2 & 3 \end{pmatrix}$; (2) $\dfrac{1}{12}\begin{pmatrix} 7 & -11 \\ 5 & -13 \end{pmatrix}$.

4. $\begin{pmatrix} 2 & 0 & 1 \\ 0 & 3 & 0 \\ 1 & 0 & 2 \end{pmatrix}$.

5. $\boldsymbol{A}^{-1} = \boldsymbol{A} - 4\boldsymbol{E}, (4\boldsymbol{A} + \boldsymbol{E})^{-1} = 17\boldsymbol{E} - 4\boldsymbol{A}$.

7. $(\boldsymbol{A} - \boldsymbol{E})^{-1} = \boldsymbol{B} - \boldsymbol{E}$.

习题 9.5

1. (1) $\dfrac{1}{5}\begin{pmatrix} 2 & 3 \\ 1 & 4 \end{pmatrix}$; (2) $\begin{pmatrix} 1 & 1 & 2 \\ 0 & 1 & 1 \\ 0 & 0 & 1 \end{pmatrix}$; (3) $\begin{pmatrix} 22 & -6 & -26 & 17 \\ -17 & 5 & 20 & -13 \\ -1 & 0 & 2 & -1 \\ 4 & -1 & -5 & 3 \end{pmatrix}$.

(4) $\dfrac{1}{ad - bc}\begin{pmatrix} d & -b \\ -c & a \end{pmatrix}$; (5) $\begin{pmatrix} 0 & a_1^{-1} & & & \\ & 0 & \ddots & & \\ & & \ddots & \ddots & \\ & & & 0 & a_{n-1}^{-1} \\ a_n^{-1} & & & & 0 \end{pmatrix}$;

(6) $\begin{pmatrix} a_1^{-1} & & & \\ & a_2^{-1} & & \\ & & \ddots & \\ & & & a_n^{-1} \end{pmatrix}$.

2. (1) $\begin{pmatrix} -1 & -1 \\ 2 & 3 \end{pmatrix}$; (2) $\dfrac{1}{2}\begin{pmatrix} 3 & 1 \\ 7 & 1 \end{pmatrix}$; (3) $\dfrac{1}{2}\begin{pmatrix} 1 & -1 \\ 1 & 1 \end{pmatrix}$; (4) $\begin{pmatrix} 6 & 4 & 5 \\ 2 & 1 & 2 \\ 3 & 3 & 3 \end{pmatrix}$.

3. $\dfrac{1}{12}\begin{pmatrix} 16 & 3 & 5 \\ 4 & 6 & 2 \\ 4 & 3 & 17 \end{pmatrix}$.

4. $\dfrac{1}{72}\begin{pmatrix} 52 & -30 & -2 \\ -30 & 27 & -3 \\ -2 & -3 & 7 \end{pmatrix}$.

5. “send money”.

习题 9.6

1. (1) 1; (2) 2; (3) 3; (4) 2; (5) 2; (6) 4.

2. $k = -3$.

3. $a = 3$ 或 $a = 5$.

第 10 章　线性方程组

习题 10.1

1. (1) $x_1 = 2t - s, x_2 = t, x_3 = s, x_4 = 1$;

   (2) $x_1 = 2, x_2 = 1, x_3 = -1$;

   (3) $x_1 = t, x_2 = s, x_3 = -11 + 22t - 33s, x_4 = 8 - 16t + 24s$;

   (4) $x_1 = t, x_2 = s, x_3 = 13, x_4 = 19 - 3t - 2s, x_5 = -34$.

习题 10.2

1. $\lambda = 3, x_1 = 5 - 10t, x_2 = -3 + 7t, x_3 = t$.

2. (1) $\lambda=4$, 无解; $\lambda\neq 4$, 有无穷多解.

(2) $\lambda\neq 0$ 且 $\lambda\neq 1$, 唯一解; $\lambda=1$, 无穷多解; $\lambda=0$, 无解.

3. 无非零解.

习题 10.3

1. (1) $(3,8,-8)^{\mathrm{T}}$; (2) $(3,12,-19)^{\mathrm{T}}$; (3) $(0,0,0)^{\mathrm{T}}$.

2. $\frac{1}{3}(4,10,16)^{\mathrm{T}}$.

习题 10.4

1. (1) 线性相关, 向量组含有零向量;

(2) 线性相关, $\boldsymbol{\alpha}_1^{\mathrm{T}}-\boldsymbol{\alpha}_2^{\mathrm{T}}+\boldsymbol{\alpha}_3^{\mathrm{T}}=\mathbf{0}$;

(3) 线性无关.

习题 10.5

1. (1) 1; (2) 2; (3) 3.

2. (1) 秩是 2, $\boldsymbol{\alpha}_1,\boldsymbol{\alpha}_2$ 组成一个极大无关组;

(2) 秩是 3, $\boldsymbol{\alpha}_1,\boldsymbol{\alpha}_2,\boldsymbol{\alpha}_3$ 组成一个极大无关组.

3. 秩是 3, $\boldsymbol{\alpha}_1,\boldsymbol{\alpha}_2,\boldsymbol{\alpha}_4$ 组成一个极大无关组, $\boldsymbol{\alpha}_3=-3\boldsymbol{\alpha}_1+\boldsymbol{\alpha}_2,\boldsymbol{\alpha}_5=2\boldsymbol{\alpha}_1$.

习题 10.6

1. 本题答案的形式不是唯一的.

(1) $(x_1,x_2,x_3,x_4)^{\mathrm{T}}=k_1(1,0,-2,5)^{\mathrm{T}}+k_2(0,1,-3,-7)^{\mathrm{T}}$, k_1,k_2 是任意常数;

(2) $(x_1,x_2,x_3,x_4)^{\mathrm{T}}=k_1(1,-2,1,0)^{\mathrm{T}}+k_2(-1,1,0,1)^{\mathrm{T}}$, k_1,k_2 是任意常数;

(3) $(x_1,x_2,x_3,x_4)^{\mathrm{T}}=k(3,0,1,-2)^{\mathrm{T}}$, k 是任意常数;

(4) $(x_1,x_2,x_3)^{\mathrm{T}}=(0,0,0)^{\mathrm{T}}$.

2. 本题答案的形式不是唯一的.

(1) $a=1$ 时, $(x_1,x_2,x_3)^{\mathrm{T}}=k(1,3,2)^{\mathrm{T}}$, k 是任意常数; $a=4$ 时, $(x_1,x_2,x_3)^{\mathrm{T}}=k(-3,-1,1)^{\mathrm{T}}$, k 是任意常数.

(2) $(x_1,x_2,x_3,x_4)^{\mathrm{T}}=\frac{1}{2}(1,-3,0,1)^{\mathrm{T}}+k(-2,1,1,0)^{\mathrm{T}}$, k 是任意常数.

(3) $(x_1,x_2,x_3,x_4)^{\mathrm{T}}=(1,1,1,1)^{\mathrm{T}}$.

(4) $(x_1,x_2,x_3,x_4)^{\mathrm{T}} = (-5,6,0,0)^{\mathrm{T}} + k_1(1,-2,1,0)^{\mathrm{T}} + k_2(1,-2,0,1)^{\mathrm{T}}$, k_1,k_2 是任意常数.

第 11 章 矩阵的对角化

习题 11.1

1. (1) $(1,1)^{\mathrm{T}}$ 是属于特征值 1 的特征向量, $(-1,1)^{\mathrm{T}}$ 是属于特征值 -1 的特征向量;

(2) $(-5,2)^{\mathrm{T}}$ 是属于特征值 1 对应的特征向量;

(3) $(-1,0,1)^{\mathrm{T}}$ 是属于特征值 -3 的特征向量, $(12,-5,3)^{\mathrm{T}}$ 是属于特征值 2 的特征向量, $(-2,0,1)^{\mathrm{T}}$ 是属于特征值 0 的特征向量;

(4) $(-2,-1,1)^{\mathrm{T}}$ 是属于特征值 2 的特征向量, $(1,1,1)^{\mathrm{T}}$ 是属于特征值 1 的特征向量;

(5) $(-1,0,1)^{\mathrm{T}},(-1,1,0)^{\mathrm{T}}$ 是属于特征值 0 的特征向量, $(1,1,1)^{\mathrm{T}}$ 是属于特征值 3 的特征向量;

(6) $(-1,-2,1)^{\mathrm{T}}$ 是属于特征值 1 的特征向量.

习题 11.2

1. $\dfrac{1}{2}\begin{pmatrix} (-2)^n+(-4)^n & (-2)^n-(-4)^n \\ (-2)^n-(-4)^n & (-2)^n+(-4)^n \end{pmatrix}$.

2. (1) $\boldsymbol{P}=\begin{pmatrix} -1 & -1 \\ 1 & 2 \end{pmatrix}, \boldsymbol{P}^{-1}\boldsymbol{AP}=\operatorname{diag}(2,3)$;

(2) $\boldsymbol{P}=\begin{pmatrix} -2 & -1 \\ 1 & 1 \end{pmatrix}, \boldsymbol{P}^{-1}\boldsymbol{AP}=\operatorname{diag}(-3,-4)$;

(3) $\boldsymbol{P}=\begin{pmatrix} 1 & 1 & 1 \\ 1 & 2 & 2 \\ 0 & 2 & 1 \end{pmatrix}, \boldsymbol{P}^{-1}\boldsymbol{AP}=\operatorname{diag}(2,3,1)$;

(4) $\boldsymbol{P}=\begin{pmatrix} -1 & 2 & 3 \\ 0 & 1 & 5 \\ 1 & 0 & 6 \end{pmatrix}, \boldsymbol{P}^{-1}\boldsymbol{AP}=\operatorname{diag}(1,1,-1)$.

习题 11.3

(1) $\boldsymbol{P}=\frac{1}{\sqrt{2}}\begin{pmatrix}1 & -1\\ 1 & 1\end{pmatrix}, \boldsymbol{P}^{-1}\boldsymbol{AP}=\operatorname{diag}(-1,3)$;

(2) $\boldsymbol{P}=\frac{1}{3}\begin{pmatrix}-1 & -2 & 2\\ 2 & -2 & -1\\ 2 & 1 & 2\end{pmatrix}, \boldsymbol{P}^{-1}\boldsymbol{AP}=\operatorname{diag}(0,-9,9)$;

(3) $\boldsymbol{P}=\frac{1}{3}\begin{pmatrix}2 & -1 & -2\\ -1 & 2 & -2\\ 2 & 2 & 1\end{pmatrix}, \boldsymbol{P}^{-1}\boldsymbol{AP}=\operatorname{diag}(3,0,6)$;

(4) $\boldsymbol{P}=\frac{1}{3\sqrt{5}}\begin{pmatrix}-\sqrt{5} & 6 & 2\\ 2\sqrt{5} & 0 & 5\\ 2\sqrt{5} & 3 & -4\end{pmatrix}, \boldsymbol{P}^{-1}\boldsymbol{AP}=\operatorname{diag}(10,1,1)$.

习题 11.4

1. (1) $\begin{pmatrix}2 & -2\\ -2 & 5\end{pmatrix}$; (2) $\begin{pmatrix}-5 & 4\\ 4 & 3\end{pmatrix}$; (3) $\begin{pmatrix}-3 & 3 & -7\\ 3 & 1 & 0\\ -7 & 0 & -2\end{pmatrix}$;

(4) $\begin{pmatrix}2 & 2 & -2\\ 2 & -1 & 4\\ -2 & 4 & -5\end{pmatrix}$; (5) $\begin{pmatrix}0 & 1 & 0 & 1\\ 1 & 0 & 1 & 0\\ 0 & 1 & 0 & 1\\ 1 & 0 & 1 & 0\end{pmatrix}$; (6) $\begin{pmatrix}1 & -1 & -1 & -1\\ -1 & 1 & -1 & -1\\ -1 & -1 & 1 & -1\\ -1 & -1 & -1 & 1\end{pmatrix}$.

2. (1) $-4x_1x_2+3x_2^2$; (2) $7x_1^2+8x_1x_2+5x_2^2$;

(3) $-x_1^2+2x_2^2-3x_3^2+8x_1x_2+12x_1x_3-10x_2x_3$; (4) $-6x_1^2+7x_2^2-2x_3^2+6x_1x_3$.

3. (1) 2; (2) 2.

习题 11.5

1. (1) $\frac{3}{2}y_1^2+\frac{1}{2}y_2^2$; (2) $\frac{1}{2}y_1^2-\frac{1}{2}y_2^2$; (3) $4y_1^2+y_2^2-2y_3^2$;

(4) $5y_1^2+5y_2^2-4y_3^2$; (5) $2y_1^2-y_2^2-y_3^2$; (6) $\frac{1}{2}y_1^2+\frac{1}{2}y_2^2-\frac{1}{2}y_3^2-\frac{1}{2}y_4^2$.

习题 11.6

1. (1) 否; (2) 是; (3) 是; (4) 否. 2. (1) $t > \frac{4}{3}$; (2) $-2 < t < 0$.

第 12 章 随机事件及其概率

习题 12.1

2. (1) $A = BC$; (2) $\overline{A} = \overline{B} \cup \overline{C}$.

3. (1) $A\overline{B}\,\overline{C}$; (2) $AB\overline{C}$; (3) ABC; (4) $A \cup B \cup C$; (5) $\overline{A}\,\overline{B}\,\overline{C}$;

   (6) $\overline{A}\,\overline{B}\,\overline{C} + A\overline{B}\,\overline{C} + \overline{A}B\overline{C} + \overline{A}\,\overline{B}C$; (7) $\overline{A}\,\overline{B}\,\overline{C} + A\overline{B}\,\overline{C} + \overline{A}B\overline{C} + \overline{A}\,\overline{B}C$;

   (8) $ABC + AB\overline{C} + A\overline{B}C + \overline{A}BC$.

4. (1) $A_1\overline{A}_2\overline{A}_3$; (2) $A_1\overline{A}_2\overline{A}_3 + \overline{A}_1A_2\overline{A}_3 + \overline{A}_1\overline{A}_2A_3$; (3) $\overline{A}_1\overline{A}_2\overline{A}_3$; (4) $A_1 \cup A_2 \cup A_3$.

习题 12.2

1. (1) $\frac{3\mathrm{C}_{37}^2}{\mathrm{C}_{40}^3}$; (2) $\frac{1}{\mathrm{C}_{40}^3}$; (3) $\frac{\mathrm{C}_{37}^3}{\mathrm{C}_{40}^3}$; (4) $1 - \frac{\mathrm{C}_{37}^3}{\mathrm{C}_{40}^3}$; (5) $\frac{\mathrm{C}_3^2\mathrm{C}_{37}^1 + \mathrm{C}_3^3}{\mathrm{C}_{40}^3}$.

2. (1) $\frac{25}{49}$; (2) $\frac{10}{49}$; (3) $\frac{20}{49}$; (4) $\frac{5}{7}$.

3. $\frac{41}{90}$.

4. $\frac{89}{1078}$.

5. 0.3.

习题 12.3

1. (1) 0.67; (2) 0.6; (3) 0.74. 2. 0.5. 3. $\frac{89}{1078}$. 4. 0.0345. 5. 0.367.

6. $\frac{25}{69}, \frac{28}{69}, \frac{16}{69}$. 7. $\frac{2}{75}$. 8. $\frac{12}{47}$. 9. $\frac{20}{21}, \frac{40}{41}$.

习题 12.4

1. 0.458. 2. $\frac{3}{4}$. 3. 0.104. 4. 0.63.

5. (1) 0.56; (2) 0.24; (3) 0.14. 6. 一样好.

7. (1) $\frac{9}{13}$; (2) $\frac{1}{2}$. 8. $\frac{8}{9}, \frac{1}{18}$. 9. 0.328.

第 13 章　一维随机变量及其概率分布

习题 13.2

1. $P\{X=0\}=\frac{1}{4}, P\{X=1\}=\frac{1}{2}, P\{X=2\}=\frac{1}{4}$.

2. $P\{X=0\}=\frac{1}{3}, P\{X=1\}=\frac{2}{3}$.

3. (1) 0.0729; (2) $1-0.9^5$.

4. 0.003.

5. (1) $\mathrm{C}_{800}^{3}(0.005)^3(0.995)^{797}$; (2) $\sum_{k=0}^{3}\mathrm{C}_{800}^{k}(0.005)^k(0.995)^{800-k}$.

6. $\frac{11}{64}$.

习题 13.3

1. (1) $x<0, F(x)=0; 0\leqslant x<1, F(x)=0.25;$

   $1\leqslant x<2, F(x)=0.75; x\geqslant 2, F(x)=1;$

   (2) 0.75, 0.75.

2. $P\{X=1\}=\frac{1}{36}, P\{X=2\}=\frac{1}{18}, P\{X=3\}=\frac{1}{18}, P\{X=4\}=\frac{1}{12};$

   $P\{X=5\}=\frac{1}{18}, P\{X=6\}=\frac{1}{9}, P\{X=8\}=\frac{1}{18}, P\{X=9\}=\frac{1}{36};$

   $P\{X=10\}=\frac{1}{18}, P\{X=12\}=\frac{1}{9}, P\{X=15\}=\frac{1}{18}, P\{X=16\}=\frac{1}{36};$

   $P\{X=18\}=\frac{1}{18}, P\{X=20\}=\frac{1}{18}, P\{X=24\}=\frac{1}{18}, P\{X=25\}=\frac{1}{36};$

   $P\{X=30\}=\frac{1}{18}, P\{X=36\}=\frac{1}{36}$.

3. X 的取值在 $-n$ 到 n 之间且与 n 具有相同的奇偶性.

$n=3$ 时, $P\{X=-3\}=P\{X=3\}=\frac{1}{8}, P\{X=-1\}=P\{X=1\}=\frac{3}{8};$

$n=4$ 时, $P\{X=-4\}=P\{X=4\}=\frac{1}{16}, P\{X=-2\}=P\{X=2\}=\frac{1}{4},$

$P\{X=0\}=\frac{3}{8}$.

4. 记 $Y=X-2$, $P\{Y=\pm 2\}=\frac{1}{16}, P\{Y=\pm 1\}=\frac{1}{4}, P\{Y=0\}=\frac{3}{8}$.

5. $P\{X=0\}=0.5, P\{X=1\}=0.1, P\{X=2\}=0.2, P\{X=3\}=0.1, P\{X=3.5\}=0.1$.

习题 13.4

1. (1) $a=\frac{1}{2}$; (2) $\frac{\sqrt{2}}{4}$.

2. (1) $a=0$; (2) $b=1$. 3. 0.0272.

4. (1) $F(x)=1-\frac{100}{x}, x\geqslant 100$; (2) $\frac{19}{27}$.

5. $\mu=2,\sigma=4,k=\frac{1}{4\sqrt{2\pi}}$. 7. $\frac{1}{6}$.

8. (1) 0.5328, 0.3023, 0.6977; (2) $C=3$.

9. 177.7.

10. 31.0. 11. (1) 0.6826; (2) 0.0013.

习题 13.5

1. $P\{Y=4\}=0.2, P\{Y=1\}=0.25, P\{Y=-2\}=0.3, P\{Y=-5\}=0.25$;

   $P\{Z=1\}=0.25, P\{Z=2\}=0.5, P\{Z=5\}=0.25$.

2. $\frac{1}{2\sqrt{y}}, 0\leqslant y\leqslant 1$.

3. (1) $\frac{1}{2}$; (2) $1, 0\leqslant y\leqslant 1$.

4. $\frac{3}{5}$.

5. $\mathrm{e}^{y-\mathrm{e}^y}, -\infty<y<+\infty$.

6. $\frac{1}{y}, 1\leqslant y\leqslant \mathrm{e}$.

第 14 章 数字特征

习题 14.1

1. −0.2, −1.4, 2.8.

2. $k=3, a=2$.

3. 1.

4. (1) 91.3; (2) 96.2.

5. 甲种子为 4944kg, 乙种子为 4959kg.

习题 14.2

1. $\frac{\pi}{3}\left(b^2-ba+a^2\right)$. 2. 0.3.

习题 14.3

1. $\dfrac{1}{\lambda},\dfrac{1}{\lambda^2}$.

2. $0,\dfrac{1}{2}$.

3. (1) $a=0.4,b=1.2$; (2) $\dfrac{\sqrt{66}}{30}$.

第 15 章　统计量及其抽样分布

习题 15.2

(1) t_1,t_4 是统计量, t_2,t_3 不是统计量;

(2) 样本均值为 0.8, 样本方差为 0.045, 样本标准差为 0.212.

习题 15.3

1. (1) 0.1; (2) 0.75.

2. 0.1336.

4. (1) $c=1$, 自由度为 2; (2) $d=\sqrt{\dfrac{3}{2}}$, 自由度为 3.

5. (1) $E\bar{X}=\dfrac{1}{\lambda},D\bar{X}=\dfrac{1}{n\lambda^2}$; (2) $ES^2=\dfrac{1}{\lambda^2}$.

6. $\dfrac{2}{9n}$.

第 16 章　参 数 估 计

习题 16.1

1. $\widehat{\lambda}=\bar{X}$.　2. $\widehat{p}=\dfrac{\bar{X}}{m}$.　3. $\widehat{p}=\dfrac{1}{\bar{X}}$.

4. 矩估计值 2.08, 极大似然估计值 1.8.

习题 16.2

1. (1) $\dfrac{\bar{X}}{2}$; (2) 是.　2. $\dfrac{2}{3}\bar{X}$.　4. D.　5. A.

习题 16.3

1. B.　2. D.　3. $(2.117,2.132)$.　4. $(285.455,286.545)$.

参考文献

陈建华. 2004. 经济应用数学: 线性代数. 北京. 高等教育出版社.

黄惠青, 梁治安. 2006. 线性代数. 北京: 高等教育出版社.

李心灿. 1997. 高等数学应用 205 例. 北京: 高等教育出版社.

申亚男, 张晓丹, 李为东. 2017. 线性代数. 2 版. 北京: 机械工业出版社.

盛聚, 谢式千, 潘承毅. 2008. 概率论与数理统计. 4 版. 北京: 高等教育出版社.

同济大学数学系. 2014. 高等数学. 7 版. 北京: 高等教育出版社.

同济大学数学系. 2015. 线性代数. 6 版. 北京: 高等教育出版社.

姚孟臣. 2005. 大学文科高等数学. 北京: 高等教育出版社.

http://mathshistory.st-andrews.ac.uk/Biographies/.

附　　录

附录 1　标准正态分布函数数值表

$$\Phi(x)=\frac{1}{\sqrt{2\pi}}\int_{-\infty}^{x}\mathrm{e}^{-\frac{t^2}{2}}\mathrm{d}t.\quad \Phi(-x)=1-\Phi(x)$$

n	x									
	0.00	0.01	0.02	0.03	0.04	0.05	0.06	0.07	0.08	0.09
0.0	0.5000	0.5040	0.5080	0.5120	0.5160	0.5199	0.5239	0.5279	0.5319	0.5359
0.1	0.5398	0.5438	0.5478	0.5517	0.5557	0.5596	0.5636	0.5675	0.5714	0.5753
0.2	0.5793	0.5832	0.5871	0.5910	0.5948	0.5987	0.6026	0.6064	0.6103	0.6141
0.3	0.6179	0.6217	0.6255	0.6293	0.6331	0.6368	0.6406	0.6443	0.6480	0.6517
0.4	0.6554	0.6591	0.6628	0.6664	0.6700	0.6736	0.6772	0.6808	0.6844	0.6879
0.5	0.6915	0.6950	0.6985	0.7019	0.7054	0.7088	0.7123	0.7157	0.7190	0.7224
0.6	0.7257	0.7291	0.7324	0.7357	0.7389	0.7422	0.7454	0.7486	0.7517	0.7549
0.7	0.7580	0.7611	0.7642	0.7673	0.7703	0.7734	0.7764	0.7794	0.7823	0.7852
0.8	0.7881	0.7910	0.7939	0.7967	0.7995	0.8023	0.8051	0.8078	0.8106	0.8133
0.9	0.8159	0.8186	0.8212	0.8238	0.8264	0.8289	0.8315	0.8340	0.8365	0.8389
1.0	0.8413	0.8438	0.8461	0.8485	0.8508	0.8531	0.8554	0.8577	0.8599	0.8621
1.1	0.8643	0.8665	0.8686	0.8708	0.8729	0.8749	0.8770	0.8790	0.8810	0.8830
1.2	0.8849	0.8869	0.8888	0.8907	0.8925	0.8944	0.8962	0.8980	0.8997	0.9015
1.3	0.9032	0.9049	0.9066	0.9082	0.9099	0.9115	0.9131	0.9147	0.9162	0.9177
1.4	0.9192	0.9207	0.9222	0.9236	0.9251	0.9265	0.9278	0.9292	0.9306	0.9319
1.5	0.9332	0.9345	0.9357	0.9370	0.9382	0.9394	0.9406	0.9418	0.9430	0.9441
1.6	0.9452	0.9463	0.9474	0.9484	0.9495	0.9505	0.9515	0.9525	0.9535	0.9545
1.7	0.9554	0.9564	0.9573	0.9582	0.9591	0.9599	0.9608	0.9616	0.9625	0.9633
1.8	0.9641	0.9648	0.9656	0.9664	0.9671	0.9678	0.9686	0.9693	0.9700	0.9706
1.9	0.9713	0.9719	0.9726	0.9732	0.9738	0.9744	0.9750	0.9756	0.9762	0.9767
2.0	0.9772	0.9778	0.9783	0.9788	0.9793	0.9798	0.9803	0.9808	0.9812	0.9817
2.1	0.9821	0.9826	0.9830	0.9834	0.9838	0.9842	0.9846	0.9850	0.9854	0.9857
2.2	0.9861	0.9864	0.9868	0.9871	0.9874	0.9878	0.9881	0.9884	0.9887	0.989
2.3	0.9893	0.9896	0.9898	0.9901	0.9904	0.9906	0.9909	0.9911	0.9913	0.9916
2.4	0.9918	0.9920	0.9922	0.9925	0.9927	0.9929	0.9931	0.9932	0.9934	0.9936

续表

n	x									
	0.00	0.01	0.02	0.03	0.04	0.05	0.06	0.07	0.08	0.09
2.5	0.9938	0.9940	0.9941	0.9943	0.9945	0.9946	0.9948	0.9949	0.9951	0.9952
2.6	0.9953	0.9955	0.9956	0.9957	0.9959	0.9960	0.9961	0.9962	0.9963	0.9964
2.7	0.9965	0.9966	0.9967	0.9968	0.9969	0.9970	0.9971	0.9972	0.9973	0.9974
2.8	0.9974	0.9975	0.9976	0.9977	0.9977	0.9978	0.9979	0.9979	0.9980	0.9981
2.9	0.9981	0.9982	0.9982	0.9983	0.9984	0.9984	0.9985	0.9985	0.9986	0.9986
3.0	0.9987	0.9990	0.9993	0.9995	0.9997	0.9998	0.9998	0.9999	0.9999	1.0000

注：本表最后一行自左至右依次是 $\Phi(3.0), \cdots, \Phi(3.9)$ 的值

附录 2　泊松分布数值表

$$P\{X=k\}=\frac{\lambda^k \mathrm{e}^{-\lambda}}{k!}$$

n	λ													
	0.1	0.2	0.3	0.4	0.5	0.6	0.7	0.8	0.9	1.0	1.5	2.0	2.5	3.0
0	0.9048	0.8187	0.7408	0.6703	0.6065	0.5488	0.4966	0.4493	0.4066	0.3679	0.2231	0.1353	0.0821	0.0498
1	0.0905	0.1637	0.2223	0.2681	0.3033	0.3293	0.3476	0.3595	0.3659	0.3679	0.3347	0.2707	0.2052	0.1494
2	0.0045	0.0164	0.0333	0.0536	0.0758	0.0988	0.1216	0.1438	0.1647	0.1839	0.2510	0.2707	0.2565	0.2240
3	0.0002	0.0011	0.0033	0.0072	0.0126	0.0198	0.0284	0.0383	0.0494	0.0613	0.1255	0.1805	0.2138	0.2240
4		0.0001	0.0003	0.0007	0.0016	0.0030	0.0050	0.0077	0.0111	0.0153	0.0471	0.0902	0.1336	0.1681
5				0.0001	0.0002	0.0003	0.0007	0.0012	0.0020	0.0031	0.0141	0.0361	0.0668	0.1008
6							0.0001	0.0002	0.0003	0.0005	0.0035	0.0120	0.0278	0.0504
7										0.0001	0.0008	0.0034	0.0099	0.0216
8											0.0002	0.0009	0.0031	0.0081
9												0.0002	0.0009	0.0027
10													0.0002	0.0008
11													0.0001	0.0002
12														0.0001

n	λ													
	3.5	4.0	4.5	5	6	7	8	9	10	11	12	13	14	15
0	0.0302	0.0183	0.0111	0.0067	0.0025	0.0009	0.0003	0.0001						
1	0.1057	0.0733	0.0500	0.0337	0.0149	0.0064	0.0027	0.0011	0.0004	0.0002	0.0001			
2	0.1850	0.1465	0.1125	0.0842	0.0446	0.0223	0.0107	0.0050	0.0023	0.0010	0.0004	0.0002	0.0001	
3	0.2158	0.1954	0.1687	0.1404	0.0892	0.0521	0.0286	0.0150	0.0076	0.0037	0.0018	0.0008	0.0004	
4	0.1888	0.1954	0.1898	0.1755	0.1339	0.0912	0.0573	0.0337	0.0189	0.0102	0.0053	0.0027	0.0013	0.0006
5	0.1322	0.1563	0.1708	0.1755	0.1606	0.1277	0.0916	0.0607	0.0378	0.0224	0.0127	0.0071	0.0037	0.0019
6	0.0771	0.1042	0.1281	0.1462	0.1606	0.1490	0.1221	0.0911	0.0631	0.0411	0.0255	0.0151	0.0087	0.0048
7	0.0385	0.0595	0.0824	0.1044	0.1377	0.1490	0.1396	0.1171	0.0901	0.0646	0.0437	0.0281	0.0174	0.0104
8	0.0169	0.0298	0.0463	0.0653	0.1033	0.1304	0.1396	0.1318	0.1126	0.0888	0.0655	0.0457	0.0304	0.0195
9	0.0065	0.0132	0.0232	0.0363	0.0688	0.1014	0.1241	0.1318	0.1251	0.1085	0.0874	0.0660	0.0473	0.0324

续表

n	λ													
	3.5	4.0	4.5	5	6	7	8	9	10	11	12	13	14	15
10	0.0023	0.0053	0.0104	0.0181	0.0413	0.0710	0.0993	0.1186	0.1251	0.1194	0.1048	0.0859	0.0663	0.0486
11	0.0007	0.0019	0.0043	0.0082	0.0225	0.0452	0.0722	0.0970	0.1137	0.1194	0.1144	0.1015	0.0843	0.0663
12	0.0002	0.0006	0.0015	0.0034	0.0113	0.0264	0.0481	0.0728	0.0948	0.1094	0.1144	0.1099	0.0984	0.0828
13	0.0001	0.0002	0.0006	0.0013	0.0052	0.0142	0.0296	0.0504	0.0729	0.0926	0.1056	0.1099	0.1061	0.0956
14		0.0001	0.0002	0.0005	0.0023	0.0071	0.0169	0.0324	0.0521	0.0728	0.0905	0.1021	0.1061	0.1025
15			0.0001	0.0002	0.0009	0.0033	0.0090	0.0194	0.0347	0.0533	0.0724	0.0885	0.0989	0.1025
16				0.0001	0.0003	0.0015	0.0045	0.0109	0.0217	0.0367	0.0543	0.0719	0.0865	0.0960
17					0.0001	0.0006	0.0021	0.0058	0.0128	0.0237	0.0383	0.0551	0.0713	0.0847
18						0.0002	0.0010	0.0029	0.0071	0.0145	0.0255	0.0397	0.0554	0.0706
19						0.0001	0.0004	0.0014	0.0037	0.0084	0.0161	0.0272	0.0408	0.0557
20							0.0002	0.0006	0.0019	0.0046	0.0097	0.0177	0.0286	0.0418
21							0.0001	0.0003	0.0009	0.0024	0.0055	0.0109	0.0191	0.0299
22								0.0001	0.0004	0.0013	0.0030	0.0065	0.0122	0.0204
23									0.0002	0.0006	0.0016	0.0036	0.0074	0.0133
24									0.0001	0.0003	0.0008	0.0020	0.0043	0.0083
25										0.0001	0.0004	0.0011	0.0024	0.0050
26											0.0002	0.0005	0.0013	0.0029
27											0.0001	0.0002	0.0007	0.0017
28												0.0001	0.0003	0.0009
29													0.0002	0.0004
30													0.0001	0.0002
31														0.0001

附录 3 t-分布临界值表

$$P\{t(n) > t_\alpha(n)\} = \alpha$$

n	α					
	0.25	0.10	0.05	0.025	0.01	0.005
1	1.0000	3.0777	6.3138	12.7062	31.8207	63.6574
2	0.8165	1.8856	2.9200	4.3207	6.9646	9.9248
3	0.7649	1.6377	2.3534	3.1824	4.5407	5.8409
4	0.7407	1.5332	2.1318	2.7764	3.7469	4.6041
5	0.7267	1.4759	2.0150	2.5706	3.3649	4.0322
6	0.7176	1.4398	1.9432	2.4469	3.1427	3.7074
7	0.7111	1.4149	1.8946	2.3646	2.9980	3.4995
8	0.7064	1.3968	1.8595	2.3060	2.8965	3.3554
9	0.7027	1.3830	1.8331	2.2622	2.8214	3.2498
10	0.6998	1.3722	1.8125	2.2281	2.7638	3.1693

续表

n	α					
	0.25	0.10	0.05	0.025	0.01	0.005
11	0.6974	1.3634	1.7959	2.2010	2.7181	3.1058
12	0.6955	1.3562	1.7823	2.1788	2.6810	3.0545
13	0.6938	1.3502	1.7709	2.1604	2.6503	3.0123
14	0.6924	1.3450	1.7613	2.1448	2.6245	2.9768
15	0.6912	1.3406	1.7531	2.1315	2.6025	2.9467
16	0.6901	1.3368	1.7459	2.1199	2.5835	2.9028
17	0.6892	1.3334	1.7396	2.1098	2.5669	2.8982
18	0.6884	1.3304	1.7341	2.1009	2.5524	2.8784
19	0.6876	1.3277	1.7291	2.0930	2.5395	2.8609
20	0.6870	1.3253	1.7247	2.0860	2.5280	2.8453
21	0.6864	1.3232	1.7207	2.0796	2.5177	2.8314
22	0.6858	1.3212	1.7171	2.0739	2.5083	2.8188
23	0.6853	1.3195	1.7139	2.0687	2.4999	2.8073
24	0.6848	1.3178	1.7109	2.0639	2.4922	2.7969
25	0.6844	1.3163	1.7081	2.0595	2.4851	2.7874
26	0.6840	1.3150	1.7056	2.0555	2.4786	2.7787
27	0.6837	1.3137	1.7033	2.0518	2.4727	2.7707
28	0.6834	1.3125	1.7011	2.0484	2.4671	2.7633
29	0.6830	1.3114	1.6991	2.0452	2.4620	2.7564
30	0.6828	1.3104	1.6973	2.0423	2.4573	2.7500

附录 4 χ^2-分布临界值表

$$P\{\chi^2(n) > \chi^2_\alpha(n)\} = \alpha$$

n	α											
	0.995	0.99	0.975	0.95	0.90	0.75	0.25	0.10	0.05	0.025	0.01	0.005
1	—	—	0.001	0.004	0.016	0.102	1.323	2.706	3.841	5.024	6.635	7.879
2	0.010	0.020	0.051	0.103	0.211	0.575	2.773	4.605	5.991	7.378	9.210	10.597
3	0.072	0.115	0.216	0.352	0.584	1.213	4.108	6.251	7.815	9.348	11.345	12.838
4	0.207	0.297	0.484	0.711	1.064	1.923	5.385	7.779	9.488	11.143	13.277	14.860
5	0.412	0.554	0.831	1.145	1.610	2.675	6.626	9.236	11.071	12.833	15.086	16.750
6	0.676	0.872	1.237	1.635	2.204	3.455	7.841	10.645	12.592	14.449	16.812	18.548
7	0.989	1.239	1.690	2.167	2.833	4.255	9.037	12.017	14.067	16.013	18.475	20.278
8	1.344	1.646	2.180	2.733	3.490	5.071	10.219	13.362	15.507	17.535	20.090	21.955
9	1.735	2.088	2.700	3.325	4.168	5.899	11.389	14.684	16.919	19.023	21.666	23.589
10	2.156	2.558	3.247	3.940	4.865	6.737	12.549	15.987	18.307	20.483	23.209	25.188

续表

n	α											
	0.995	0.99	0.975	0.95	0.90	0.75	0.25	0.10	0.05	0.025	0.01	0.005
11	2.603	3.053	3.816	4.575	5.578	7.584	13.701	17.275	19.675	21.920	24.725	26.757
12	3.074	3.571	4.404	5.226	6.304	8.438	14.845	18.549	21.026	23.337	26.217	28.299
13	3.565	4.107	5.009	5.892	7.042	9.299	15.984	19.812	22.362	24.736	27.688	29.819
14	4.075	4.660	5.629	6.571	7.790	10.165	17.117	21.064	23.685	26.119	29.141	31.319
15	4.601	5.229	6.262	7.261	8.547	11.037	18.245	22.307	24.966	27.488	30.578	32.801
16	5.142	5.812	6.908	7.962	9.312	11.912	19.369	23.542	26.296	28.845	32.000	34.267
17	5.697	6.408	7.564	8.672	10.085	12.792	20.489	24.769	27.587	30.191	33.409	35.718
18	6.265	7.015	8.231	9.390	10.865	13.675	21.605	25.989	28.869	31.526	34.805	37.156
19	6.844	7.633	8.907	10.117	11.651	14.562	22.718	27.204	30.144	32.852	36.191	38.582
20	7.434	8.260	9.591	10.851	12.443	15.452	23.828	28.412	31.410	34.170	37.566	39.997
21	8.034	8.897	10.283	11.591	13.240	16.344	24.935	29.615	32.671	35.479	38.932	41.401
22	8.643	9.542	10.982	12.338	14.042	17.240	26.039	30.813	33.924	36.781	40.289	42.796
23	9.260	10.196	11.689	13.091	14.848	18.137	27.141	32.007	35.172	38.076	41.638	44.181
24	9.886	10.856	12.401	13.848	15.659	19.037	28.241	33.196	36.415	39.364	42.980	45.559
25	10.520	11.524	13.120	14.611	16.473	19.939	29.339	34.382	37.652	40.646	44.314	46.928
26	11.160	12.198	13.844	15.379	17.292	20.843	30.435	35.563	38.885	41.923	45.642	48.290
27	11.808	12.879	14.573	16.151	18.114	21.749	31.528	36.741	40.113	43.194	46.963	49.645
28	12.461	13.565	15.308	16.928	18.939	22.657	32.620	37.916	41.337	44.461	48.278	50.993
29	13.121	14.257	16.047	17.708	19.768	23.567	33.711	39.087	42.557	45.722	49.588	52.336
30	13.787	14.954	16.791	18.493	20.599	24.478	34.800	40.256	43.773	46.979	50.892	53.672
31	14.458	15.655	17.539	19.281	21.434	25.390	35.887	41.422	44.985	48.232	52.191	55.003
32	15.134	16.362	18.291	20.072	22.271	26.304	36.973	42.585	46.194	49.480	53.486	56.328
33	15.815	17.074	19.047	20.867	23.110	27.219	38.058	43.745	47.400	50.725	54.776	57.648
34	16.501	17.789	19.806	21.664	23.952	28.136	39.141	44.903	48.602	51.966	56.061	58.964
35	17.192	18.509	20.569	22.465	24.797	29.054	40.223	46.059	49.802	53.203	57.342	60.275
36	17.887	19.233	21.336	23.269	25.643	29.973	41.304	47.212	50.998	54.437	58.619	61.581
37	18.586	19.960	22.106	24.075	26.492	30.893	42.383	48.363	52.192	55.668	59.892	62.883
38	19.289	20.691	22.878	24.884	27.343	31.815	43.462	49.513	53.384	56.896	61.162	64.181
38	19.996	21.426	23.654	25.695	28.196	32.737	44.539	50.660	54.572	58.120	62.428	65.476
40	20.707	22.164	24.433	26.509	29.051	33.660	45.616	51.805	55.758	59.342	63.691	66.766
41	21.421	22.906	25.215	27.326	29.907	34.585	46.692	52.949	56.942	60.561	64.950	68.053
42	22.138	23.650	25.999	28.144	30.765	35.510	47.766	54.090	58.124	61.777	66.206	69.336
43	22.859	24.398	26.785	28.965	31.625	36.436	48.840	55.230	59.304	62.990	67.459	70.616
44	23.584	25.148	27.575	29.987	32.487	37.363	49.913	56.369	60.481	64.201	68.710	71.893
45	24.311	25.901	28.366	30.612	33.350	38.291	50.985	57.505	61.656	65.410	69.957	73.166